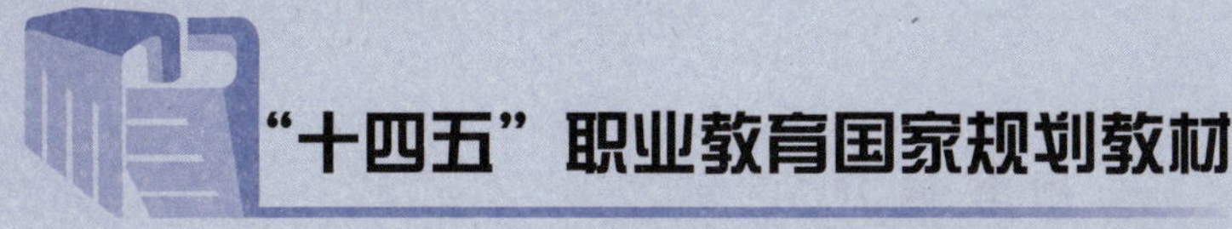

“十三五”职业教育国家规划教材
“十二五”职业教育国家规划教材

Altium Designer 电路设计与制作（第三版）

陈学平　童世华◎主　编
唐继勇　廖金权◎副主编
李　响　蒲路萍　王炳鹏◎参　编

- 理论微课
- 案例视频
- 教学课件、素材

中国铁道出版社有限公司
CHINA RAILWAY PUBLISHING HOUSE CO., LTD.

内 容 简 介

本书主要介绍了 Altium Designer 20.1 的电路设计技巧及设计实例。读者通过本书的学习，能够掌握 Altium Designer 20.1 的电路设计方法。本书编写的最大特色是打破传统的知识体系结构，以项目为载体重构理论与实践知识，以典型、具体的实例操作贯穿全书，遵循“项目载体，任务驱动”的编写思路，充分体现“做中学，做中教”的职业教育教学特色。

书中内容通俗易懂，图文并茂，低起点，循序渐进，可操作性强。

本书适合作为高等职业院校、中等职业学校、技工技师学校和其他大专院校电工电子类及相关专业的教材，也可作为电子类相关专业技术人员的自学和培训用书。

图书在版编目（CIP）数据

Altium Designer 电路设计与制作 / 陈学平，童世华主编 . —3 版 . —北京：中国铁道出版社有限公司，2022.4（2025.1 重印）
“十三五”职业教育国家规划教材
ISBN 978-7-113-28665-1

Ⅰ.① A… Ⅱ.①陈… ②童… Ⅲ.①印刷电路 - 计算机辅助设计 - 应用软件 - 职业教育 - 教材 Ⅳ.① TN410.2

中国版本图书馆 CIP 数据核字（2021）第 267902 号

书　　名：Altium Designer 电路设计与制作
作　　者：陈学平　童世华

策　　划：王春霞　　　　　编辑部电话：（010）63551006
责任编辑：王春霞　绳　超
封面设计：付　巍
封面制作：刘　颖
责任校对：安海燕
责任印制：赵星辰

出版发行：中国铁道出版社有限公司（100054，北京市西城区右安门西街 8 号）
网　　址：https://www.tdpress.com/51eds
印　　刷：北京联兴盛业印刷股份有限公司
版　　次：2015 年 8 月第 1 版　2022 年 4 月第 3 版　2025 年 1 月第 4 次印刷
开　　本：850 mm×1 168 mm 1/16　印张：17.25　字数：361 千
书　　号：ISBN 978-7-113-28665-1
定　　价：59.80 元

前言

本教材根据党的二十大报告中提出的“实施科教兴国战略，强化现代化建设人才支撑”的会议精神，根据中共中央办公厅、国务院办公厅印发《关于深化教育体制机制改革的意见》的文件精神，落实“立德树人”根本任务，培养能胜任PCB设计与制作相关岗位的、德智体美劳全面发展的、符合社会主义建设者和接班人要求的高素质实用型人才为编写目标。

为落实《国家职业教育改革实施方案》提出的“三教”（教师、教材、教法）改革任务，把握好教材建设这个人才培养的重要载体，中国铁道出版社有限公司联合各职业院校共同在教材建设方面进行改革，共同编制反映企业生产实际，且融入新技术、新工艺、新流程、新规范，兼顾理论与实践，突出职业特色的教材。

本书主要特色如下：

一、采用“项目引领”，遵循“项目载体，任务驱动”的编写思路

本书打破了传统的知识体系结构，以项目为载体重构理论与实践知识，以典型、具体的实例操作贯穿全书，遵循“项目载体，任务驱动”的编写思路，充分体现“做中学，做中教”的职业教育教学特色。

每个项目由多个典型任务组成，每个任务下面又以多个小任务的形式展开。

二、采用活页方式编排，形式灵活方便

本书采用活页方式进行编排，使用十分方便。主要表现在：

（1）页码编排体现工作任务导向。为了方便在教材中增删和替换内容，页码采用“项目号 - 页码号”两级编排方式，如“1-2”表示项目1的第2页。

本书采用了新形态活页式教材的编写方式，每个项目可以拆分和自由组合，并配套了微课教学视频，读者在学习时可以先扫描二维码进行在线学习，然后参考书中介绍的上机操作。每个项目在相关知识后都提供了测验内容，可对学习效果进行检验。

（2）过程性评价贯穿始终。书中设计了评价表，评价表中有学生自评、小组互评、教师评价等信息，表格中有“班级”、“小组”和“评语”等信息栏，从活页式教材中取出评价表填写后可以单独提交。

（3）内容更新灵活。使用者可以以项目活动为单位，根据行业、企业发展的特点及新技术、新工艺的发展特点，增加或者删减教学资源。本书提供数字式、立体化教学资源，提供了教案、PPT课件、教学计划、课程标准、案例源文件、原理图

和 PCB 练习源文件、原理图和 PCB 元件库供教材使用者选用。

(4) 学科知识适时学习。学生在“做中学”的过程中,需要学习大量的学科知识,为了方便学生学习,同时为了知识更新,体现新工艺、新技术,通过在线学习网站(http://www.tdpress.com/51eds/)更新需要的微课、项目案例文件、PCB 设计技巧、PCB 设计技术文档等。

本书的具体内容简要介绍如下:

项目 1 介绍电路设计入门的知识,让读者对于 Altium Designer 20.1 有一个初步了解。

项目 2 介绍了 Altium Designer 20.1 的文件结构。

项目 3 介绍了 PCB 设计的快速入门,让读者从一个最简单的原理图快速上手,然后绘制出一个 555 电路。

项目 4 专门介绍了元件和封装制作的三种方法。首先介绍全新制作原理图元件,然后介绍修改集成元件库制作元件,最后介绍自己制作集成元件库,让读者从最简单的元件入手,到后面能够制作出较为复杂的元件。

项目 5 主要在 555 电路的基础上,绘制心形 PCB,能够掌握元件的 30°、45° 旋转,能够完成 PCB 的制作。

项目 6 介绍交通信号灯电路的设计与制作,这是较为复杂的电路,元件很多,可作为学生的期末考试电路之一。这个电路可以在制作 PCB 时,用 2D 元件显示二维 PCB,也可以用 3D 元件显示三维 PCB。对于三维 PCB 制作,使用者可以与作者联系(作者 QQ:41800543)索取资料。

书中电路图均为仿真软件原图,其图形符号与国家标准符号不符,二者对照关系参见附录 A。

重庆电子工程职业学院陈学平、童世华任主编,并编写了项目 1、项目 2、项目 4、项目 5,重庆电子工程职业学院唐继勇、廖金权任副主编,并编写了项目 3,重庆电子工程职业学院李响、重庆慧居智能电子有限公司蒲路萍、中兴通讯股份有限公司王炳鹏参与编写,共同编写了项目 6。

本书在编写过程中得到了笔者家人的支持,还得到了中国铁道出版社有限公司相关编辑的支持,在此一并表示感谢。

限于编者水平,书中难免存在疏漏之处,恳请广大读者批评指正。

编 者

2022 年 12 月

目　录

项目3 PCB电路设计快速入门

Altium Designer 20.1简介

学习笔记

项目描述

本项目将引导读者了解电路设计的大体流程，了解现在Altium公司较新的电子电路设计软件，为后续的电子电路设计工作打下基础。

知识能力目标

- 了解电路设计软件Altium Designer20.1的安装、汉化与激活方法。

素质目标

- 通过查找文献了解PCB发展历史，了解PCB印制板发展中作出贡献的科学家。通过科学家的故事培养学生“求真求实”“坚持不懈”“不为利益出卖未来”的精神和思想。

任务1 认识印制电路板设计流程

任务描述

本任务对印制电路板设计流程进行介绍。在本任务中，给出了一般印制电路板的设计流程，同时，对于印制电路板的相关术语进行了简单介绍，要求读者能够领会。

相关知识

一、印制电路板（PCB）的定义

学习电路设计的最终目的是完成印制电路板的设计，印制电路板是电路设计的最终结果。

在现实生活中，当我们将电子产品成品打开后，通常可以发现其中有一块或者多块印制电路板，在这些电路板上面有电阻、电容、二极管、三极管[①]、集成电路芯片、各种连接插件，还可以发现在电路板上由印制线路连接着各种元件的引脚，这些电路板称为印制电路板，即PCB。

① 晶体管又称半导体三极管，简称“三极管”。

学习笔记

图 1-1 所示是 PCB 实物图。

图 1-1　PCB 实物图

通常情况下，电路设计在原理图设计完成后，需要设计一块印制电路板来完成原理图中的电气连接，并安装上元件，进行调试，因此可以说印制电路板是电路设计的最终结果。

在 PCB 上通常有一系列的芯片、电阻、电容等元件，它们通过 PCB 上的导线连接构成电路，电路通过连接器或者插槽进行信号的输入或输出，从而实现一定的功能。可以说 PCB 的主要功能是为元件提供电气连接，为整个电路提供输入或输出端口及显示。电气连通性是 PCB 最重要的特性。

总之，PCB 在各种电子设备中有如下功能：

（1）提供集成电路等各种电子元件固定、装配的机械支撑。

（2）实现集成电路等电气元件的布线和电气连接，提供所要求的电气特性。

（3）为自动装配提供阻焊图形，为电子元件的插装、检查、调试、维修提供识别图形，以便正确插装元件、快速对电子设备电路进行维修。

二、PCB 的层次组成

PCB 为各种元件提供电气连接，并为电路提供输入/输出端口，这些功能决定了 PCB 的组成和分层。

在图 1-1 上可以清晰地看见各种芯片、走线、插座、电阻、电容等。

1. PCB 的各个层

PCB 中一般包括很多层，实际上 PCB 的制作也是将各个层分开做好，然后压制而成。PCB 中各层的意义如下：

（1）铜箔层：在 PCB 材料中存在铜箔层，并由这些铜箔层构成电气连接。通常，PCB的层数定义为铜箔的层数。常见的PCB在上下表面都有铜箔，称为双层板。现今，由于电子电路的元件密集安装、防干扰和布线等特殊要求，一些较新的电子产品中所用的 PCB 不仅有上下两面走线，在 PCB 的中间还设有能被特殊加工的夹层铜箔。例如，现在的计算机主板所用的印制电路板材料多在四层以上。

学习笔记

（2）丝印层：铜箔层并不是裸露在空气中，在铜箔层上还存在丝印层，可以保护铜箔层；在丝印层上，印刷有所需要的标志图案和文字代号等，例如，元件标号和标称值、元件外廓形状和厂家标志、生产日期等，方便了电路的安装和维修。

（3）印制材料：在铜箔层之间采用印制材料绝缘，同时，印制材料支撑起了整个的PCB。实际上，PCB上各层对PCB的性能都有影响，每个层都有自己独特的性能，这些将在以后的章节中具体介绍。

2．PCB 的组成

PCB 的组成可以分为以下几部分：

（1）元件：用于完成电路功能的各种元件。每一个元件都包含若干个引脚，通过引脚将电信号引入元件内部进行处理，从而完成对应的功能。引脚还有固定元件的作用。在电路板上的元件包括集成电路芯片、分立元件（如电阻、电容等）、提供电路板输入/输出端口和电路板供电端口的连接器，某些电路板上还有用于指示的器件（如数码显示管、发光二极管 LED 等），如上网时，网卡的工作指示灯。PCB 分层和组成示例如图 1-2 所示。

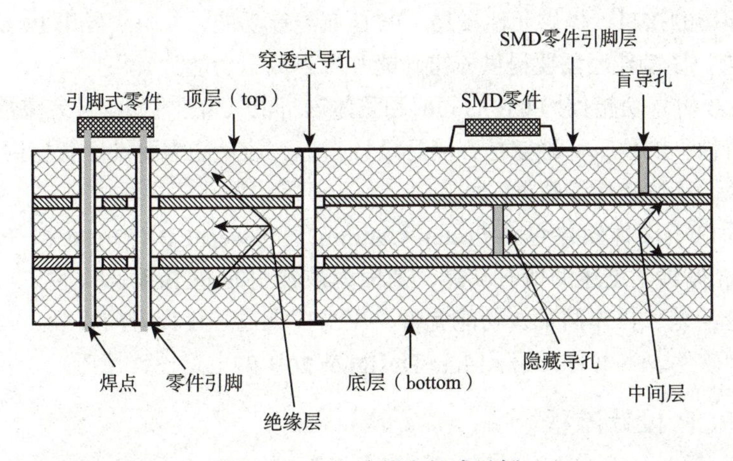

图 1-2　PCB 分层和组成示例

（2）铜箔：铜箔在电路板上可以表现为导线、过孔、焊盘和覆铜等各种表示方式。它们各自的作用如下：

导线：用于连接电路板上各种元件的引脚，完成各个元件之间电信号的连接。

过孔：在多层的电路板中，为了完成电气连接的建立，在某些导线上会出现过孔。在工艺上，过孔的孔壁圆柱面上用化学沉积的方法镀上一层金属，用以连通中间各层需要连通的铜箔，而过孔的上下两面做成普通的焊盘形状，可直接与上下两面的线路相通，也可不连。

焊盘：用于在电路板上固定元件，也是电信号进入元件的通路组成部分。用于安装整个电路板的安装孔，有时候也以焊盘的形式出现。

覆铜：在电路板上的某个区域填充铜箔称为覆铜。覆铜可以改善电路的性能。

（3）丝印层：印制电路板的顶层采用绝缘材料制成。在丝印层上可以标注文字，

学习笔记

注释电路板上的元件和整个电路板。丝印层还能起到保护顶层导线的功能。

（4）印制材料：采用绝缘材料制成，用于支撑整个电路。

三、常用的 EDA 软件

EDA 软件即电子技术自动化软件。通常情况下，在电子设计中有成百上千个焊盘需要连接，如此多的连接采用手工设计和制作 PCB 变得不太可能。因此，各种电子设计软件应运而生。

采用电子设计软件可以对整个设计进行科学的管理，帮助生成美观实用、性能优越的 PCB。一般的电子设计软件应该包含以下功能：

（1）原理图设计功能：即输入原理图，并对原理图上的电气连接特性进行管理，统计电路上有多少电气连接，并提供对原理图的检错功能。原理图设计中还需要提供元件的封装信息。

（2）原理图仿真功能：对绘制的原理图进行仿真，查看仿真结果，检查设计是否符合要求。

（3）PCB 设计功能：根据原理图提供的电气连接特性，绘制 PCB。该功能需要提供和原理图的接口，提供元件布局，PCB 布线等功能，并负责导出 PCB 文件，帮助制作 PCB。该功能还需要提供检错功能和报表输出功能。

（4）PCB 仿真功能：对 PCB 的局部和整体进行电气特性［如信号完整性、EMI（电磁干扰）特性］的仿真，确定是否满足设计指标。该功能需要设计者提供 PCB 的各种材料参数、环境条件等数据。

常用的电子设计软件包括 Protel（Altium）、PowerPCB、Orcad 和 Cadence 等。其中 Altium 提供了上述的所有功能，是国内最常用的 PCB 设计软件。Altium 学习方便、概念清楚、操作简单、功能完善，深受广大电子设计者的喜爱，是电子设计常用的入门软件。本书将介绍 Altium Designer 20.1 的电路设计技巧。

四、PCB 设计流程

在设计 PCB 时，可以直接在 PCB 上放置元件封装，并用导线将它们连接起来。但是，在复杂的 PCB 设计中，往往牵涉大量的元件和连接，工作量很大，如果没有系统的管理是很容易出错的。因此在设计时，应采用系统的流程来规划整个工作。通用的 PCB 设计流程包含以下四步：

（1）PCB 设计准备工作。

（2）绘制原理图。

（3）通过网络报表将原理图导入 PCB 中。

（4）绘制 PCB 并导出 PCB 文件，准备制作 PCB。

下面将对每个步骤进行详细说明。

1．PCB 设计准备工作

PCB 设计的准备工作包括：

学习笔记

（1）对电路设计的可能性进行分析。

（2）确定采用的芯片、电阻、电容元件的数目和型号。

（3）查找采用元件的数据手册，并选用合适的元件封装。

（4）购买元件。

（5）选用合适的设计软件。

2. 原理图的绘制

在做好 PCB 设计准备工作后，需要对电路进行设计，开始原理图的绘制。在电路设计软件中设置好原理图环境参数、绘制原理图的图纸大小。原理图主要包括以下部分：

（1）元件标志（symbol）：每一个实际元件都有自己的标志。标志由一系列的引脚和边界方框组成，其中的引脚排列和实际元件的引脚一一对应，标志中的引脚即为实际元件引脚的映射。

（2）导线：原理图中的引脚通过导线相连，表示在实际电路中元件引脚的电气连接。

（3）电源和接地：原理图中有专门的符号来表示接电源和接地。

（4）输入/输出端口：表示整个电路的输入和输出。

简单的原理图由以上内容构成。在绘制简单的原理图时，放置上所有的实际元件标志，并用导线将它们正确地连接起来，再放置上电源符号和接地符号，安装合适的输入/输出端口，整个工作就可以完成了。但是，当原理图过于复杂时，在单张的原理图图纸上绘制非常不方便，而且比较容易出错，检错就更加不容易，需要将原理图划分层次。在分层次的原理图中引入了方块电路图等内容。在原理图中还包含忽略 ERC 检查点、PCB 布线指示点等辅助设计内容。

当然，在原理图中还有说明文字、说明图片等，它们被用于注释原理图，使原理图更加容易理解，更加美观。

原理图的绘制步骤如下：

（1）查找绘制原理图所需要的原理图库文件并加载。

（2）如果电路图中的元件不在库文件中，则自己绘制元件。

（3）将元件放置到原理图中，进行布局连线。

（4）对原理图进行注释。

（5）对原理图进行仿真，检查原理图设计的合理性。

（6）检查原理图并打印输出。

3. 网络报表的生成

设计原理图后，需要根据绘制的原理图进行印制电路板的设计，网络报表是电路原理图设计和印制电路板设计之间的桥梁和纽带。在原理图中，连接在一起的元件标志引脚构成一个网络，整个原理图可以提取网络报表来描述电路的电气连接特性。同时网络报表包含原理图中的元件封装信息。在 PCB 设计中，导入正确的网络

学习笔记

报表，即可获得 PCB 设计所需要的一切信息。可以说，网络报表的生成既是原理图设计的结束，又是 PCB 设计的开始。

4．PCB 设计

根据原理图绘制的印制电路板上包含的主要内容有：

（1）元件封装：每个实际的元件都有自己的封装，封装由一系列的焊盘和边框组成。元件的引脚被焊接在 PCB 上封装的焊盘上，从而建立真正的电气连接。元件封装的焊盘和元件的引脚是一一对应的。

（2）导线：铜箔层的导线将焊盘连接起来，建立电气连接。

（3）电源插座：给 PCB 上的元件加电后，PCB 才能开始工作。给 PCB 加电可以直接用一根铜线引出需要供电的引脚，然后连接到电源即可，不需要任何的电源插座，但是为了让 PCB 的铜箔不致于被产品调试维修人员在维修时用连接导线供电将铜箔损坏，还是需要设计电源插座，使产品调试维修人员直接通过插座给 PCB 供电。

（4）输入 / 输出端口：在设计中，同样需要采取合适的输入 / 输出端口引入输入信号，导出输出信号。一般的设计中可以采用和电源输入类似的插座。在有些设计中有规定好的输入 / 输出连接器或者插槽，如计算机的主板 PCI 总线、AGP 插槽，计算机网卡的 RJ-45 插座等，在这种情况下，需要按照设计标准，设计好信号的输入 / 输出端口。

在有些设计中，PCB 上还设置有安装孔。PCB 通过安装孔可以固定在产品上，同时安装孔的内壁也可以镀铜，设计成通孔形式，并与“地”网络连接，这样方便了电路的调试。

PCB 中的内容除以上之外，有些还有指示部分，如 LED、七段数码显示器等。当然，PCB 上还有丝印层上的说明文字，指示 PCB 的焊接和调试。

PCB 设计需要遵循一定的步骤才能保证不出错误。PCB 设计大体包括以下步骤：

（1）设置 PCB 模板。

（2）检查网络报表，并导入。

（3）对所有元件进行布局。

（4）按照元件的电气连接进行布线。

（5）覆铜，放置安装孔。

（6）对 PCB 进行全局或者部分的仿真。

（7）对整个 PCB 检错。

（8）导出 PCB 文件，准备制作 PCB。

测验

测试一下自己学习的效果。

学习笔记

（1）什么是 PCB？

（2）PCB 上一般有哪些元器件？

（3）PCB 在电子设备中的功能有哪些？

（4）PCB 的板层有________、________、________。

（5）PCB 的组成分为________、________、________、________、________。

（6）PCB 设计的准备工作包含哪些？

（7）原理图绘制有哪几个步骤？

（8）PCB 的设计步骤有哪些？

任务实施

描述印制电路板的设计流程

在前面的相关知识中介绍了印制电路板的设计流程，在任务实施中，需要对上面介绍的相关知识进行总结，归纳出印制电路板的设计流程。

（1）PCB 设计之前，先要收集查找 PCB 的相关参数。特别是 PCB 设计是否可行，元件封装能否找得到。

（2）建立一个工程项目。

（3）绘制原理图文件。

（4）绘制原理图文件需要的元件库。

（5）绘制 PCB 文件。

（6）绘制 PCB 封装元件库。

（7）绘制 PCB 并导出 PCB 文件，准备制作 PCB。

以上的每个步骤将在后面的项目和任务中详细介绍。

学习笔记

任务 2 初识 Altium Designer 20.1

任务描述

本任务是让读者操作已经安装好的、正常的 Altium Designer 20.1。学习本任务需要打开已经安装完成的软件进行操作，体会一下这个软件的功能。

相关知识

一、Altium Designer 20.1 概述

目前人们可以在计算机上利用电子 CAD 软件来完成产品的原理图设计和印制电路板设计，Altium Designer 是目前 EDA 行业中使用最方便，操作最快捷，人性化界面最好的辅助工具。电子信息类专业的大学生基本上都学过 Altium Designer 电路设计软件，所以学习资源也很丰富。

Altium 公司的发展史：

1985 年，诞生 DOS 版 Protel。

1991 年，Protel for Windows 版本，到随后的 Protel for Windows 1.0/2.0/3.0。

1998 年，Protel 98 这个 32 位产品是第一个包含五个核心模块的 EDA 工具。

1999 年，Protel 99 构成从电路设计到真实板分析的完整体系。

2001 年，由 Protel 国际有限公司正式更名为 Altium 有限公司。

2002 年，Protel DXP 集成了更多工具，使用更方便，功能更强大。

2004 年，Protel 2004 提供了 PCB 与 FPGA 双向协同设计功能。

2006 年，推出 Altium Designer 6.0 首个一体化电子产品开发系统。

Altium 的全球管理以澳大利亚悉尼为总部，在澳大利亚、中国、法国、德国、日本、瑞士和美国均有直销点和办公机构。此外，Altium 在其他主要市场国家均有代销网络。

Altium Designer 是 Altium 公司开发的一款电子设计自动化软件，用于原理图、PCB、FPGA 设计。结合了板级设计与 FPGA 设计。Altium 公司收购的 PCAD 及 TASKKING 成为 Altium Designer 的一部分。

2008 年夏季发布的 Altium Designer Summer 08（简称 AD7）将 ECAD 和 MCAD 两种文件格式结合在一起，Altium 在其最新版的一体化设计解决方案中为电子工程师带来了全面验证机械设计（如外壳与电子组件）与电气特性关系的能力；还加入了对 OrCAD 和 PowerPCB 的支持能力。

2008 年冬季发布的 Altium Designer Winter 09 引入了新的设计技术和理念，以帮助电子产品设计创新。增强功能的电路板设计空间，让用户可以更快地设计，全三维 PCB 设计环境，避免出现错误和不准确的模型设计。

学习笔记

为适应日新月异的电子设计技术发展，Altium 于 2011 年在全球范围内推出 Altium Designer 10.0 版本。

2013 年 1 月 2 日，正式发布 Altium Designer 2013，通过一系列 PCB 新特性的发布，以及对核心 PCB 和原理图工具进行更新，进一步优化了设计环境。

2014 年 1 月发布了 Altium Designer 14。

2015 年 5 月发布了 Altium Designer 15，新增功能可显著实现设计效率提升、设计文档改善及高速 PCB 设计自动化。

2016 年 4 月发布了 Altium Designer 16.0.9。

2016 年 11 月 17 日，Altium 有限责任公司发布了 Altium Designer 17，该版本能够帮助用户显著减少在与设计无关任务上花费的时间。

2018 年 1 月 3 日，Altium 在国内宣布 Altium Designer 18 正式版正式发布。

2018 年 12 月 17 日，发布了 Altium Designer 19.0.10。

2019 年 12 月 3 日，Altium 推出了简单易用、与时俱进、功能强大的新版 PCB 设计软件——Altium Designer 20。跨越 20 多年的电子设计创新，Altium Designer 20 通过速度更快的原理图编辑器、高速设计和增强型交互式布线器功能，实现更快的电路板设计，进而改善设计体验。

二、Altium Designer 20.1 新特性

1. 任意角度布线

在高密度板上绕开障碍物进行专业操作，并且深入到 BGA 中走线，从而无须额外的信号层。借助智能避障算法，用户可以使用切向弧避开障碍物，从而最有效地利用电路板空间。

如图 1-3 所示，跟随鼠标箭头的走线从 BGA 密集的引脚阵列中左冲右突，游刃有余。

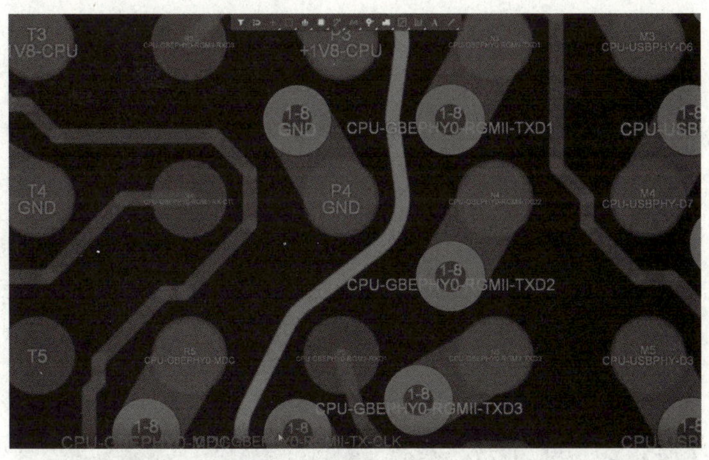

图 1-3　任意角度布线

学习笔记

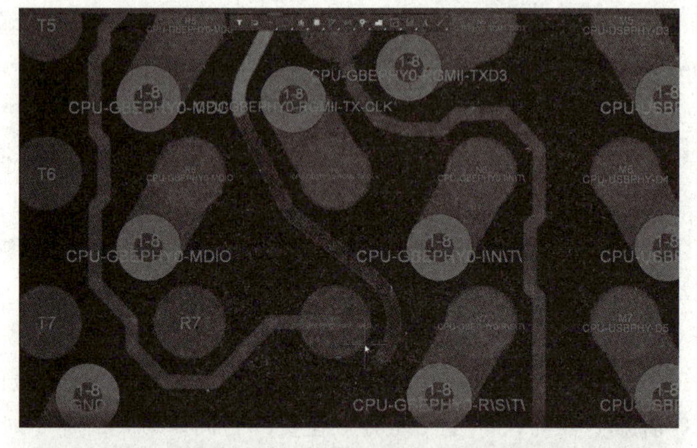

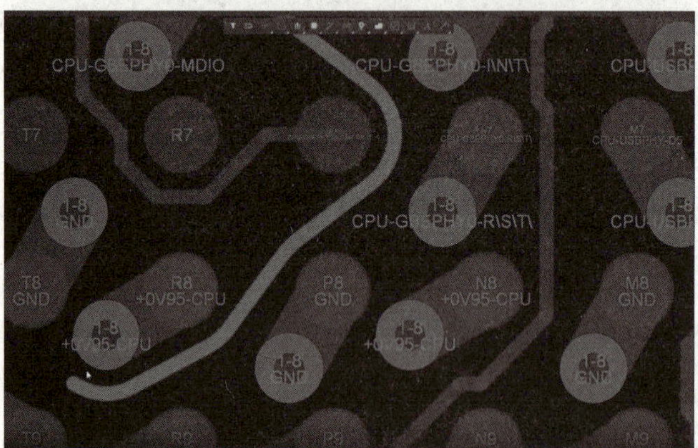

图 1-3　任意角度布线（续）

2．一键修正布线

不只是走线的过程中可以以任意角度走线，自动使用切线和弧线在走线过程中遵守规则保持安全间距，对于之前已经布好的走线可以一键修正，如图 1-4、图 1-5 所示。

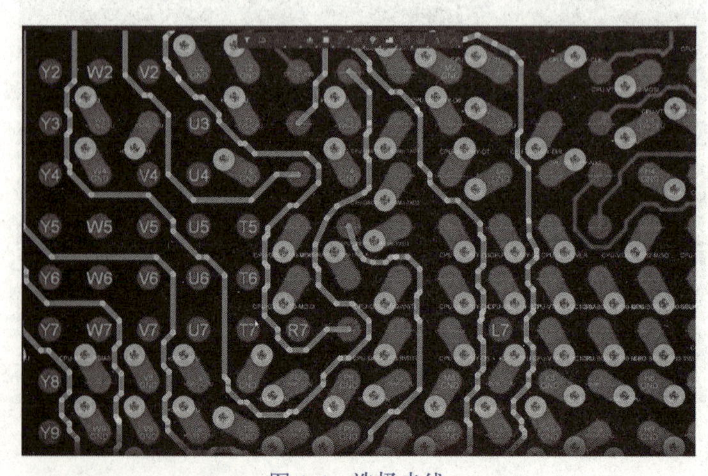

图 1-4　选择走线

学习笔记

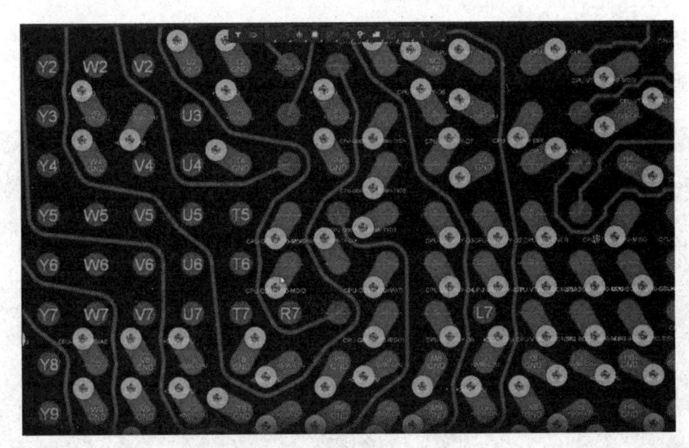

图 1-5　优化选中的布线

先将之前已经布好并需要修正的线选中，然后选择“优化选中布线”命令，结果如图 1-5 所示。对路径进行了优化，信号线越短，信号的完整性就会越好。

3．走线的平滑处理

对走线进行编辑以改善信号完整性是很耗费时间的，尤其是当用户必须对单个弧线以及蛇形调整线进行编辑的时候。Altium Designer 20 合并了新的布线优化引擎和高级的推挤功能以加快该过程，从而提高生产效率。

图 1-6 所示方框内的走线是想处理的走线，只需要单击要处理的那一段，然后拖动鼠标，就会自动重新布线，如图 1-7 所示。

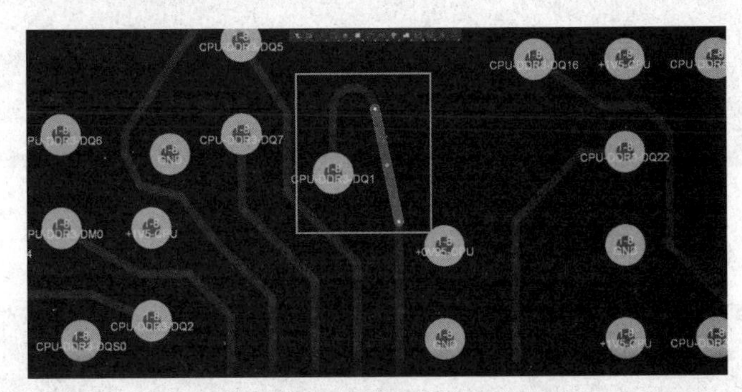

图 1-6　选择需要重新布线的走线

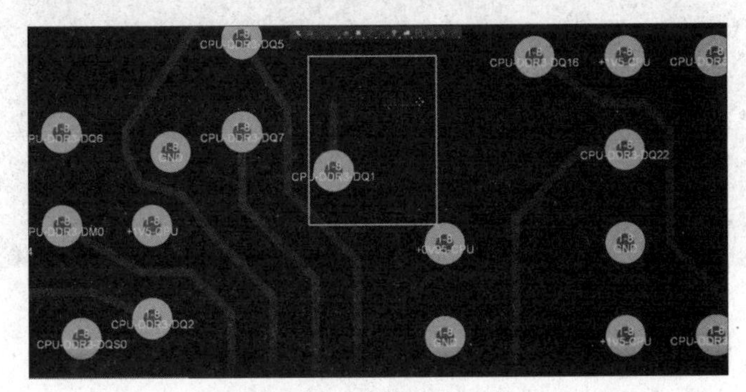

图 1-7　重新布线的效果

在修正走线的时候还可以推挤，如图 1-8 所示，想要把方框内的一截线拉长些，又不影响其连接。

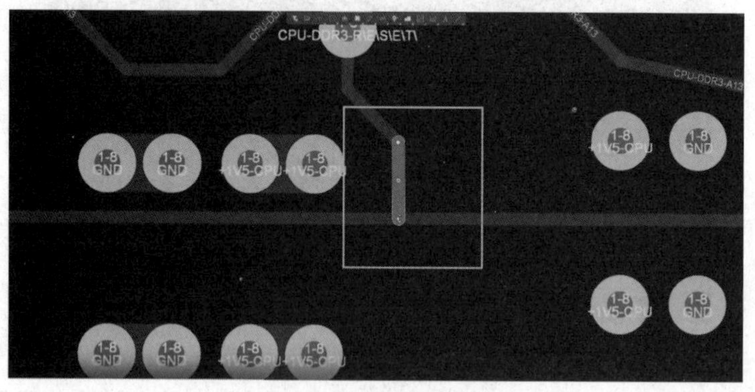

图 1-8　需要处理的走线

推挤的过程中会实时处理，遇到障碍物能推挤就推挤，不能推挤就闪避，如图 1-9 所示。

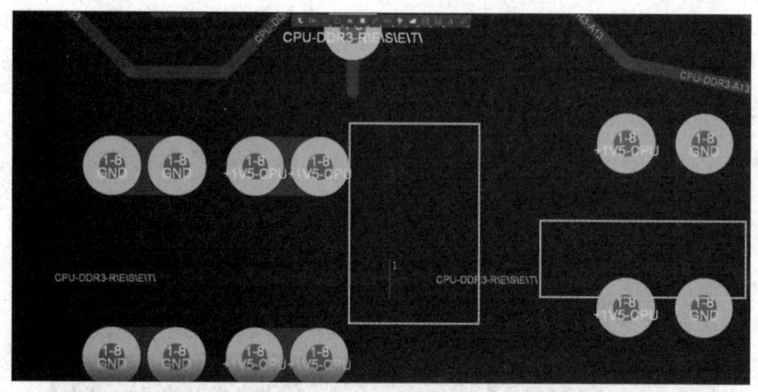

图 1-9　推挤布线

还可以对多根线同时修正处理。如图 1-10 所示，选取三段弧线。

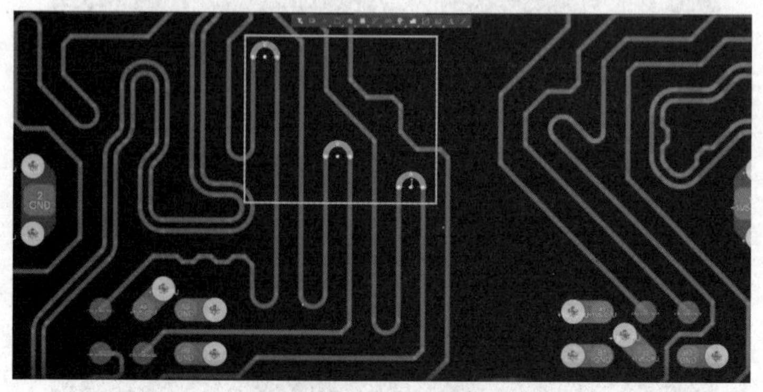

图 1-10　选取三段弧线

对它们上下移动的过程中，同时推挤，如图 1-11 所示。

学习笔记

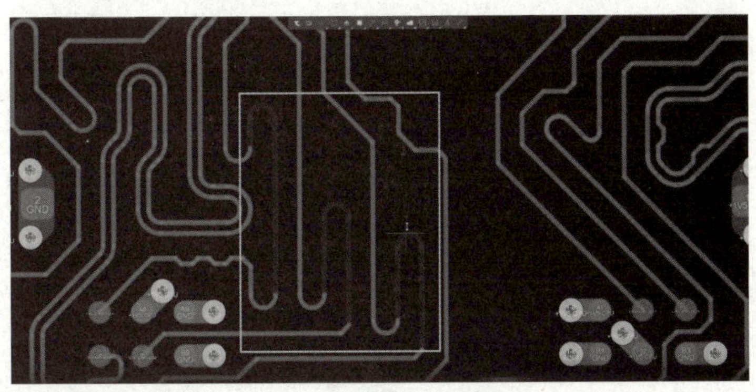

图 1-11　推挤布线效果

4. 原理图编辑器增强

Altium Designer 在其原理图编辑器上进行了改进，引入了新的 DirectX 引擎、即时编译功能以及更加简化的交互式属性面板。

（1）原理图动态数据模型。不必要的大型原理图重新编译会占用大量时间。这就是为什么 Altium Designer 要使用新的动态数据模型，该模型可以在后台进行增量和连续编译，而无须执行完整的设计编译。

（2）原理图视觉效果增强。Altium Designer 中的 DirectX 可以为用户带来流畅、快速的原理图体验。这种新的实现方式可以平滑缩放、平移，甚至极大地加快了复制和粘贴的速度。重新设计的交互式属性面板。该交互式属性面板更加简化并且界面友好。通过更新的属性面板可以完全清晰地操控设计对象和功能。实时查看相关属性、供应商信息，甚至生命周期信息。

5. 基于时间的长度匹配

印制电路板上高速数字电路的传送效率取决于准时到达的信号和数据。如果走线调整不当，信号传送时间会有所变化，并且数据错误可能会很多。Altium Designer 20 计算走线上的传播时间，并为高速数字信号提供同步的信号传送时间。

6. 爬电电压规则

在高电压电路中，爬电会引起电流泄漏，从而危害用户的设计。Altium Designer 20 具有避免爬电的新功能，如图 1-12 所示。

爬电的含义：PCB 设计软件工具将所有间隔通称为间距（Clearance）。实际上，一切在绝缘表面上的导电对象之间应用的间距，如焊盘到焊盘、焊盘到导线、导线到导线的间隔参数，都是爬电距离，而不是常说的间距。通过空气在导电元件之间的间隔才是间距。毫无疑问，通用术语“间距规则”将继续用于工程师的设计和 EDA 工具中，作为通常意义下的间距 [不管它到底是爬电距离（Creepage）还是间距（Clearance）]。但是，在高电压电路应用的场合，爬电距离和传统意义的间距还是有很大差异的，这是设计师需要特别注意的地方。一般来说，爬电距离要求总是大于或等于相关的间距要求。

学习笔记

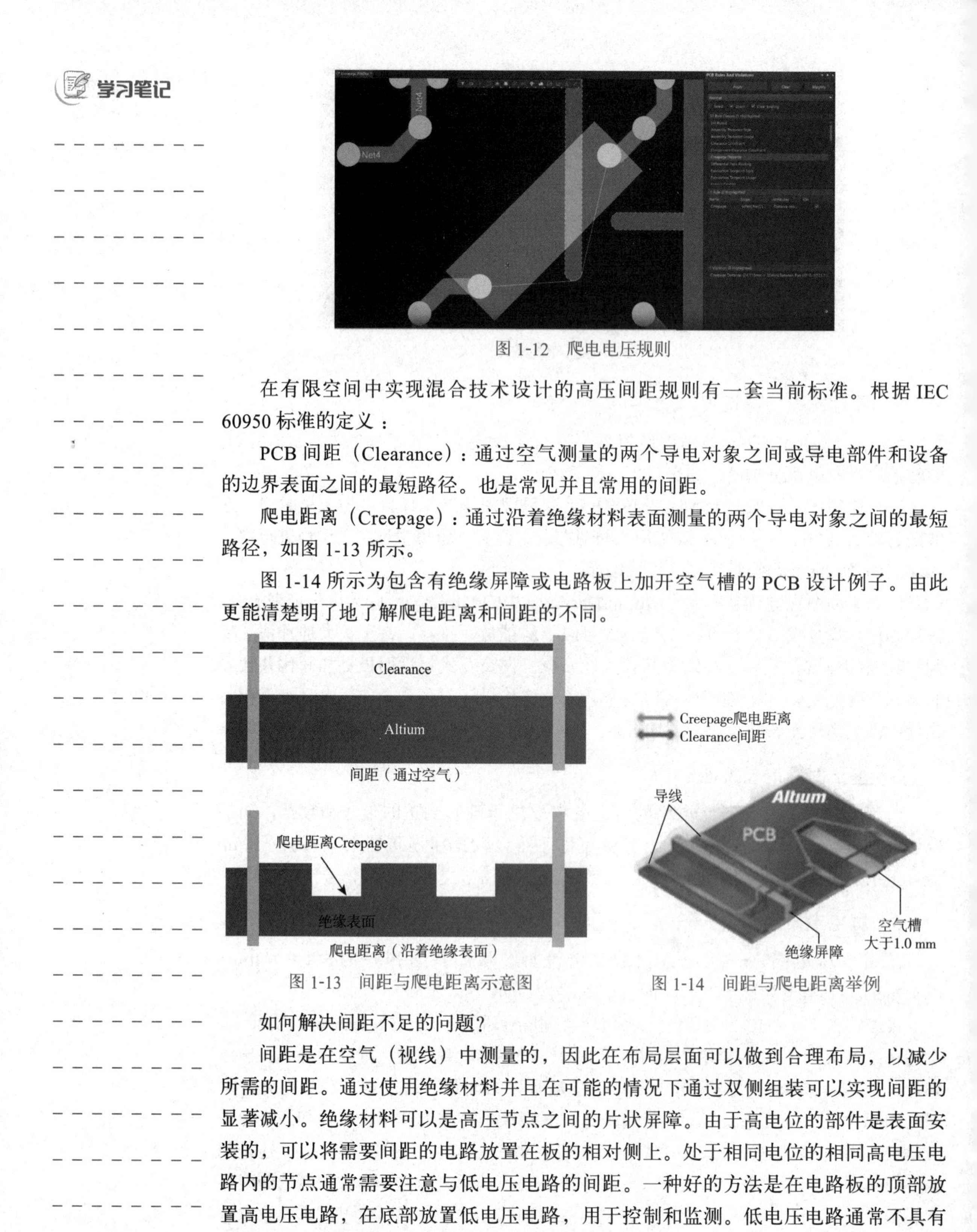

图 1-12　爬电电压规则

在有限空间中实现混合技术设计的高压间距规则有一套当前标准。根据 IEC 60950 标准的定义：

PCB 间距（Clearance）：通过空气测量的两个导电对象之间或导电部件和设备的边界表面之间的最短路径。也是常见并且常用的间距。

爬电距离（Creepage）：通过沿着绝缘材料表面测量的两个导电对象之间的最短路径，如图 1-13 所示。

图 1-14 所示为包含有绝缘屏障或电路板上加开空气槽的 PCB 设计例子。由此更能清楚明了地了解爬电距离和间距的不同。

图 1-13　间距与爬电距离示意图

图 1-14　间距与爬电距离举例

如何解决间距不足的问题？

间距是在空气（视线）中测量的，因此在布局层面可以做到合理布局，以减少所需的间距。通过使用绝缘材料并且在可能的情况下通过双侧组装可以实现间距的显著减小。绝缘材料可以是高压节点之间的片状屏障。由于高电位的部件是表面安装的，可以将需要间距的电路放置在板的相对侧上。处于相同电位的相同高电压电路内的节点通常需要注意与低电压电路的间距。一种好的方法是在电路板的顶部放置高电压电路，在底部放置低电压电路，用于控制和监测。低电压电路通常不具有高电压电路所需的边界表面（壳体）爬电要求。

学习笔记

如何解决爬电距离不足的问题？

爬电距离是绝缘表面上的电节点之间的间隔，即 PCB 表面或内部层上的导体之间的空间。但是进一步扩展元件将受到产品包装体积的约束，因此需要有一些其他策略，在允许更高的封装密度的情况下，同时满足所需的爬电距离。增加爬电距离的各种情况，如图 1-15 所示。

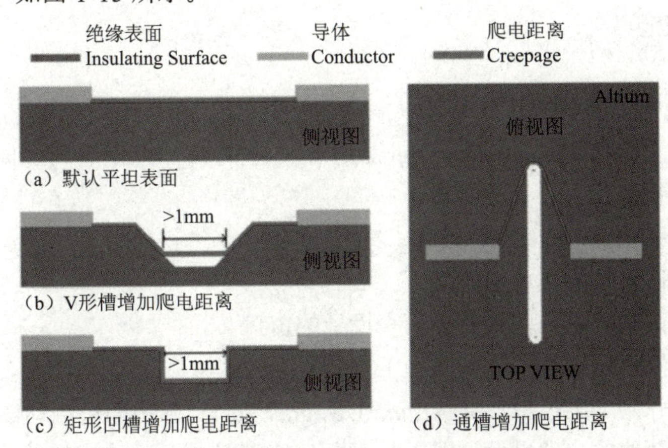

图 1-15　增加爬电距离的各种情况

图 1-15（a）表示平坦表面上的正常状态。爬电距离是在节点之间的表面上测量的。

图 1-15（b）表示 V 形槽可以增加节点之间的表面距离。增加的长度仅沿着凹槽测量到其减小到 1 mm 宽度的点。

图 1-15（c）表示矩形凹槽可以进一步增加爬电距离，但是宽度必须大于 1 mm。这样的凹槽比 V 形槽的加工成本更高。

图 1-15（d）表示 PCB 上开通槽（大于 1 mm 宽度的槽）可以大大增加表面距离。这是增加爬电距离并且最具成本效益的最简单的方法。然而，它在一个方向上需要相当大的自由空间。

7．返回路径检查

除非提供适当的返回路径，否则高速信号就会产生电磁场，这可能导致串扰、数据错误或辐射干扰。正确的返回路径可使噪声电流通过非常低的阻抗返回到地，从而消除了这些问题。 Altium Designer 20 将监视返回路径并检查所有参考多边形的返回路径完整性，因此无须手动执行此操作。

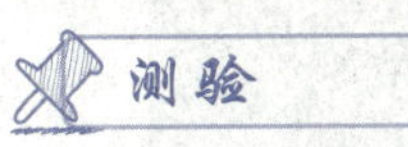

测试一下自己学习的效果。

（1）简要说明 Altium 公司的发展史。

（2）Altium Designer 20.1 有哪些新特性？并举例说明。

（3）如何启动 Altium Designer 20.1 软件？

初识 Altium Designer 20.1

前面简要介绍了 Altium Designer 20.1 的一些特性，以下将对 Altium Designer 20.1 进行初步操作。

（1）了解该软件的安装环境。

（2）了解该软件的集成功能。

（3）了解该软件的一些初始界面和设计的窗口。

打开该软件，逐步熟悉。操作如下：

（1）在“开始”菜单中找到 Altium Designer 20.1，双击即可启动该软件。

（2）加载软件的启动界面如图 1-16 所示。加载完成后，进入软件的初始界面。

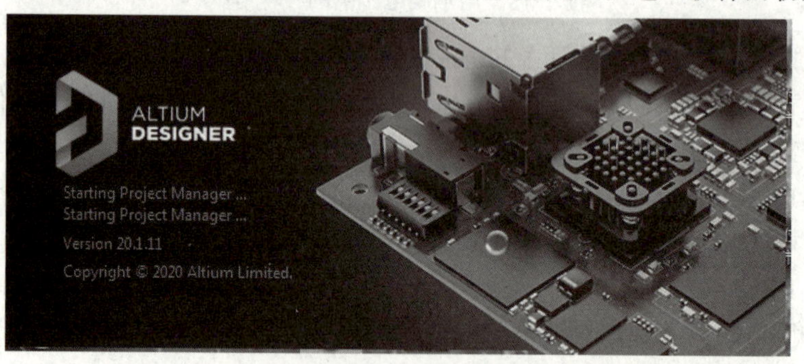

图 1-16　加载软件的启动界面

（3）软件打开后，看到图 1-17 所示的窗口。该窗口中，出现了一个很明显的提示，该软件没有激活。

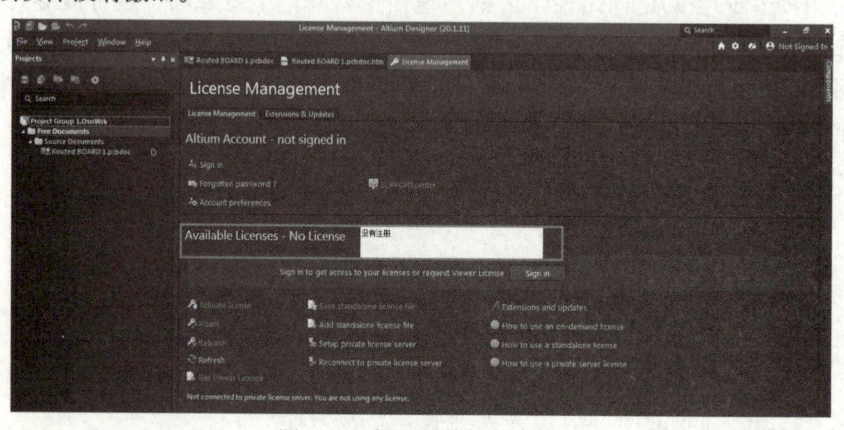

图 1-17　打开后的软件窗口

学习笔记

注意

该软件初始启动状态是英文状态，在本项目任务 3 中会介绍如何将其变为中文版软件使用。

（4）将软件激活后，初始窗口如图 1-18 所示。

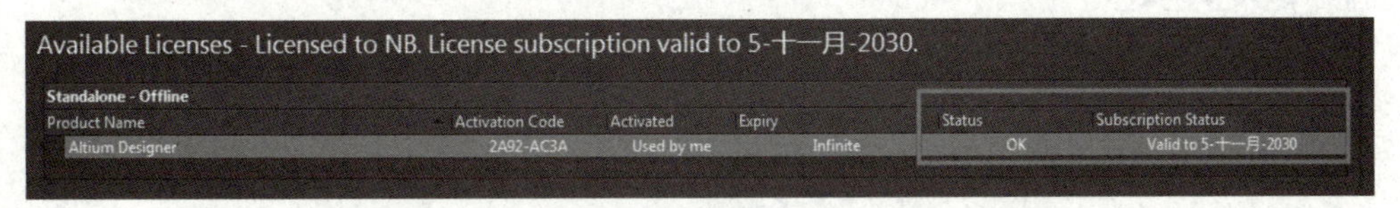

图 1-18　初始窗口

注意

激活的方法，将在本项目任务 3 中介绍。

（5）将光标移动到主菜单中的 File | New 上面，会展开三级菜单，如 Schematic、PCB、Project、Library 等，如图 1-19 所示。

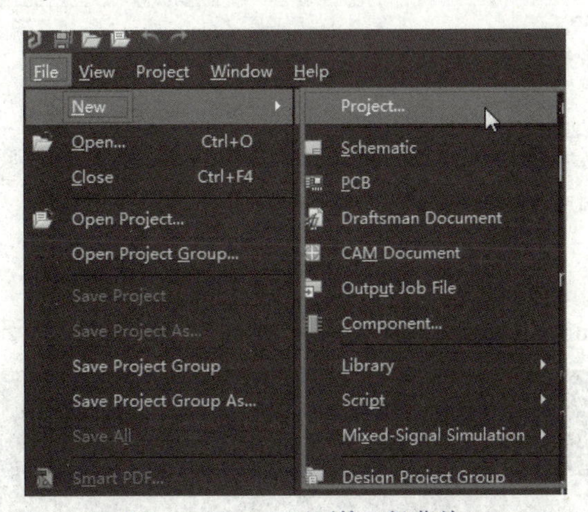

图 1-19　New 下面的三级菜单

另外，还有很多功能菜单，在本任务中不再一一描述，在后续的项目和任务中，再详细介绍。

任务 3　Altium Designer 20.1 的安装、激活、汉化

任务分析

在本项目任务 2 中介绍了 Altium Designer 20.1 的一些特性，同时，初步操作了

Altium Designer 20.1，但是对于这个软件，自己如何安装，如何汉化，如何激活，大家并不熟悉。本任务对 Altium Designer 20.1 的安装方法进行介绍，主要介绍该软件的安装、激活、汉化的实现方法。通过本任务的学习，读者应能够在计算机中安装这个软件，同时，可掌握该软件在 Windows 各版本下的激活方法。

相关知识

Altium Designer 20.1的安装

微课：扫描学一学 Altium Designer 20.1 的安装。

一、Altium Designer 20.1 的安装

Altium Designer 20.1 的安装方法如下：

（1）找到 Altium Designer 20.1 文件包。在网站上下载的是一个压缩包，需要将其解压。

（2）安装文件解压后，可以找到里面的 AltiumDesignerSetup_20_1_11.exe，双击开始安装，如图 1-20 所示。

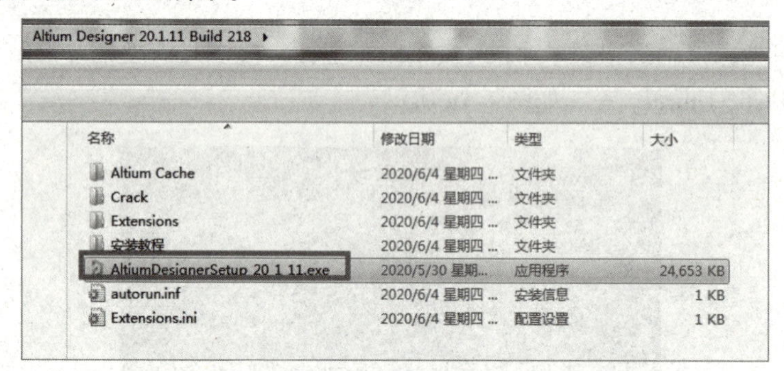

图 1-20　双击安装文件

（3）弹出 Altium Designer 20.1 安装向导窗口，如图 1-21 所示。

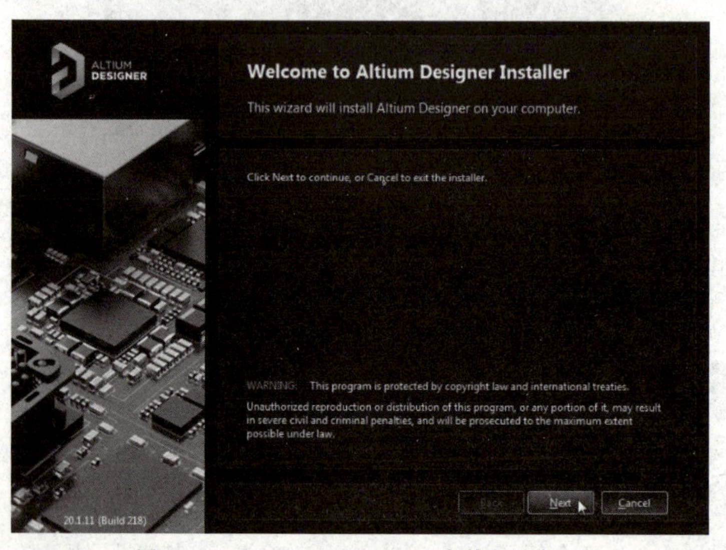

图 1-21　Altium Designer 20.1 安装向导窗口

（4）单击 Next 按钮，出现接受协议窗口，先选择安装语言，如图 1-22 所示，再选择接受协议如图 1-23 所示。在图 1-23 中选中 I accept the agreement 复选框。

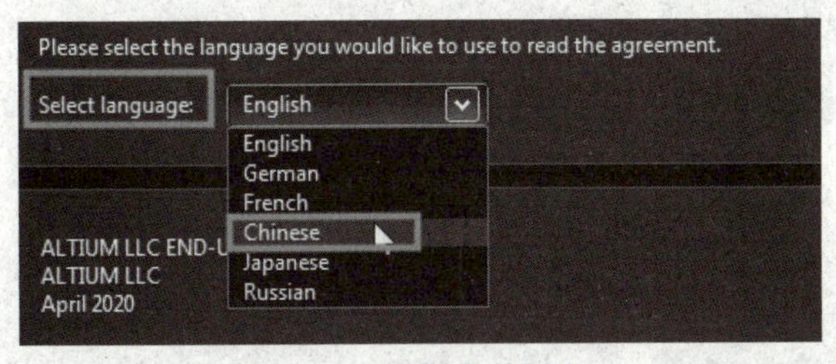

图 1-22　选择安装语言

图 1-23　接受协议窗口

（5）单击 Next 按钮，选择需要安装的功能，如图 1-24 所示。

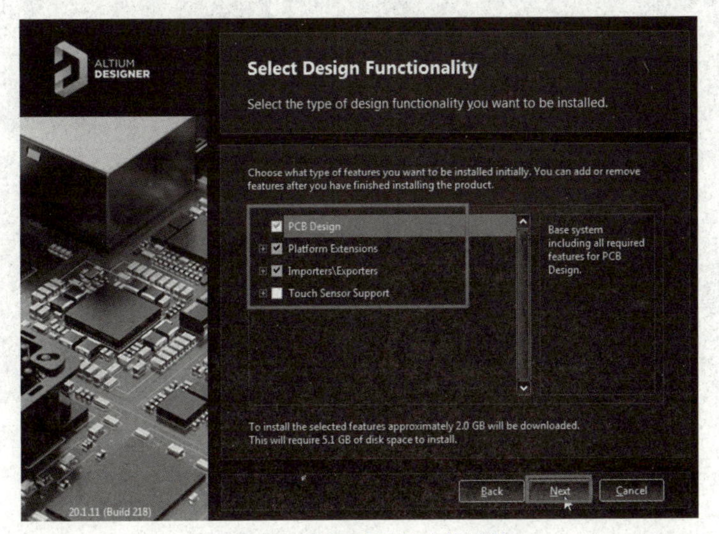

图 1-24　选择需要安装的功能

（6）单击 Next 按钮，如图 1-25 所示。可以保持默认。

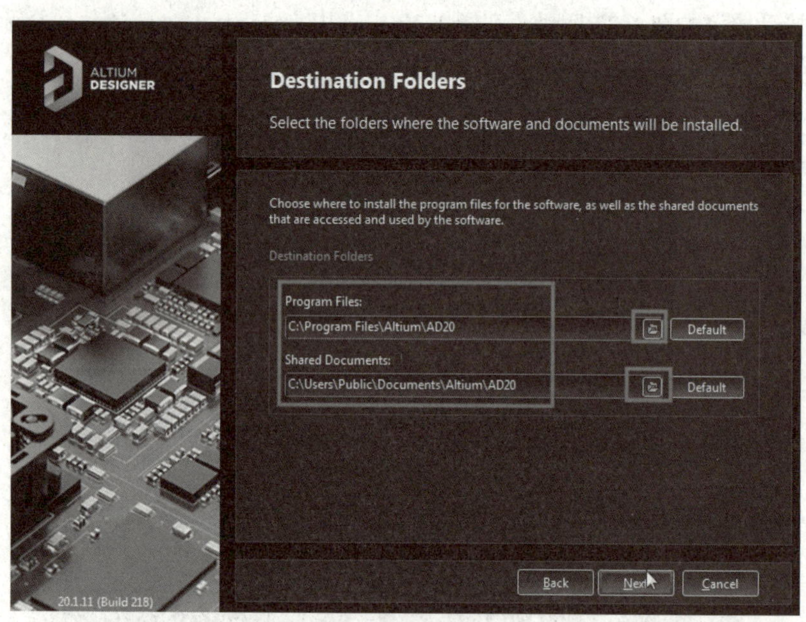

图 1-25　选择安装路径

（7）选择安装程序到哪个文件夹，即安装的目标文件，默认是 C 盘，可以选择 D 盘，其他的路径不变，如图 1-26 所示。

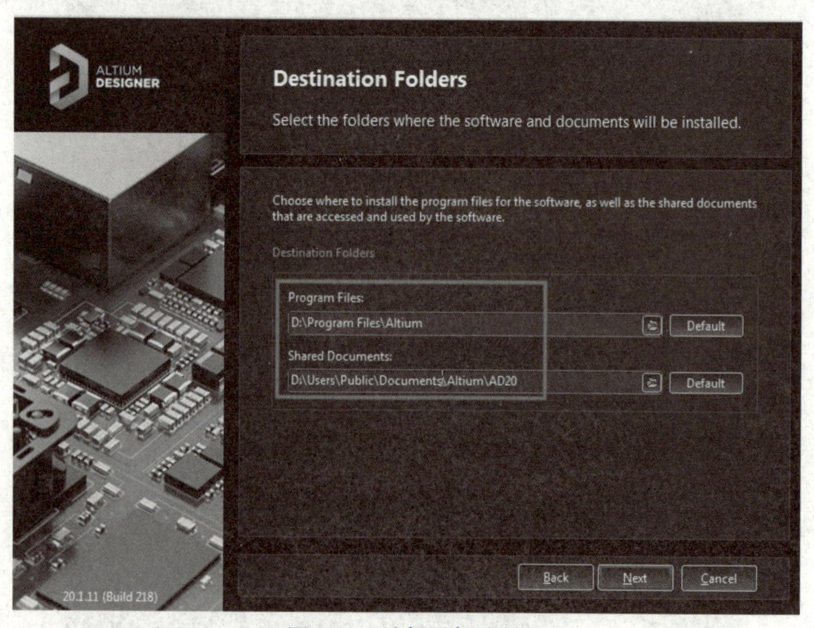

图 1-26　选择目标路径

（8）单击 Next 按钮，返回到接受协议的对话框，如图 1-27 所示。

学习笔记

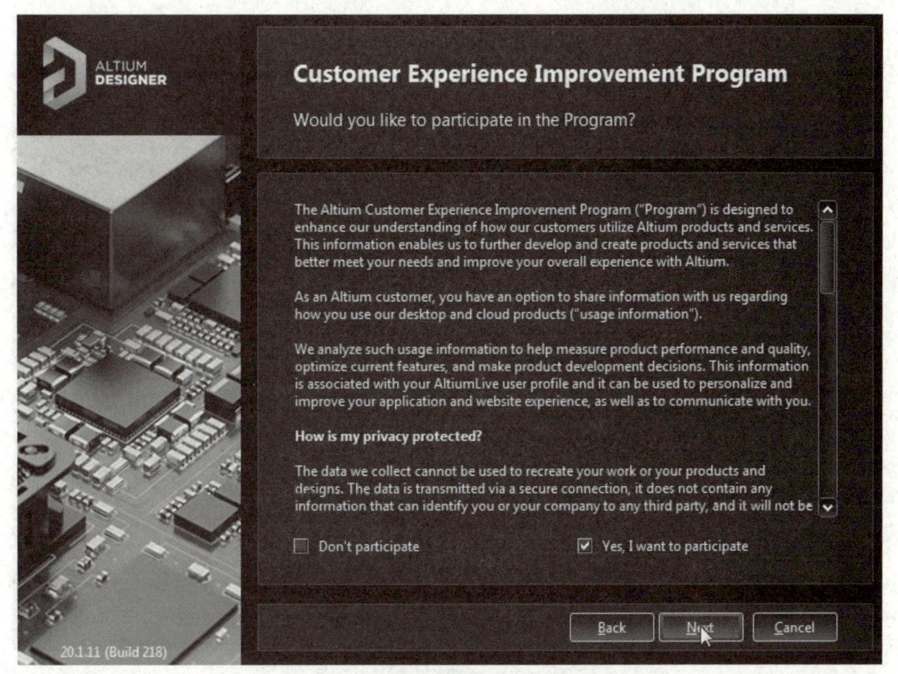

图 1-27　返回到接受协议的对话框

（9）再单击 Next，出现准备安装对话框，如图 1-28 所示。

图 1-28　准备安装

（10）单击 Next 按钮，出现安装过程对话框，直到安装完成，如图 1-29 所示。

（11）安装完成后，单击 Finish 按钮完成安装，如图 1-30 所示。

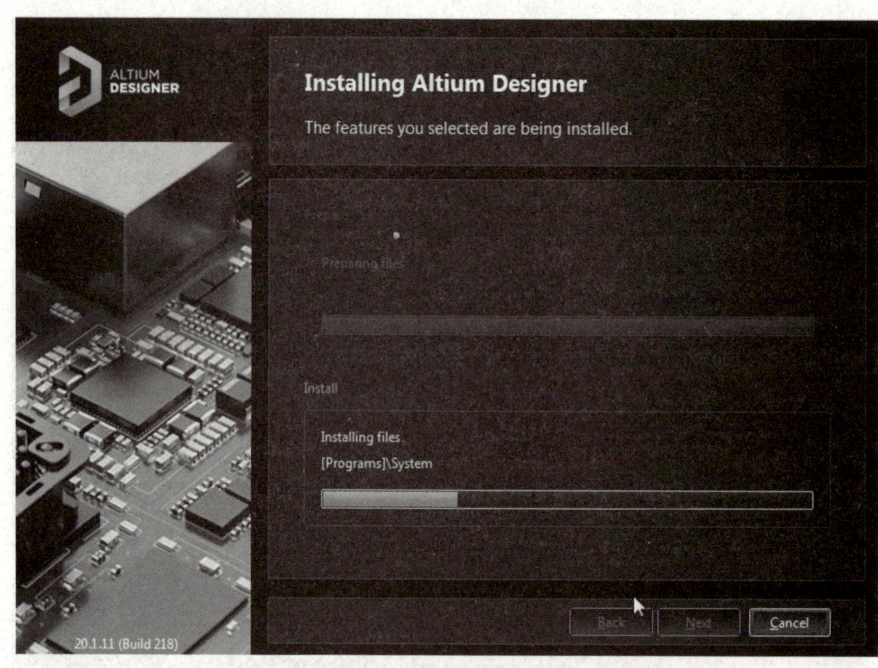

图 1-29　安装过程对话框

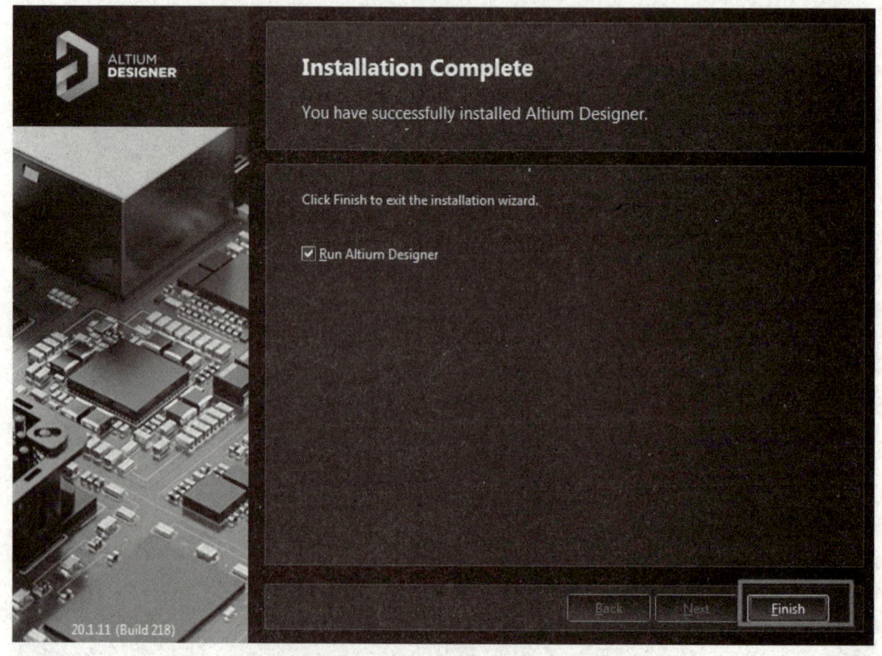

图 1-30　完成安装

Altium Designer 20.1的注册

微课：扫描学一学 Altium Designer 20.1 的注册。

二、Altium Designer 20.1 软件的注册

（1）AD 20 软件启动后，默认会出现如图 1-31 所示的界面，提示没有注册。

学习笔记

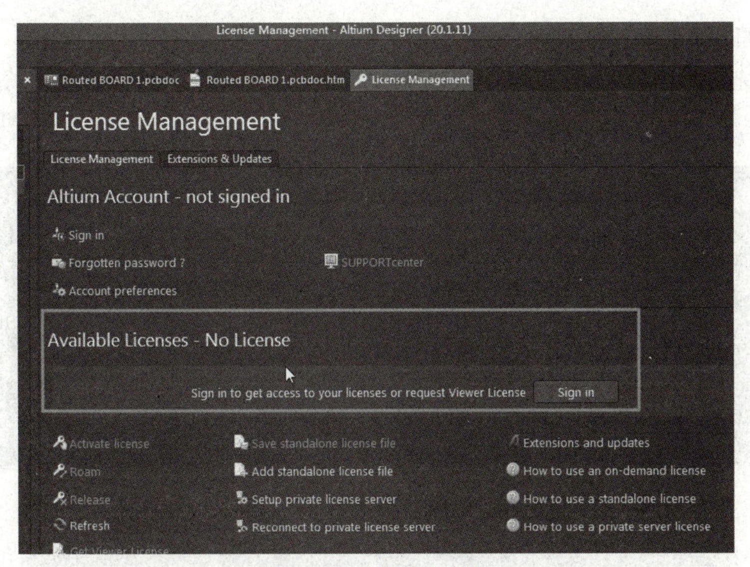

图 1-31 软件没有注册

（2）如果没有出现该注册界面，可以选择右上角的 Licenses 命令，如图 1-32 所示。选择后也会出现提示没有注册的窗口界面。

（3）复制 shfolder.dll 文件，如图 1-33 所示。

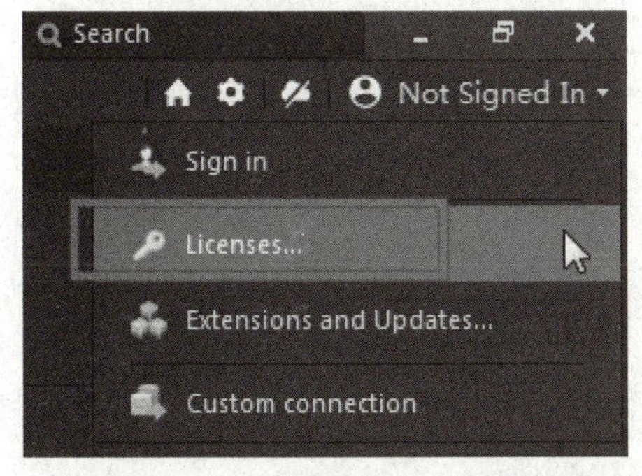

图 1-32 选择 Licenses 命令

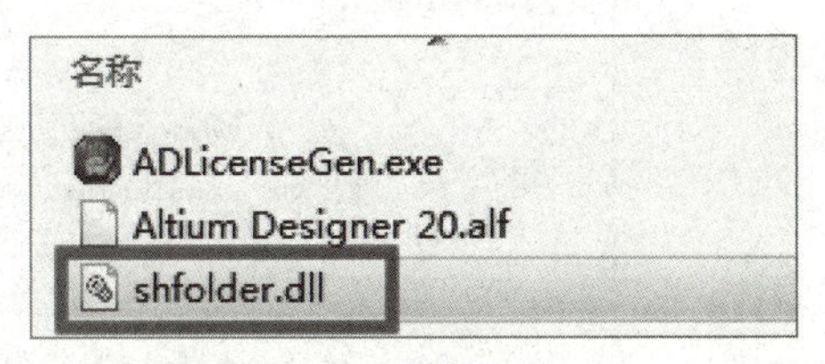

图 1-33 复制文件

（4）找到 Altium Designer 20 的安装文件夹路径，如图 1-34 所示。

图 1-34 选择安装文件夹

（5）将 shfolder.dll 文件粘贴到安装文件夹中。

（6）选择图 1-35 中的 Add standalone license file 命令，出现一个查找注册文件的对话框，找到 Altium Designer 20.alf 文件，如图 1-36 所示，再单击“打开”按钮。

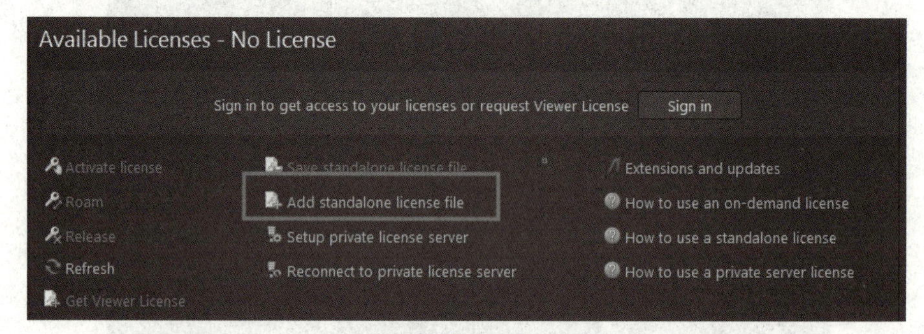

图 1-35　添加 License 文件

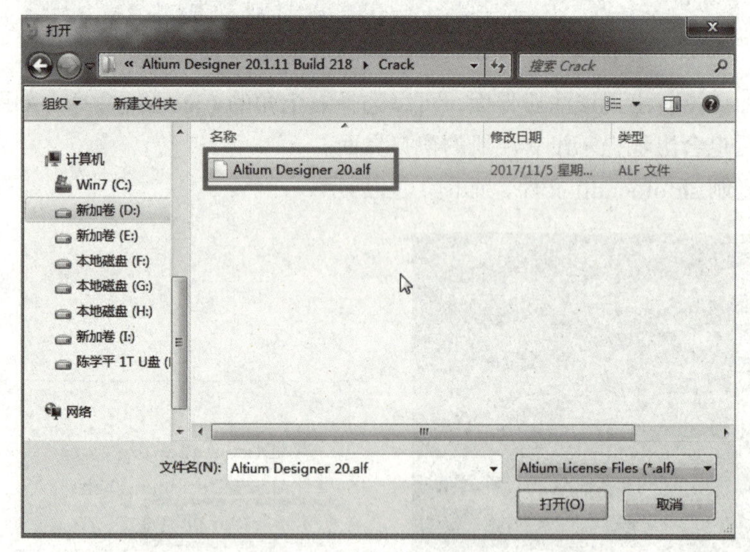

图 1-36　查找并打开文件

（7）此时注册界面发生了变化。到此为止，软件已经注册成功，出现了一个 OK 的字样，如图 1-37 所示。

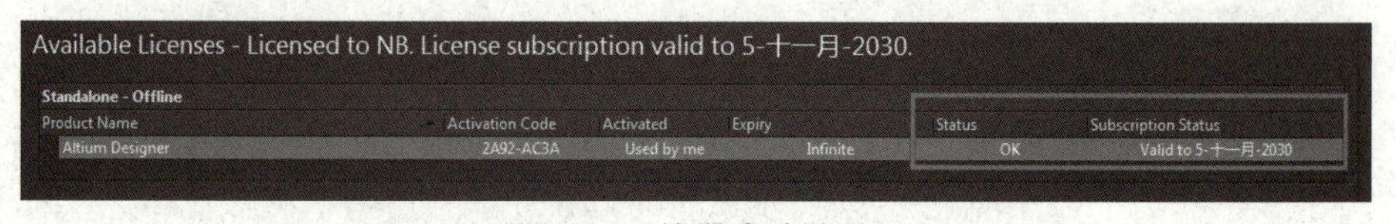

图 1-37　注册成功界面

三、Altium Designer 20.1 软件英文转为中文

（1）安装完成后，从“开始”菜单|“所有程序”中启动这个软件。

（2）软件启动过程中可以看到软件的版本号是：20.1.11，软件的启动界面如图 1-38 所示。

学习笔记

图 1-38　软件的启动界面

（3）单击右上角的系统设置按钮，如图 1-39 所示。

（4）在出现的 Preferences 窗口中，展开 System | General，在 Localization 区域中勾选 Use localized resources 复选框，同时勾选 Localized menus 复选框，如图 1-40 所示，当勾选后，将会弹出一个提示对话框，提示重新启动设置工作，如图 1-41 所示，单击 OK 按钮，回到图 1-40 中，再单击 OK 按钮，如图 1-42 所示。

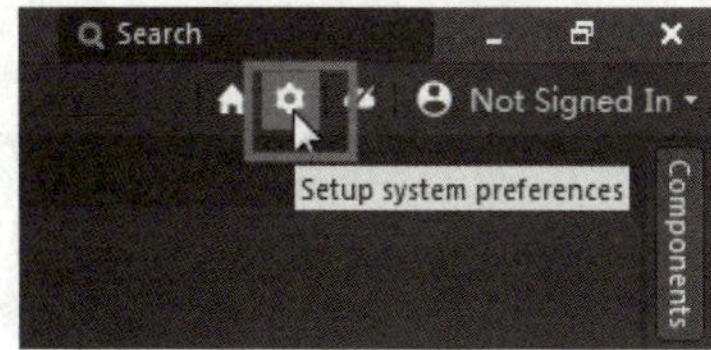

图 1-39　选择“系统设置”

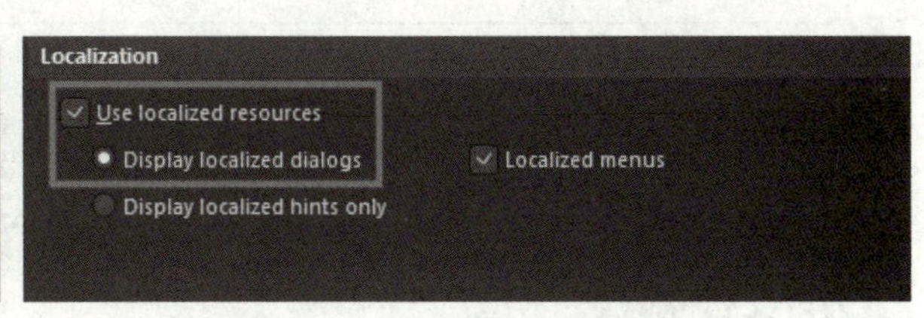

图 1-40　Localization 区域

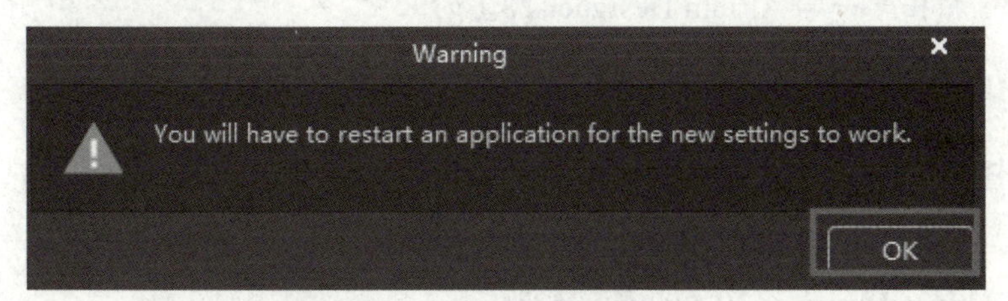

图 1-41　提示重新启动设置工作

图 1-42　单击 OK 按钮

学习笔记

(5) 退出 Altium Designer 20，再一次重新启动后，软件的工作窗口界面已经变为中文了，如图 1-43 所示。

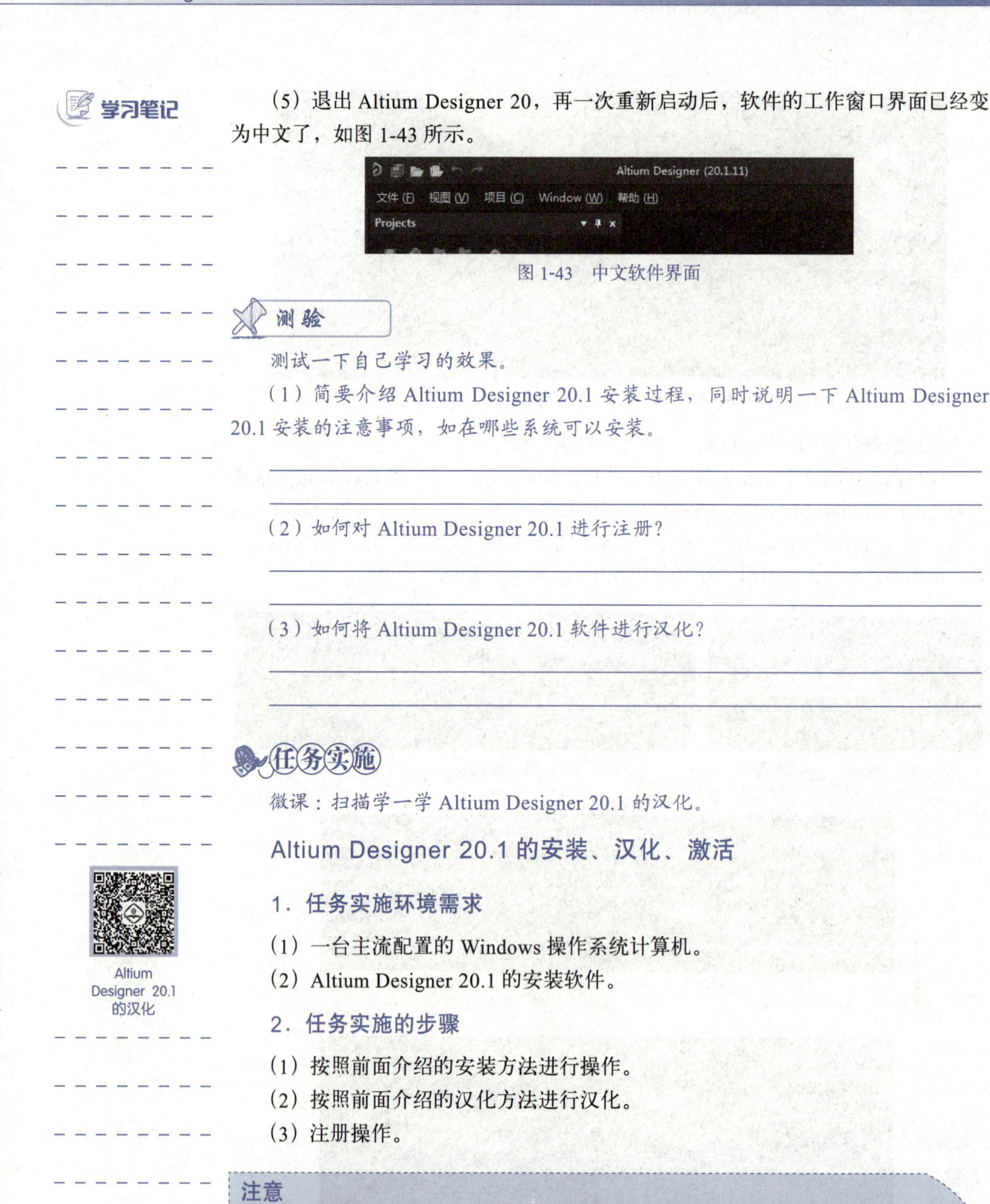

图 1-43　中文软件界面

测验

测试一下自己学习的效果。

(1) 简要介绍 Altium Designer 20.1 安装过程，同时说明一下 Altium Designer 20.1 安装的注意事项，如在哪些系统可以安装。

____

____

(2) 如何对 Altium Designer 20.1 进行注册?

____

____

(3) 如何将 Altium Designer 20.1 软件进行汉化?

____

____

任务实施

微课：扫描学一学 Altium Designer 20.1 的汉化。

Altium Designer 20.1 的汉化

Altium Designer 20.1 的安装、汉化、激活

1. 任务实施环境需求

(1) 一台主流配置的 Windows 操作系统计算机。

(2) Altium Designer 20.1 的安装软件。

2. 任务实施的步骤

(1) 按照前面介绍的安装方法进行操作。

(2) 按照前面介绍的汉化方法进行汉化。

(3) 注册操作。

注意

Altium Designer 20.1 支持 64 位操作系统，不可以在 Windows XP 环境下安装。通过安装实验，Altium Designer 20.1 在 Windows 10 的老版本中不能安装，需要将 Windows 10 升级后才能安装。

任务 4 启动 Altium Designer 20.1

学习笔记

在任务 3 中介绍了 Altium Designer 20.1 的安装，本任务将介绍软件安装后，启动软件，进行面板管理和窗口管理的基本知识。

相关知识

一、启动 Altium Designer 20.1 的方法

Altium Designer 20.1 安装完毕系统会将 Altium Designer 20.1 应用程序的快捷方式图标在“开始”菜单中自动生成。

执行“开始”|“所有程序”|Altium Designer 20.1 命令，将会启动 Altium Designer 20.1 主程序窗口，如图 1-44 所示。

不同的操作系统在安装完该软件后，首次看到的主窗口可能会有所不同，但软件的操作都大同小异。

Altium Designer 20.1 的工作面板和窗口与 Protel 软件以前的版本有较大的不同，对其管理有一套特别的操作方法。熟练地掌握工作面板和窗口管理的方法能够极大地提高电路设计的效率。

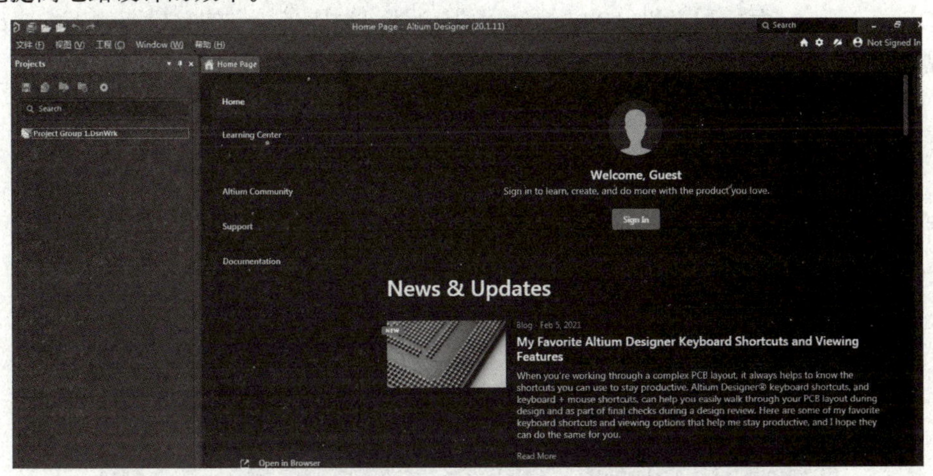

图 1-44 Altium Designer 20.1 主程序窗口

微课：扫描学一学窗口与面板管理。

二、工作面板管理

1. 标签栏

工作面板在设计工程中十分有用，通过它可以方便地操作文件和查看信息，还可以提高编辑的效率。单击屏幕右下角的工作面板标签，如图 1-45 所示。

窗口与面板管理

单击面板中的标签可以选择每个标签中相应的工作面板窗口，如单击 Panels 标签，可以从弹出的选项中选择自己所需要的工作面板，也可以通过选择“视图”|“工作区面板”中的可选项，显示相应的工作面板，如图 1-46 所示。

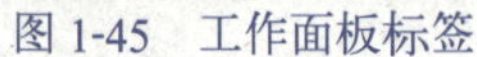

图 1-45　工作面板标签

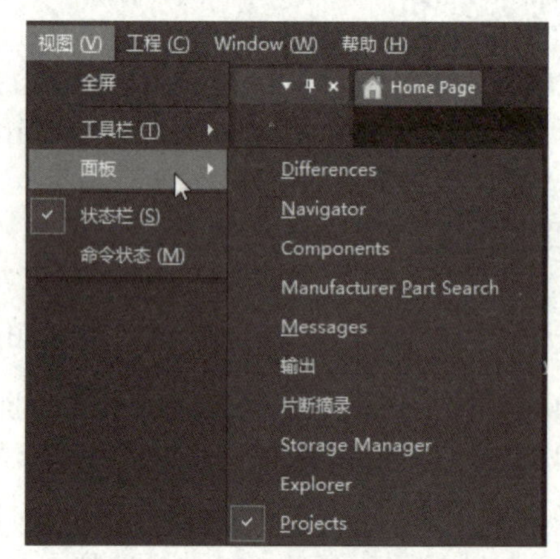

图 1-46　面板选项

2．工作面板的窗口

在 Altium Designer 20.1 中，大量使用工作窗口面板，可以通过工作窗口面板方便地实现打开文件、访问库文件、浏览每个设计文件和编辑对象等各种功能。工作窗口面板可以分为两类：一类是在任何编辑环境中都有的面板，如组件文件（Components）面板和工程（Projects）面板；另一类是在特定的编辑环境下才会出现的面板，如 PCB 编辑环境中的导航器（Navigator）面板。

工作面板的显示方式有三种：

（1）自动隐藏方式。如图 1-47 所示，工作面板处于自动隐藏方式。要显示某一工作窗口面板，可以单击相应的标签，工作窗口面板会自动弹出。当将光标移开该面板一定时间或者在工作区单击，面板会自动隐藏。

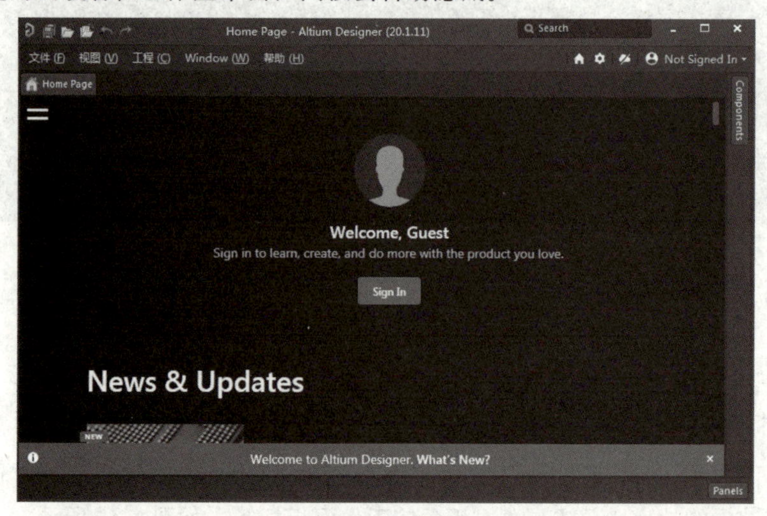

图 1-47　隐藏面板

学习笔记

（2）锁定显示方式。图 1-48 所示是工程（Projects）面板锁定的窗口。

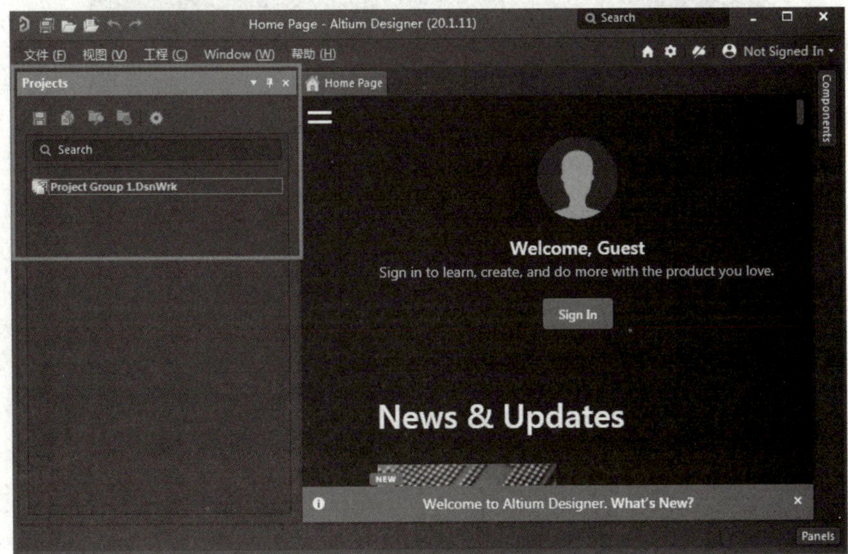

图 1-48　工程（Projects）面板锁定的窗口

（3）浮动显示方式。图 1-49 所示是浮动显示的工程（Projects）面板。

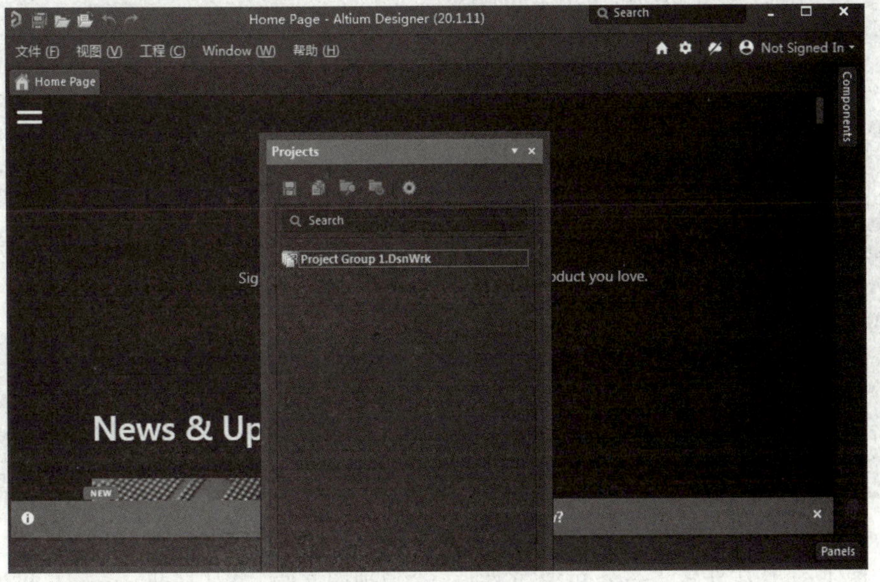

图 1-49　浮动显示的工程（Projects）面板

三、窗口管理

在 Altium Designer 20.1 中同时打开多个窗口时，可以设置将这些窗口按照不同的方式显示。对窗口的管理可以通过“窗口”菜单进行，如图 1-50 所示。

学习笔记

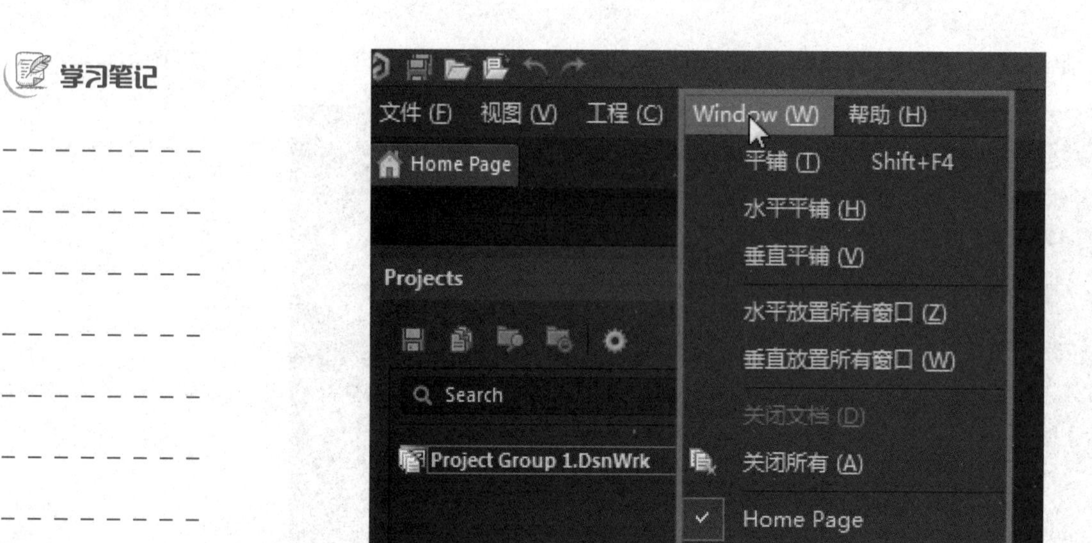

图 1-50　窗口菜单

对“窗口”菜单中每项的操作如下：

（1）水平排列所有的窗口。执行 Window |“水平放置所有窗口”命令，即可将当前所有打开的窗口平铺显示，如图 1-51 所示。

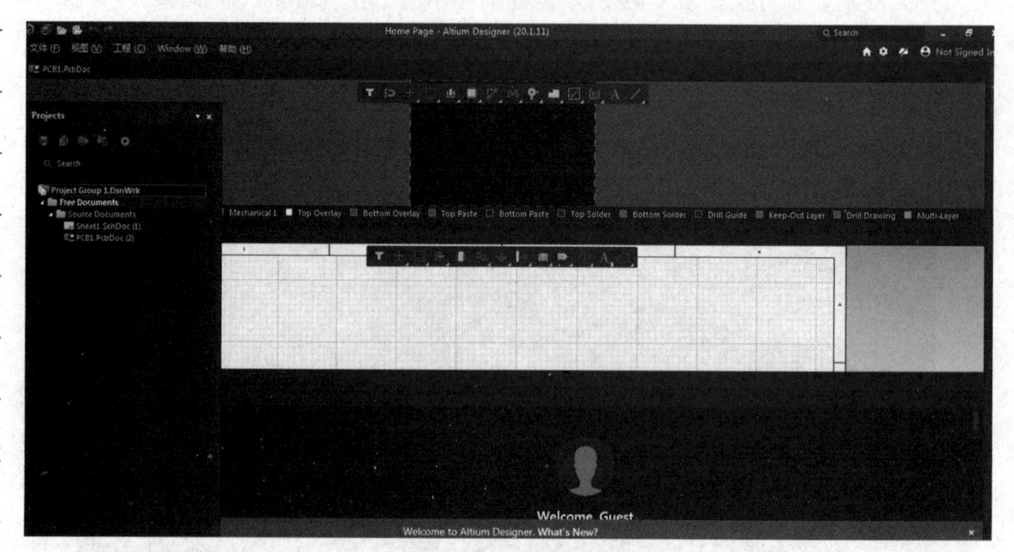

图 1-51　平铺窗口

图 1-51 是在新建了一个 PCB 文件，一个原理图文件，并且打开 home 主页之后，水平平铺的窗口。

（2）垂直平铺窗口。执行 Window |“垂直放置所有窗口”命令，即可将当前所有打开的窗口垂直平铺显示，如图 1-52 所示。

（3）关闭所有窗口。执行 Window |“关闭所有”命令，可以关闭当前所有打开的窗口，也同时关闭所有当前打开的文件。

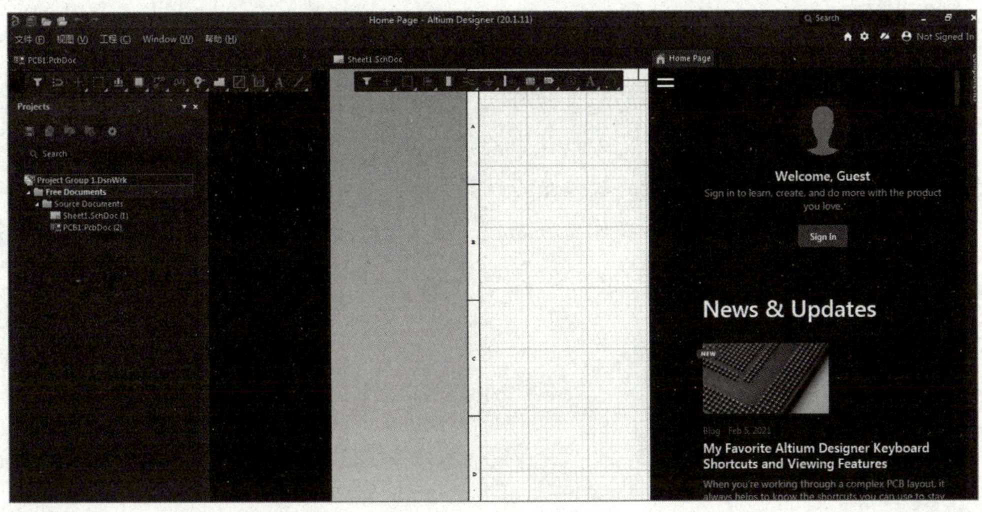

图 1-52 垂直平铺窗口

学习笔记

测验

测试一下自己学习的效果。

（1）Altium Designer 20.1 工作面板标签有什么？

____

____

____

____

（2）Altium Designer 20.1 中 Panels 的面板选项有什么？

____

____

____

____

（3）Altium Designer 20.1 的窗口显示有________、________、________、________、________。

拓展阅读

黄敞：中国航天微电子与微计算机技术的奠基人

任务实施

Altium Designer 20.1 中的窗口切换和面板管理

进行上机操作，完成以下内容：

（1）标签的打开或关闭。

（2）切换 Components 面板和 Projects 面板。

（3）实现窗口的水平和垂直排列。

相关操作见相关知识部分，这里不再赘述。

项目1考核评价标准

学习笔记

项目自测题

1. Altium Designer 20.1 的安装练习。
2. Altium Designer 20.1 英文版转中文版练习。
3. Altium Designer 20.1 的软件激活练习。
4. Altium Designer 20.1 工作面板切换、显示和隐蔽练习。

项目 2

PCB 工程及相关文件的创建

学习笔记

项目描述

本项目主要介绍 Altium Designer 20.1 的文件结构、Altium Designer 20.1 的 Projects 面板的两种文件：工程文件和 Altium Designer 20.1 设计时的临时文件（自由文档）。重点介绍 Altium Designer 20.1 的工程文件、原理图文件、原理图元件库文件、PCB 文件、PCB 封装库文件的创建方法。

知识能力目标

- 掌握 Altium Designer 20.1 的文件结构。
- 掌握 Altium Designer 20.1 的 Proiects 面板中的文件类别。
- 掌握工程文件的各种文件扩展名。
- 掌握建立原理图文件、原理图库文件、PCB 文件、PCB 库文件的方法。

素质目标

• 做 PCB 工程就是做项目，通过查找文献，查找做人做事有规划的成功案例，启发学生做项目先规划，要脚踏实地，切实把项目落地实施。

任务 1 认识 Altium Designer 20.1 文件结构和文件管理系统

任务分析

本任务将介绍 Altium Designer 20.1 的文件结构。通过学习，掌握 Altium Designer 20.1 的文件结构并能够建立和区分工程文件和自由文档（即临时文件）。

微课：扫描学一学工程文件与自由文件。

工程文件
与自由文件

学习笔记

相关知识

一、Altium Designer 20.1 的文件结构

Altium Designer 20.1 的文件结构如图 2-1 所示。

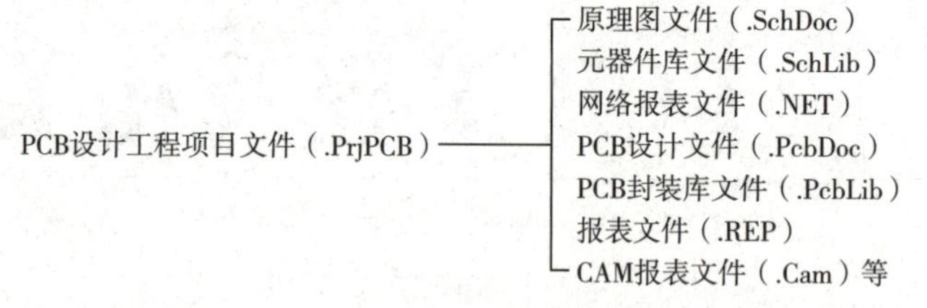

图 2-1 Altium Designer 20.1 的文件结构

Altium Designer 20.1 同样引入工程（*.PrjPCB 为扩展名）的概念，其中包含一系列的单个文件，如原理图文件（.SchDoc）、元器件库文件（.SchLib）、网络报表文件（.NET）、PCB 设计文件（.PcbDoc）、PCB 封装库文件（.PcbLib）、报表文件（.REP）、CAM 报表文件（.Cam）等，工程文件的作用是建立与单个文件之间的链接关系，方便电路设计的组织和管理。

二、Altium Designer 20.1 的文件管理系统

在 Altium Designer 20.1 的 Proiects 面板中有两种文件：工程文件和 Altium Designer 20.1 设计时的临时文件。此外，Altium Designer 20.1 将单独存储设计时生成的文件。Altium Designer 20.1 中的单个文件（如原理图文件、PCB 文件）不要求一定处于某个设计工程中，它们可以独立于设计工程而存在，并且可以方便地移入和移出设计工程，也可以方便地进行编辑。

Altium Designer 20.1 文件管理系统给设计者提供了方便的文件中转，给大型设计带来了很大的方便。

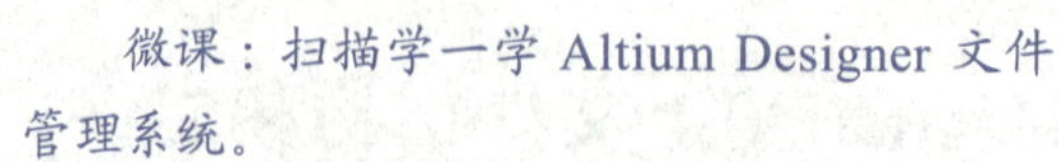

微课：扫描学一学 Altium Designer 文件管理系统。

Altium Designer文件管理系统

1. 工程文件

Altium Designer 20.1 支持工程级别的文件管理。在一个工程文件中包含设计中生成的一切文件，如原理图文件、网络报表文件、PCB 文件以及其他报表文件等，它们一起构成一个数据库，完成整个的设计。实际上，工程文件可以看作一个“文件夹”，里面包含设计中需要的各种文件，在该“文件夹”中可以执行一切对文件的操作。

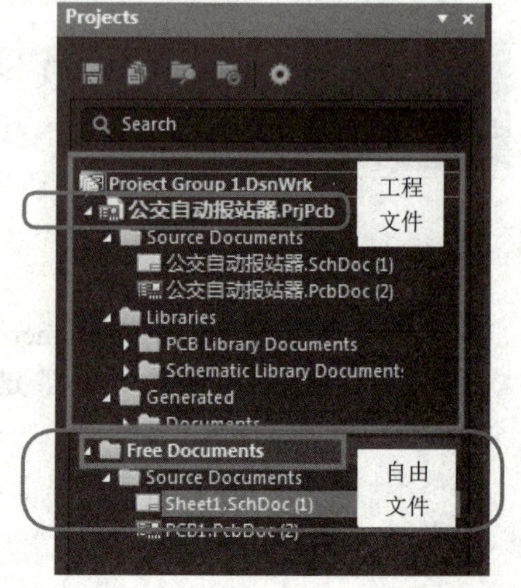

图 2-2 工程文件

如图 2-2 所示为打开的显示电路 .PrjPCB

学习笔记

工程文件的展开，该文件中包含原理图文件公交自动报站器 .Schdoc、PCB 文件公交自动报站器 .PcbDoc。

注意

工程文件中并不包括设计中生成的文件，工程文件只起到管理的作用。

如果要对整个设计工程进行复制、移动等操作，需要对所有设计时生成的文件都进行操作。如果只复制工程，将不能完成所有文件的复制，在工程中列出的文件将是空的。

2. 自由文件

不从工程中新建，而直接从“文件”｜“新建”菜单中建立的文件称为自由文件，如图 2-3 所示。图 2-3 中标示出的自由文档也是临时文件。

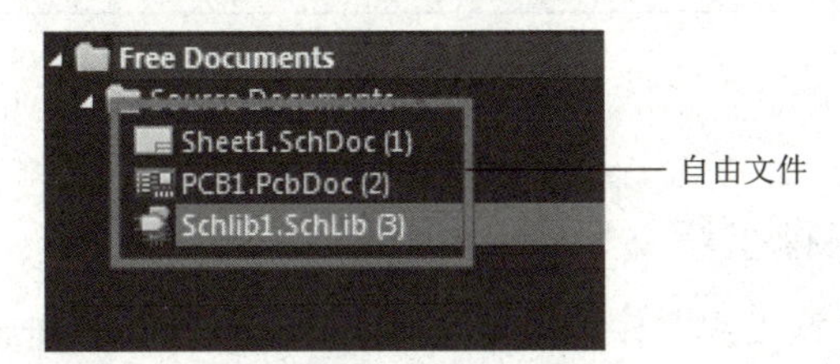

图 2-3　自由文件

注意

上面的三个文件都是自由文件，自由文件之间不能相互建立联系，如原理图不能生成 PCB，如果要生成 PCB 文件，需要将原理图文件和 PCB 文件都移动到工程文件中才能操作。

3. 文件保存

在 Altium Designer 20.1 中存盘时，系统会单独地保存所有设计中生成的文件，同时也会保存工程文件。但是需要说明的是，文件存盘时，每个生成的文件都有自己的独立文件。每一个文件最好保存在一个工程中。

注意

虽然 Altium Designer 20.1 支持单个文件，但是正规的电子设计还是需要建立一个工程文件来管理所有设计中生成的文件。

测验

测试一下自己学习的效果。

学习笔记

（1）列出 Altium Designer 20.1 的文件组织结构。

____

____

（2）在 Altium Designer 20.1 的 Projects 面板中有两种文件：________和________。

（3）在一个工程文件中包含有设计中生成的一切文件，如________、________、________、________。

（4）判断题：工程文件可以包含设计中生成的文件。（　　）

（5）复制工程文件时，应该如何复制才能在另一台计算机中重新编辑？

____

____

（6）什么是临时文件或自由文件？工程文件和自由文件如何转换？

____

____

任务实施

一、建立和保存工程文件

（1）创建一个设计工程文件，保存该文件并命名为 My First Project。选择“文件”｜“新的”｜“项目”命令创建一个工程文件，如图 2-4 所示。

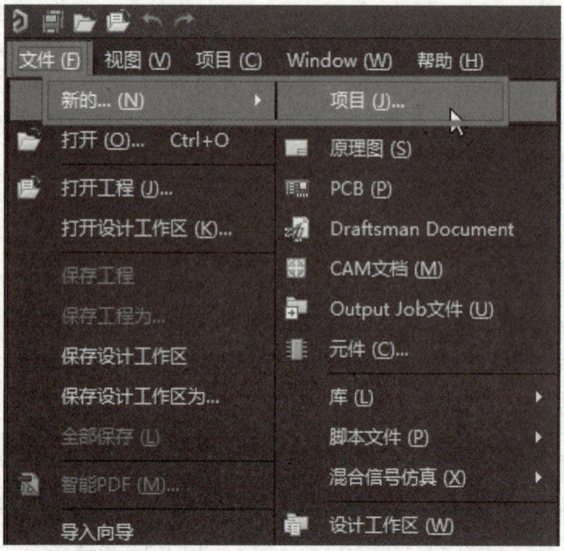

图 2-4　新建工程的命令

（2）弹出创建工程的对话框，在该对话框中，有一个默认的选项，也提供了一些默认大小的工程文件，可以供用户选择，如图 2-5 所示。

（3）选择“文件”｜“保存工程为”，弹出一个对话框进行工程的保存，如图 2-6 所示，假设保存在硬盘一个分区 altium 20.1 文件夹下面，结果如图 2-7 所示。

学习笔记

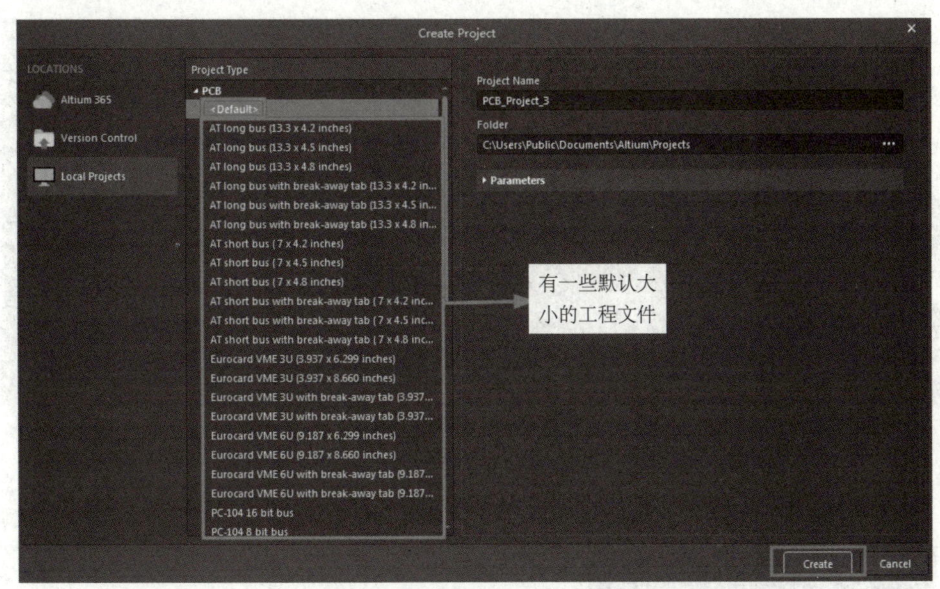

图 2-5　选择创建工程文件

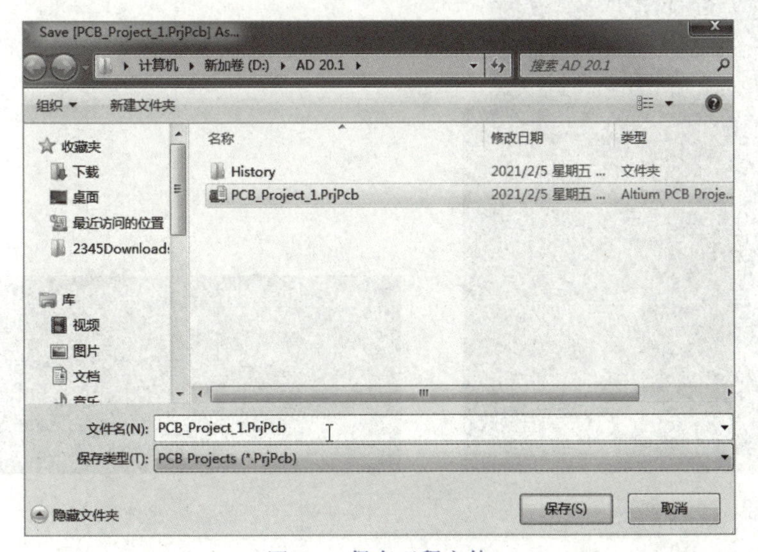

图 2-6　保存工程文件

二、自由文档和工程文件的变换

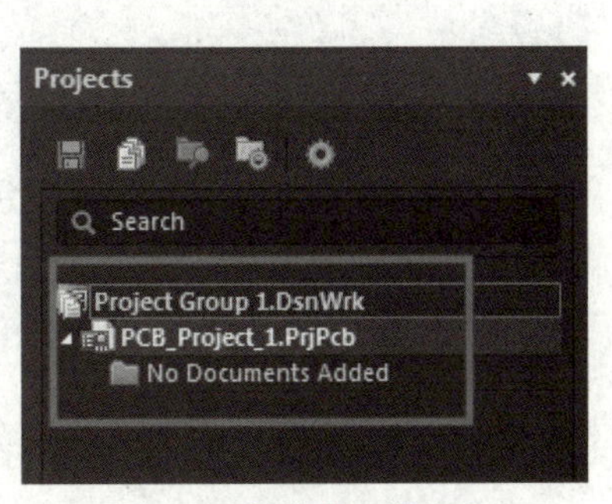

图 2-7　创建的工程文件

(1) 选择“文件”|“新的”|“原理图”命令，可以创建一个原理图文件，如图 2-8 所示。

(2) 创建后的项目面板如图 2-9 所示。

(3) 移除原理图文件。从工程文件中移除原理图文件，如图 2-10 所示，弹出一个对话框，如图 2-11 所示，让其变为自由文档，如图 2-12 所示。

学习笔记

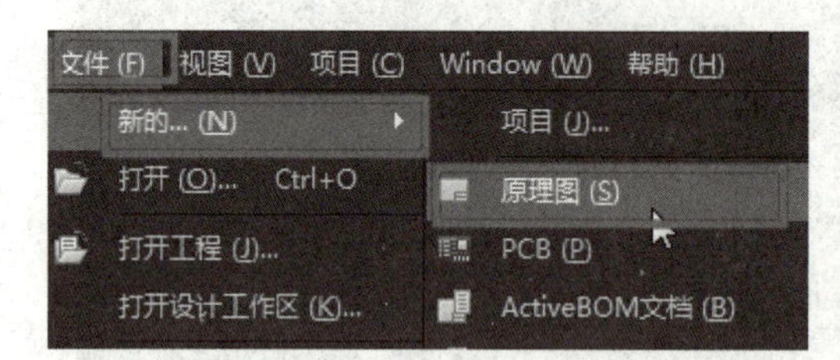

图 2-8 创建原理图文件

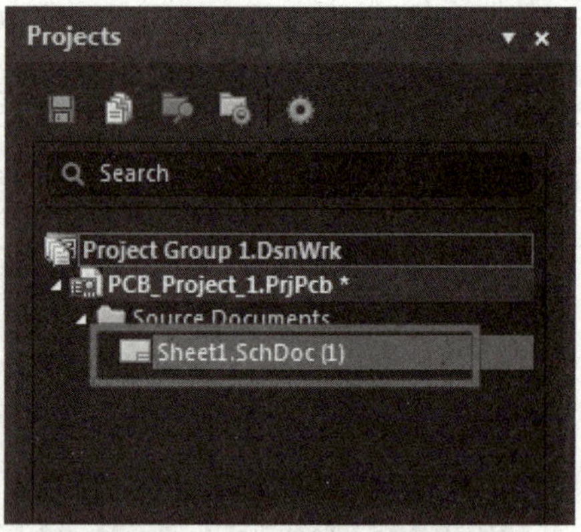

图 2-9 创建后的项目面板

图 2-10 移除原理图文件

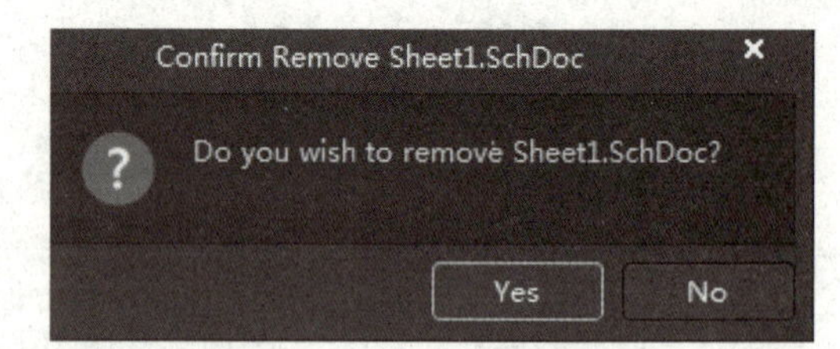

图 2-11 确认移除对话框

注意

原理图从工程中移除后，变为自由文档，可以将自由文档变为工程文件。具体方法：在原理图文件 Sheet.SchDoc 上面按住鼠标左键，然后将其拖动到工程文件中，如图 2-13 所示。

拖动后，会变成图 2-9 一样的项目面板，自由文件就消失了。

学习笔记

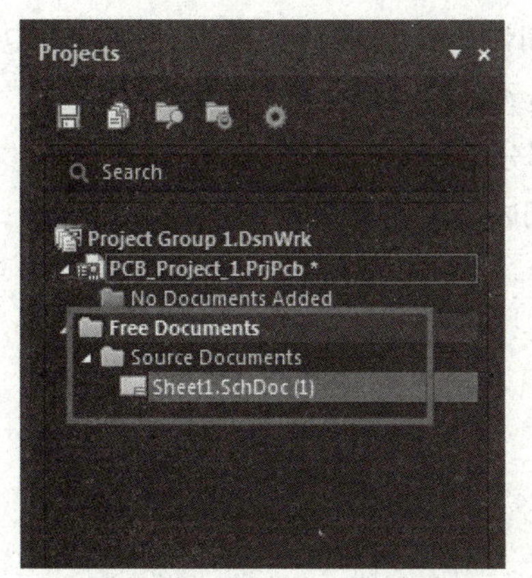

图 2-12　自由文档的面板

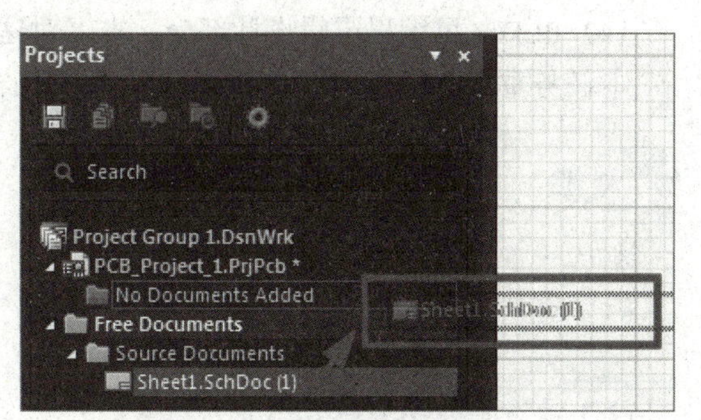

图 2-13　拖动到工程文件中

任务 2　认识 Altium Designer 20.1 的原理图和 PCB 设计系统

任务分析

本任务将带领读者学习 Altium Designer 20.1 的原理图和 PCB 设计系统，这是学习电路设计必须要掌握的知识。学习本任务后，要能够自己创建工程文件、原理图文件、原理图库文件、PCB 文件、PCB 库文件等五种文件。

本任务重点介绍原理图和 PCB 设计系统。本任务从新建一个工程文件开始，然后在工程文件中新建原理图文件、新建原理图库文件、新建 PCB 文件、新建 PCB 库文件来进行讲述。

相关知识

Altium Designer 20.1 作为一套电路设计软件，主要包含四个组成部分：原理图设计系统、PCB 设计系统、电路仿真系统、可编程逻辑设计系统。

（1）Schematic：原理图设计部分。提供超强的电路绘制功能。设计者不但可以绘制电路原理图，还可以绘制一般的图案，也可以插入图片，对原理图进行注释。原理图设计中的元件由元件符号库支持；对于没有符号库的元件，设计者可以自己绘制元件符号。

（2）PCB：印制电路板设计部分。提供超强的 PCB 设计功能。Altium Designer 20.1 有完善的布局和布线功能，尽管 Altium Designer 的 PCB 布线功能不能说是最强的，但是它的简单易用使得软件具有最强的亲和力。PCB 需要由元件封装库支持，对于没有封装库的元件，设计者可以自己绘制元件封装。

学习笔记

（3）SIM：电路仿真部分。在电路原理图和印制电路板设计完成后，需要对电路设计进行仿真，以便检查电路设计是否合理，是否存在干扰。

（4）PLD：可编程逻辑设计部分。本书对这部分功能不做讲述。

本任务重点介绍原理图和PCB设计系统。详细内容将在任务实施部分进行介绍。

测验

测试一下自己学习的效果。

（1）Altium Designer 20.1作为一套电路设计软件，主要包含________、________、________、________。

（2）新建工程的方法有哪些？

____

____

（3）新建原理图文件的方法有哪些？

____

____

（4）新建原理图元件库文件的方法有哪些？

____

____

（5）新建PCB文件的方法有哪些？

____

____

（6）新建PCB封装库文件的方法有哪些？

____

____

任务实施

一、新建一个工程文件

新建工程文件的方法有两种：

（1）第一种方法是在本项目任务1中介绍的方法，选择“文件”｜“新的”｜“项目”命令，如图2-14所示。

图2-14　新建工程文件

（2）第二种方法是在项目面板中右击，在弹出的快捷菜单中选择“添加新的工程”

学习笔记

命令，如图 2-15 所示。

通过以上两种方式已经建立的工程文件如图 2-16 所示。

工程文件建立好后，可以在工程文件中建立单个文件。

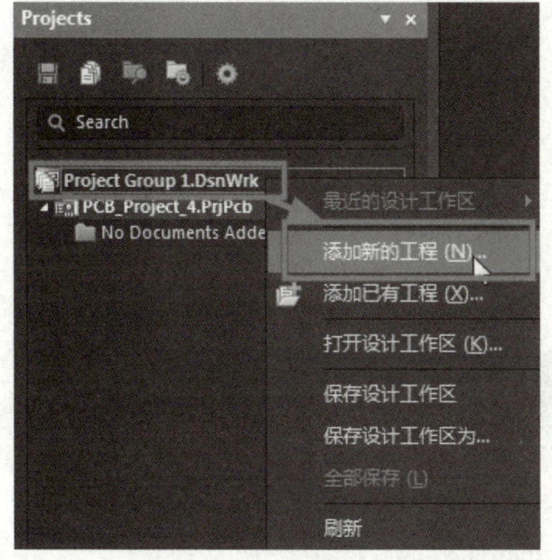

图 2-15　添加新的工程

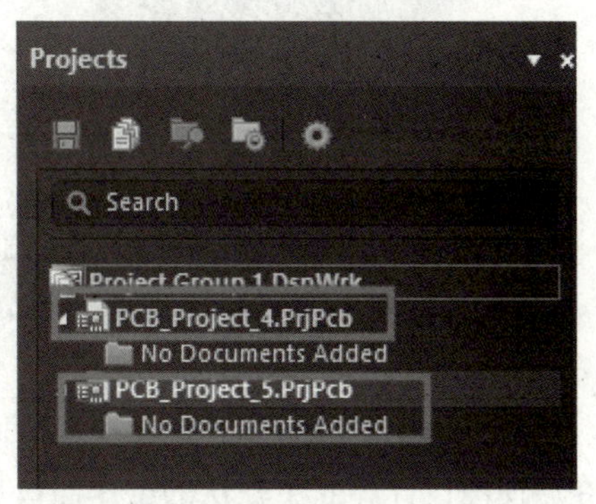

图 2-16　工程文件

二、在工程文件中新建原理图文件

新建原理图文件的操作步骤如下：

（1）在工程文件 PCB_Project1.PrjPCB 上右击，在弹出的快捷菜单中选择“添加新的 ... 到工程” | Schematic 命令，如图 2-17 所示。

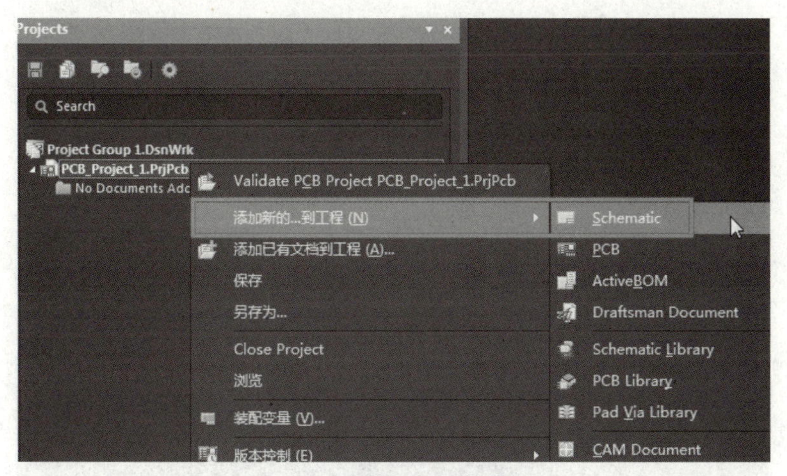

图 2-17　新建原理图的菜单

（2）执行前面的菜单命令后将在 PCB_Project1.PrjPCB 工程中新建一个原理图文件，该文件将显示在 PCB_Project1.PrjPCB 工程文件中，被命名为 Sheet1.SchDoc，并自动打开原理图设计界面，该原理图文件进入编辑状态，如图 2-18 所示。

学习笔记

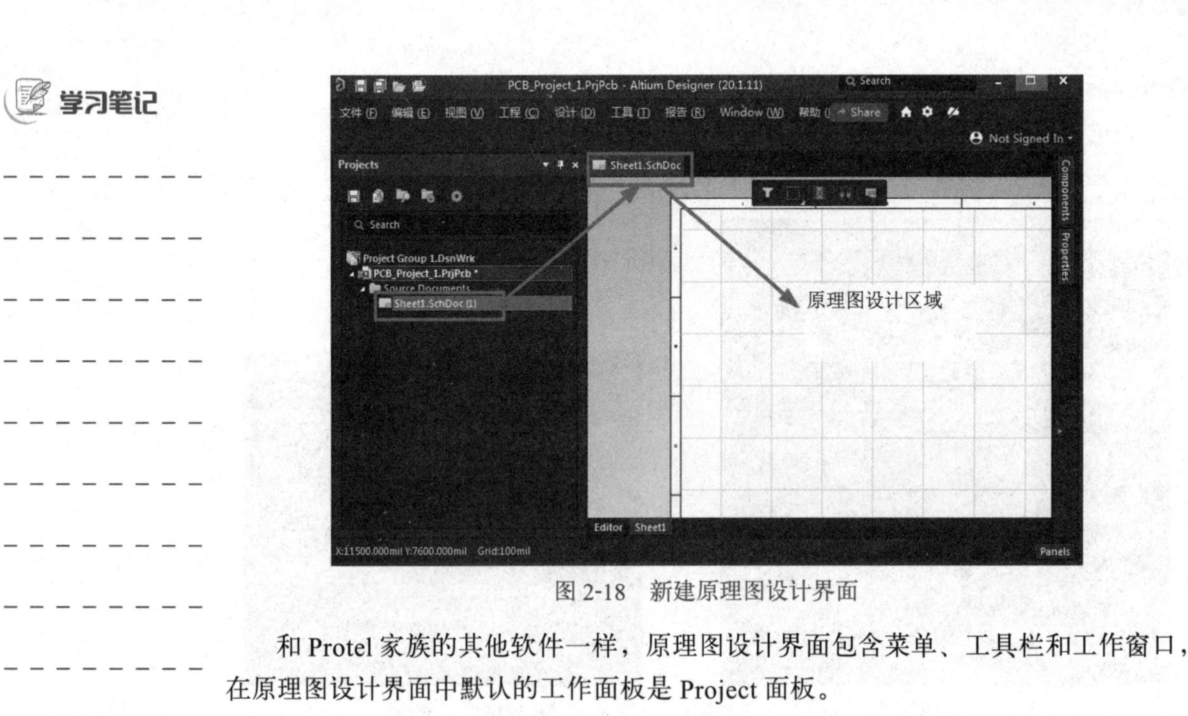

图 2-18　新建原理图设计界面

和 Protel 家族的其他软件一样，原理图设计界面包含菜单、工具栏和工作窗口，在原理图设计界面中默认的工作面板是 Project 面板。

三、在工程文件中新建原理图元件库文件

原理图设计时使用的是元件符号库。所谓原理图库文件是指元件符号库文件。

新建原理图元件库文件的步骤如下：

（1）在工程文件 PCB_Project1.PrjPCB 上右击，在弹出的快捷菜单中选择“添加新的 ... 到工程”｜Schematic Library 命令，如图 2-19 所示。

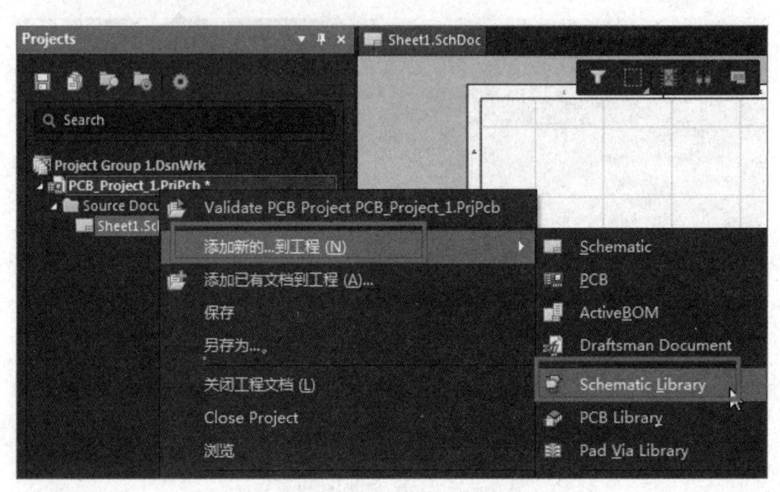

图 2-19　新建原理图元件库文件的菜单

（2）执行前面的菜单命令后将在 PCB_Project1.PrjPCB 工程中新建一个原理图库文件，该文件将显示在 PCB_Project1.PrjPCB 工程文件中，被命名为 SchLib1.SchLib，并自动打开原理图库设计界面，该原理图库文件进入编辑状态，如图 2-20 所示。

学习笔记

图 2-20　原理图库文件设计界面

和 Protel 家族的其他软件一样，原理图库文件设计界面包含菜单、工具栏和工作窗口，在原理图库设计界面中默认的工作面板是 Projects 面板。

四、在工程文件中新建 PCB 文件

建立工程文件后，可以在工程文件中新建 PCB 文件，进入 PCB 设计界面。

新建 PCB 文件的操作步骤如下：

（1）在工程文件 PCB_Project1.PrjPCB 上右击，在弹出的快捷菜单中选择“添加新的 ... 到工程” | PCB 命令，如图 2-21 所示。

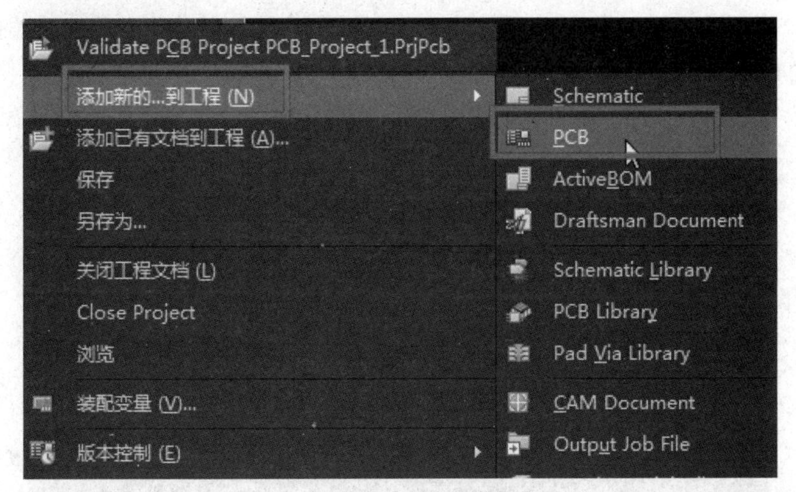

图 2-21　新建 PCB 的菜单

（2）执行前面的菜单命令后将在 PCB_Project1.PrjPCB 工程中新建一个 PCB 文件，该文件将显示在 PCB_Project1.PrjPCB 工程文件中，被命名为 PCB1.PcbDoc，并自动打开 PCB 设计界面，该 PCB 文件进入编辑状态，如图 2-22 所示。

学习笔记

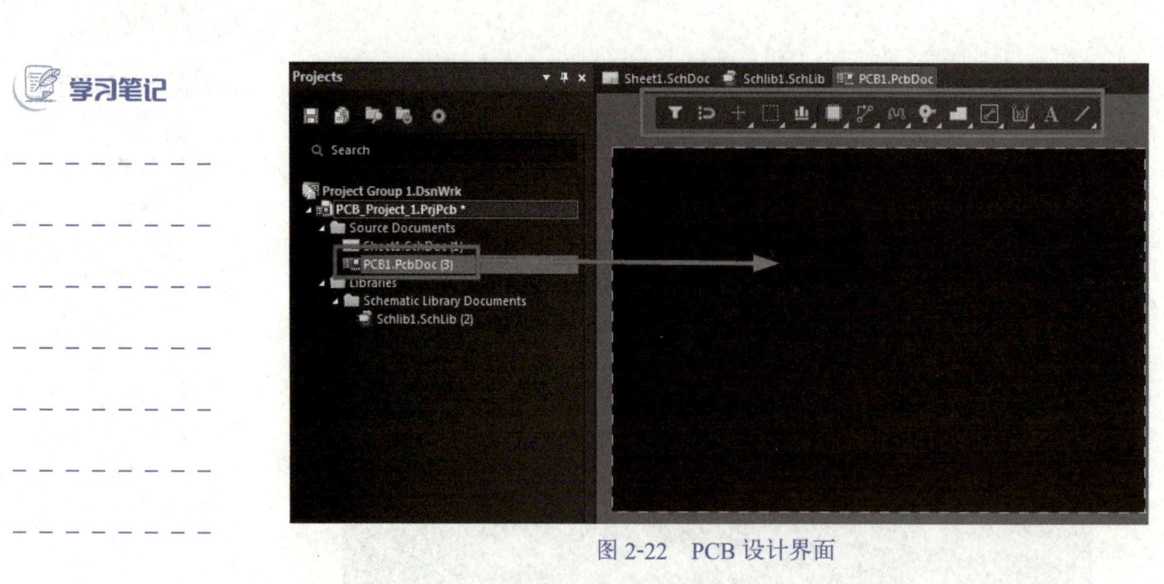

图 2-22　PCB 设计界面

此时的激活设计工程仍然是 PCB_Project1.PrjPCB。

五、在工程文件中新建 PCB 封装库文件

PCB 设计时使用的是元件封装库。没有元件封装库元件将不会出现，如果从原理图转换为 PCB，只会出现元件名称而没有元件的外形封装。

新建 PCB 封装库文件的操作步骤如下：

（1）在工程文件 PCB_Project1.PrjPCB 上右击，在弹出的快捷菜单中选择“添加新的 ... 到工程”｜ PCB Library 命令，如图 2-23 所示。

（2）执行前面的菜单命令后将在 PCB_Project1.PrjPCB 工程中新建一个 PCB 封装库文件，该文件将显示在 PCB_Project1.PrjPCB 工程文件中，被命名为 PcbLibl. PcbLib，并自动打开 PCB 封装库文件设计界面，该 PCB 封装库文件进入编辑状态，如图 2-24 所示。

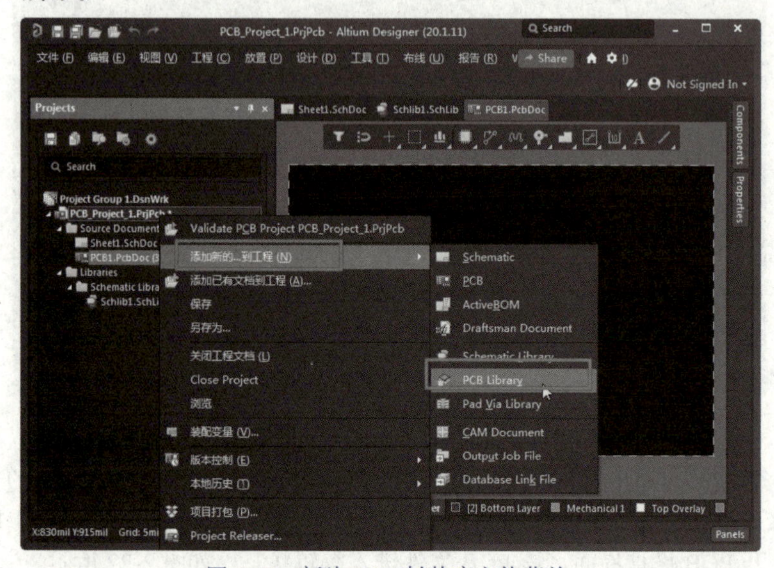

图 2-23　新建 PCB 封装库文件菜单

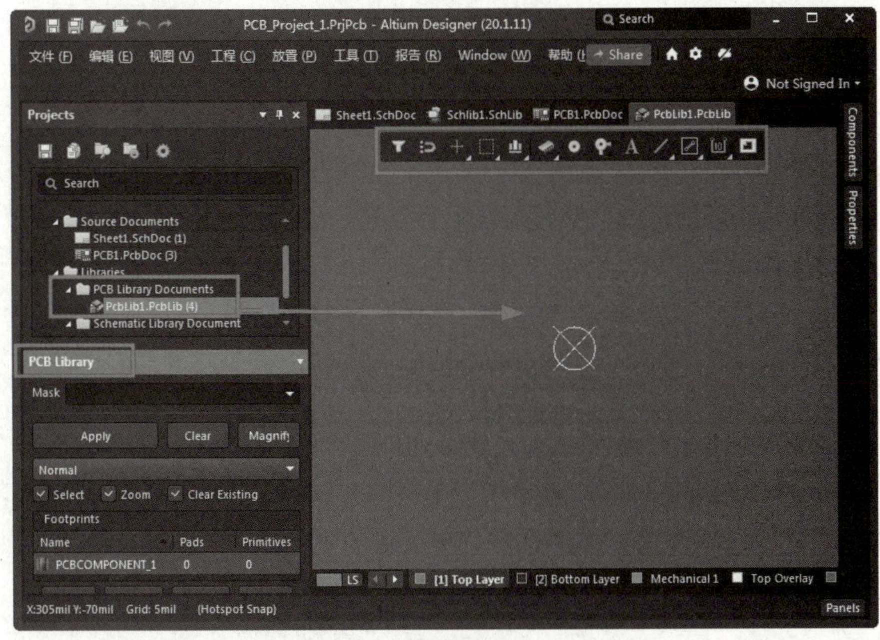

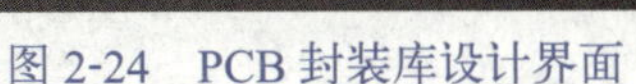
图 2-24　PCB 封装库设计界面

Altium Designer 20.1 中的常见设计界面至此已经介绍完毕，它们都有一个共同的组成：菜单、工具栏、工作面板和工作窗口。随着设计内容的不同，所有的组成部分将会有所不同，详细的内容将在以后的项目中介绍。

项目自测题

1. Altium Designer 20.1 的文件结构如何？
2. Altium Designer 20.1 的单个文件的扩展名是什么？
3. Altium Designer 20.1 的文件系统包含哪些？
4. Altium Designer 20.1 的工程文件和单个文件的建立方法是什么？
5. 上机操作：读者自己建立一个工程文件，并在工程文件中建立单个文件。

学习笔记

项目3

PCB电路设计快速入门

学习笔记

项目描述

本项目分多个任务对原理图和PCB的设计进行介绍和操作，在本项目中主要介绍了工程文件的建立，原理图中库文件的安装，原理图中网络标号和导线连接的区别，原理图转换为PCB的方法，以及555定时电路中元件的查找、删除，元件的绘制，元件的旋转，元件的布局和PCB形状的绘制，PCB中元件的自动布线、手动布线，给PCB覆铜等操作。

知识能力目标

- 了解原理图的组成和设计流程。
- 熟悉原理图设计界面和如何设置图纸。
- 掌握原理图中的视图和编辑操作。
- 掌握元件绘制的方法。
- 掌握PCB形状绘制的方法。
- 掌握PCB布线规则设置、自动布线、手动布线、覆铜的方法。

素质目标

• 通过查找文献资料，了解电子元件的发展历史，掌握任何事情的成功都是需要循序渐进、不断学习，需要掌握从简单到复杂的学习方法。

任务1 比较原理图用导线连接和用网络标号连接的PCB效果

任务分析

在学习Altium Designer 20.1制作PCB时，需要了解PCB的设计过程。首先是工程文件的建立，然后是安装原理图库文件，接着进行原理图的简单绘制，最后是PCB的制作。本任务将为读者详细介绍。

一、工程文件的建立

在做项目时，首先需要建立工程文件，然后在工程文件中创建原理图和PCB文件。具体步骤如下：

（1）选择“文件”|“新的”|“项目”命令，创建一个 PCB 工程，如图 3-1 所示。

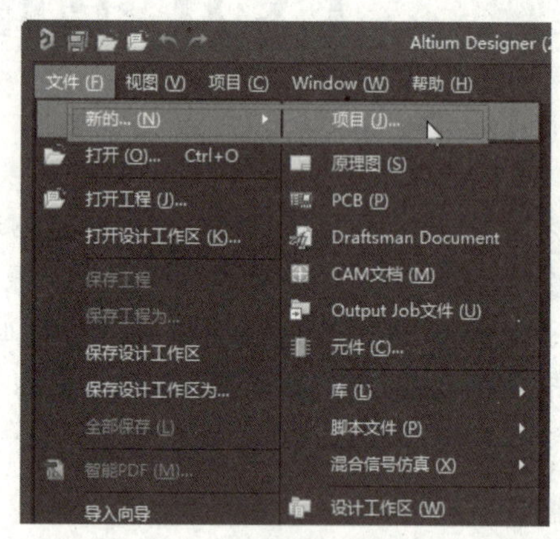

图 3-1 创建 PCB 工程

（2）在创建的工程文件上，右击，在弹出的快捷菜单中选择“添加新的 ... 到工程”| Schematic 命令，如图 3-2 所示，会增加一个原理图文件，如图 3-3 所示。然后执行同样的操作，再增加一个原理图文件。

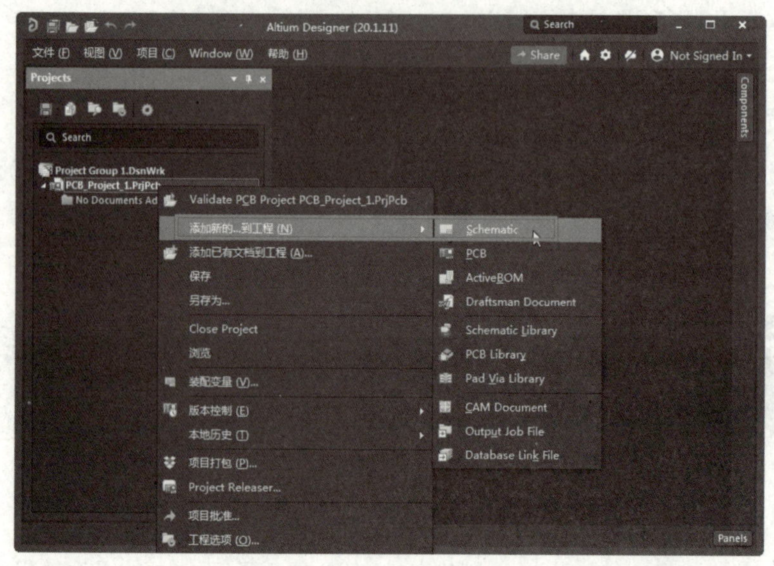

图 3-2 增加原理图文件

学习笔记

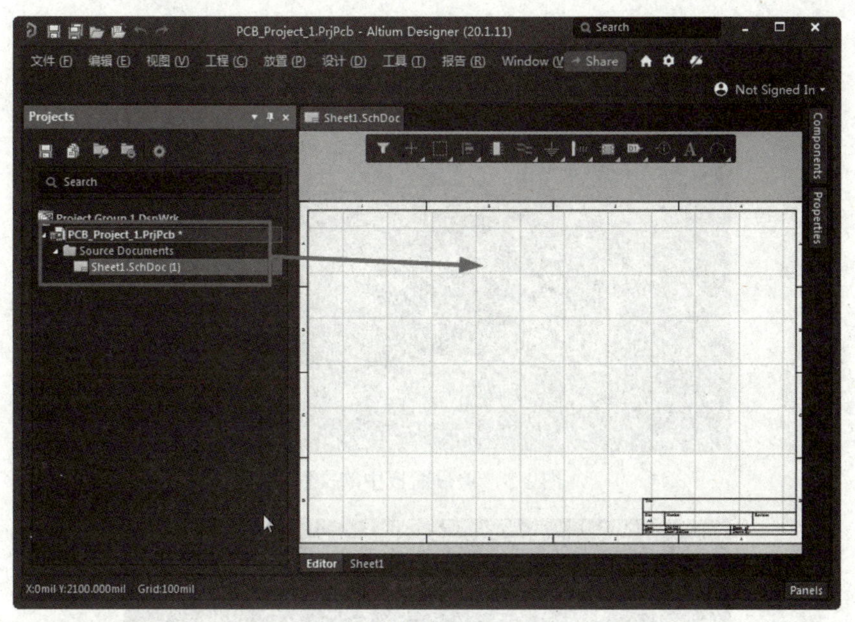

图 3-3　增加的原理图文件

（3）选择“添加新的 ... 到工程” | PCB 命令，在项目中增加一个 PCB 文件，执行同样的操作，再增加一个 PCB 文件，如图 3-4 所示。

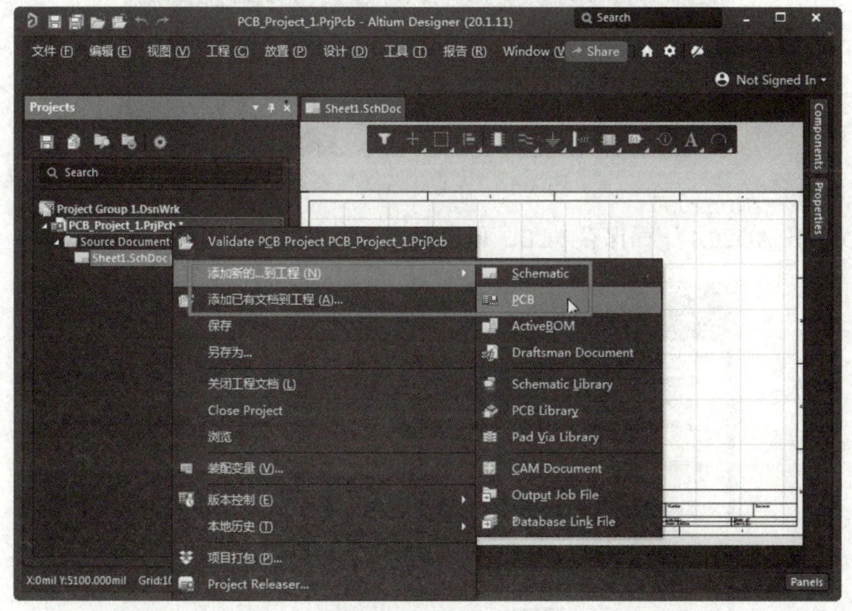

图 3-4　增加 PCB 文件

（4）此时项目面板中的文件如图 3-5 所示。

（5）将创建好的五个工程文件全部保存。选择“保存工程为”命令，如图 3-6 所示。

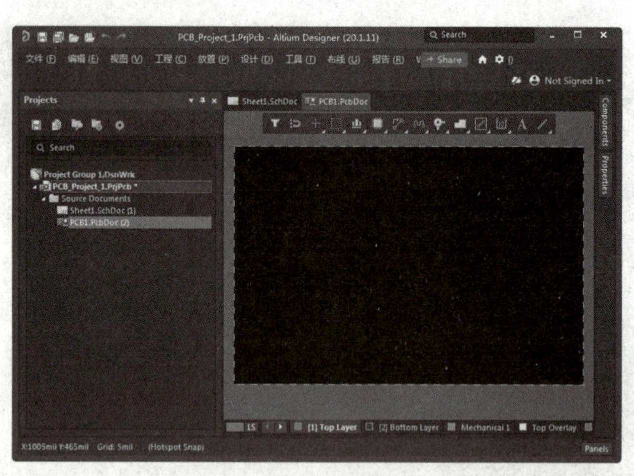

图 3-5　项目面板中的文件

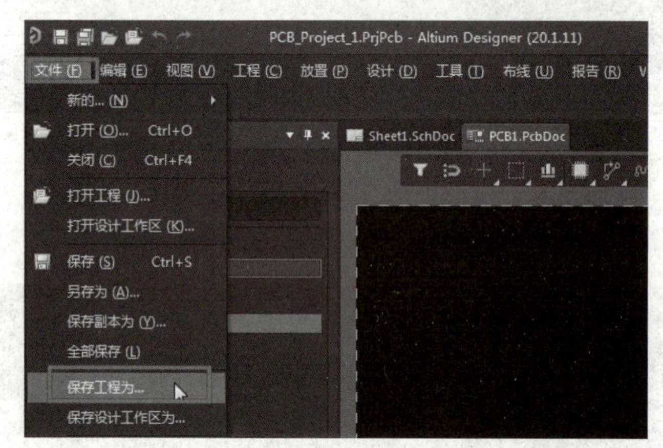

图 3-6　“保存工程为”命令

（6）在 AD20.1 下面保存 PCB、原理图、工程文件，如图 3-7 所示。

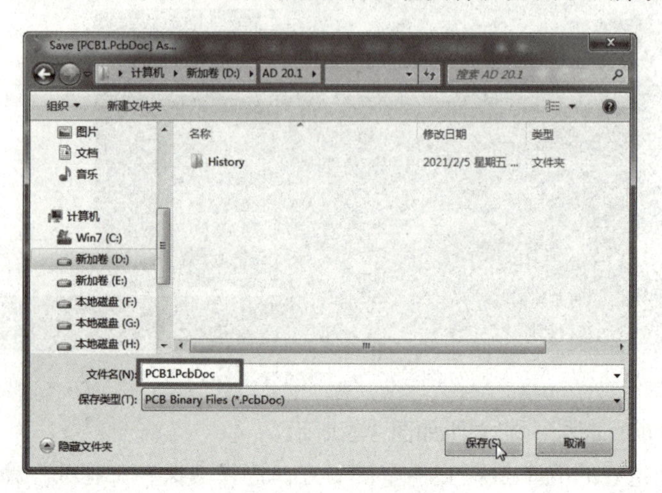

（a）保存 PCB 文件

图 3-7　保存文件

学习笔记

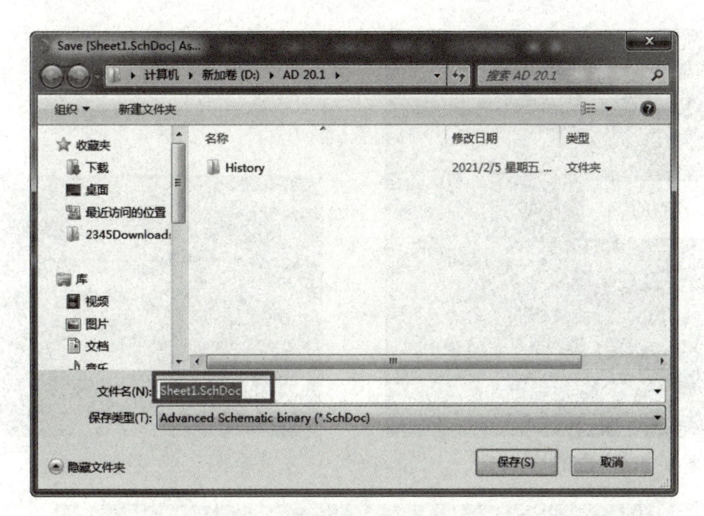

（b）保存原理图文件

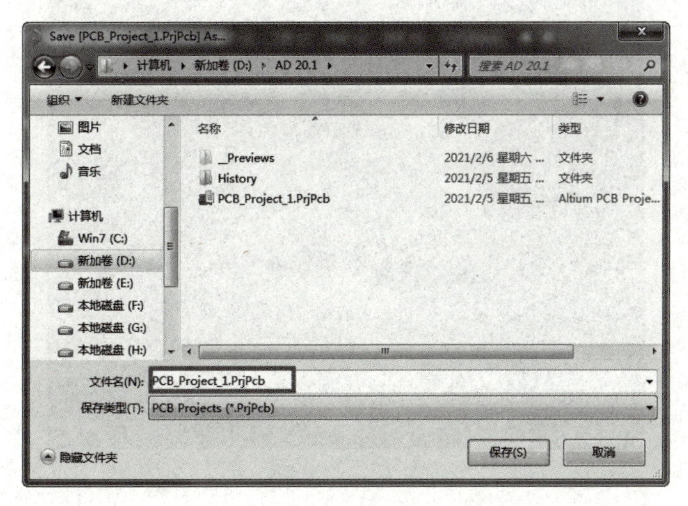

（c）保存工程文件

图 3-7　保存文件（续）

二、安装原理图库文件

具体操作步骤如下：

（1）创建工程文件后，打开原理图文件，然后打开库面板，如果库面板是空白的，就需要安装库文件，如图 3-8 所示。

（2）单击图 3-9 所示的按钮，然后切换到“已安装”选项卡，发现是空的，如图 3-10 所示。

（3）单击下面的“安装”按钮，找到这个软件的库文件的路径，然后选择库，并单击“打开”按钮，如图 3-11 所示，即可完成安装。

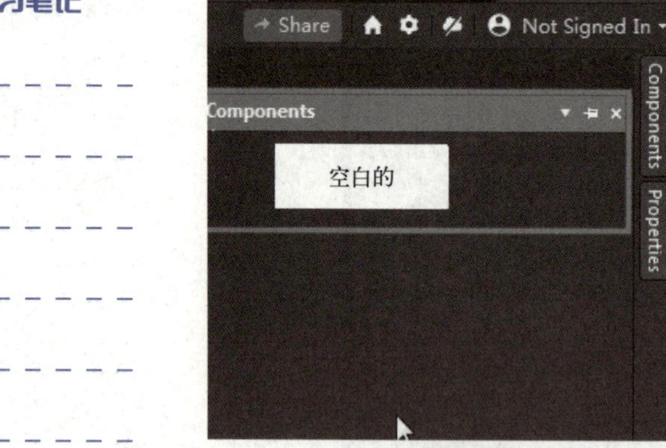

图 3-8　空白的库面板

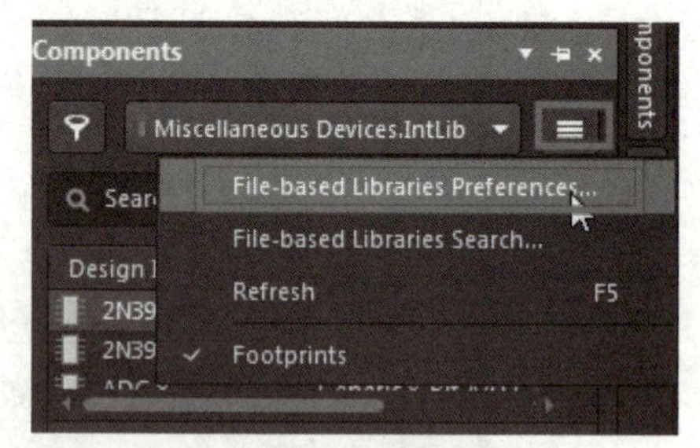

图 3-9　打开库面板

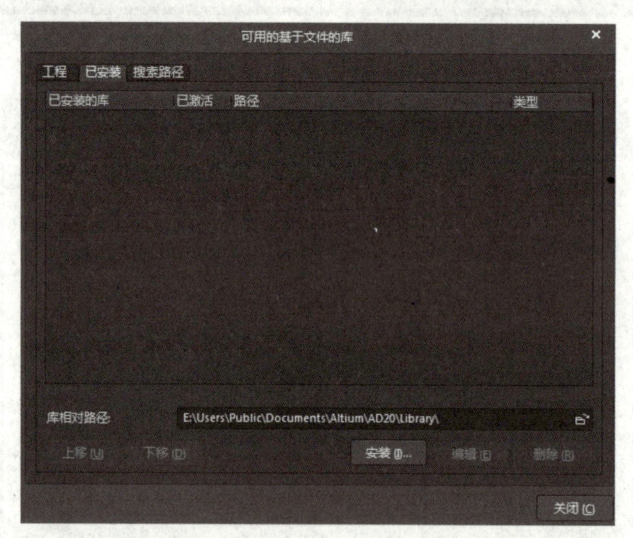

图 3-10　空的库

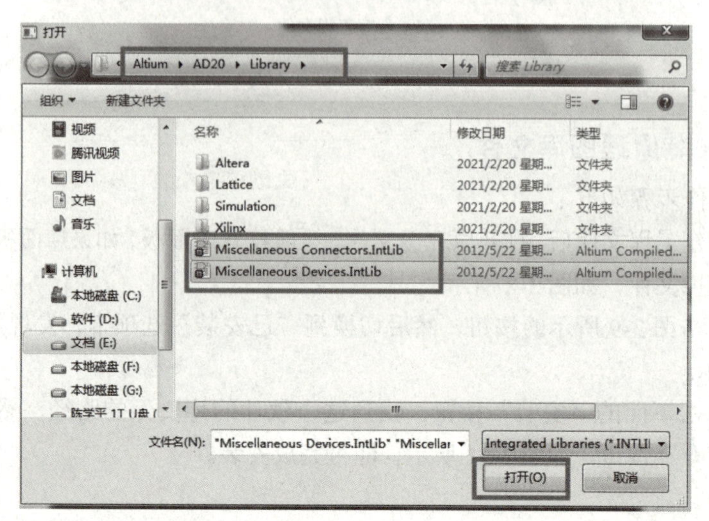

图 3-11　安装库

三、原理图的简单绘制

学习笔记

前面已经安装了元件库，打开原理图库面板，将元件放置在原理图中即可。

具体操作步骤如下：

（1）回到原理图文件中，任意找两个元件来完成实验。如找一个三极管 2N3904，将其放在原理图中，可以双击选中元件，或者按住鼠标左键将其拖动到原理图中，这两种方法都能够实现元件的放置，如图 3-12 所示。另外再拖动一个元件 ADC-8 到原理图中。

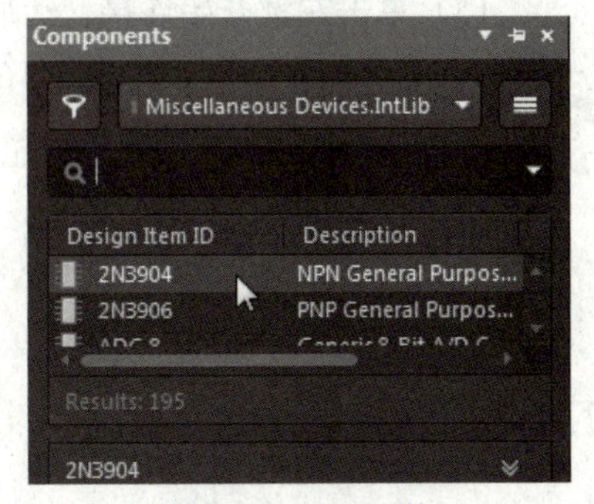

图 3-12　放置元件

（2）将元件放在原理图中后的效果如图 3-13 所示。可以按【PageUp】和【PageDown】键放大和缩小显示的窗口。

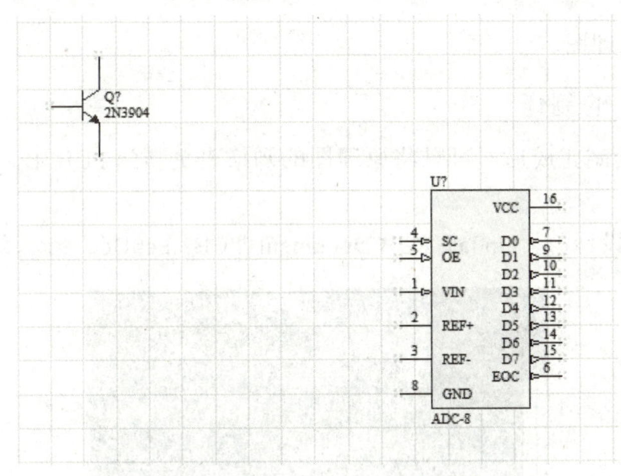

图 3-13　放置元件在原理图中的效果

微课：扫描学一学导线连接布线。

导线连接布线

（3）元件放在原理图中后，可以用导线或网络标号方式来连接。这里用导线来连接：单击画线工具栏中的画导线工具，用这个线来连接元件的引脚，如图 3-14 所示。

（4）单击画线工具后，光标会带着一个灰色的叉标记出现在窗口中，移动这个叉标记到三极管的集电极上，会出现一个跟随光标的叉标记，如图 3-15 所示。

图 3-14　选择导线工具

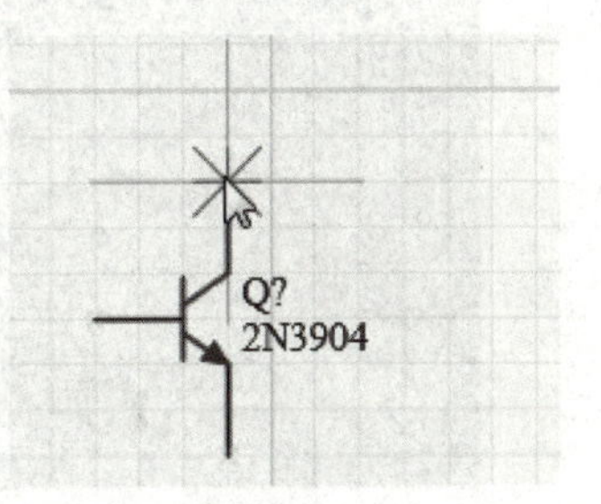

图 3-15　出现蓝色的叉标记

（5）单击左键开始连接，然后移动到 ADC-8 的 4 引脚上连接起来，再连接发射极和 ADC-8 的 1 引脚，如图 3-16 所示。

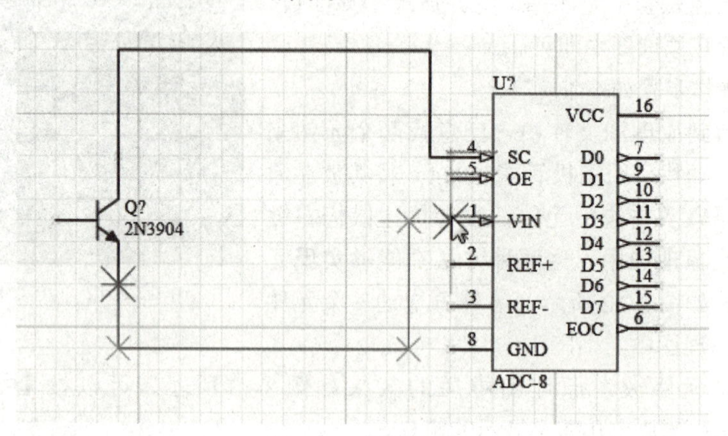

图 3-16　导线连接

（6）保存原理图。

四、PCB 的制作

在原理图绘制完成后，可以将原理图的网络表更新到 PCB 中。具体操作步骤如下：

（1）选择“设计”｜Update PCB Document PCB1.PcbDoc 命令，如图 3-17 所示。

图 3-17　更新到 PCB

（2）出现“工程变更指令”对话框，单击“验证变更”按钮，如图 3-18 所示。

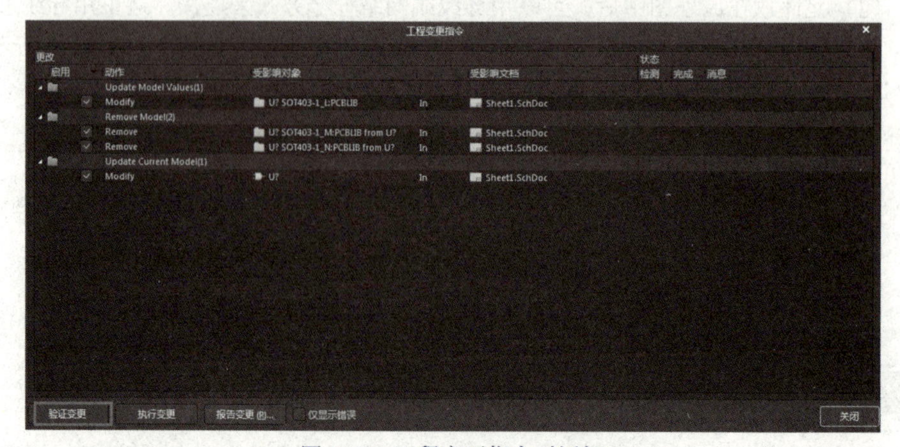

图 3-18　工程变更指令对话框

（3）状态栏检测显示如图 3-19 所示。

（4）再单击“执行变更”按钮，如图 3-20 所示。

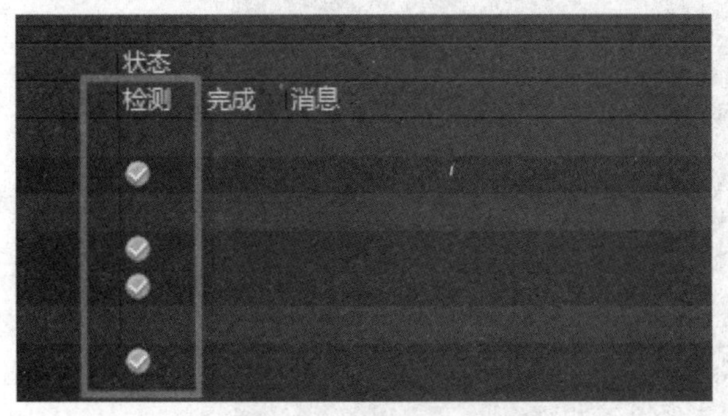

图 3-19　状态栏检测显示

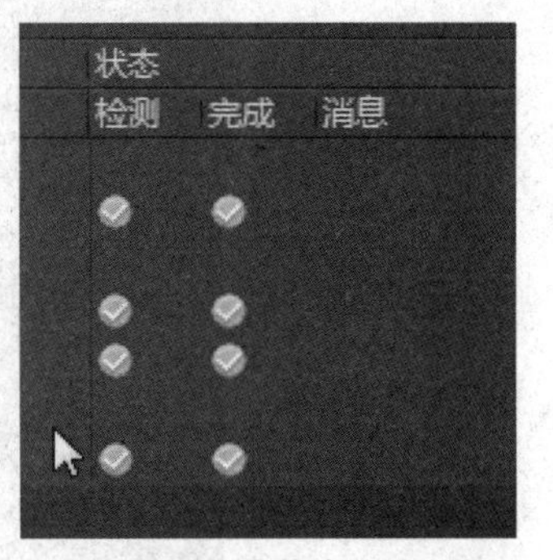

图 3-20　完成状态没有错误

（5）单击“关闭”按钮，在 PCB 文件中已经出现了元件和导线，如图 3-21 所示。

（6）空格键将 U? 元件旋转一下，如图 3-22 所示。

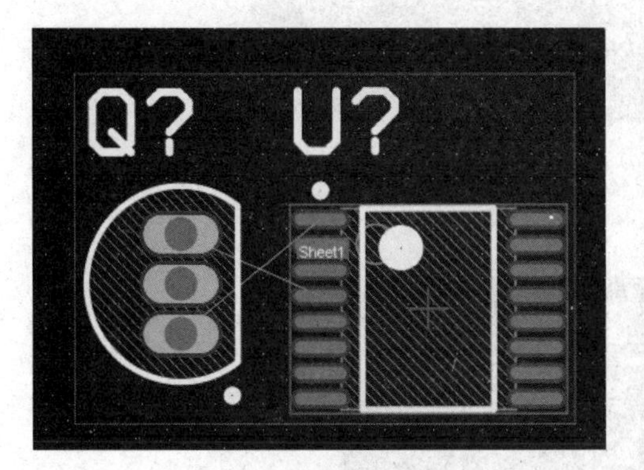

图 3-21　PCB 中的元件

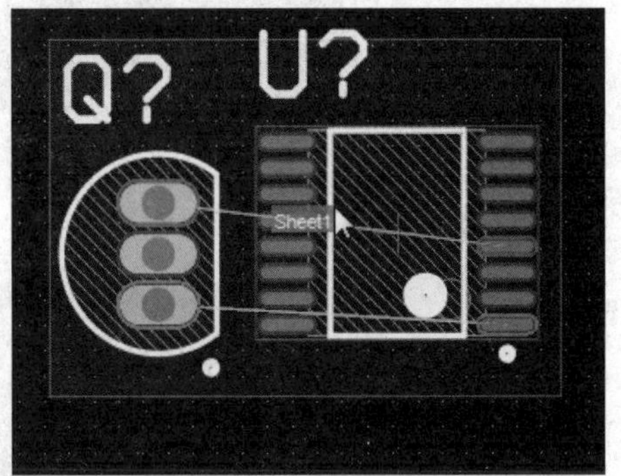

图 3-22　旋转元件

（7）选择“布线”｜“自动布线”｜“全部”命令，如图 3-23 所示。

图 3-23　选择自动布线

（8）出现一个对话框，单击 Route All 按钮，如图 3-24 所示。然后开始自动布线。

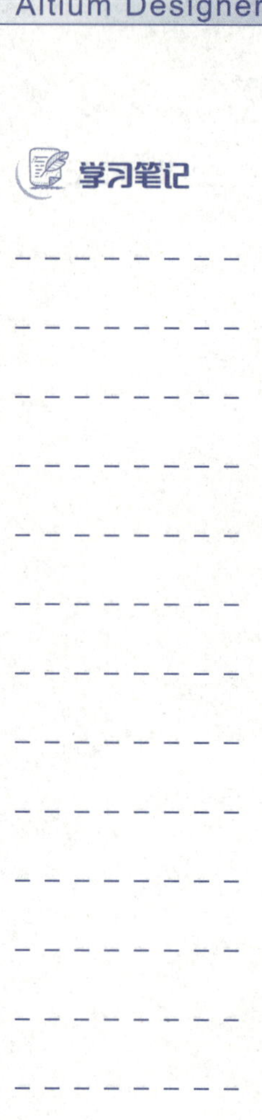

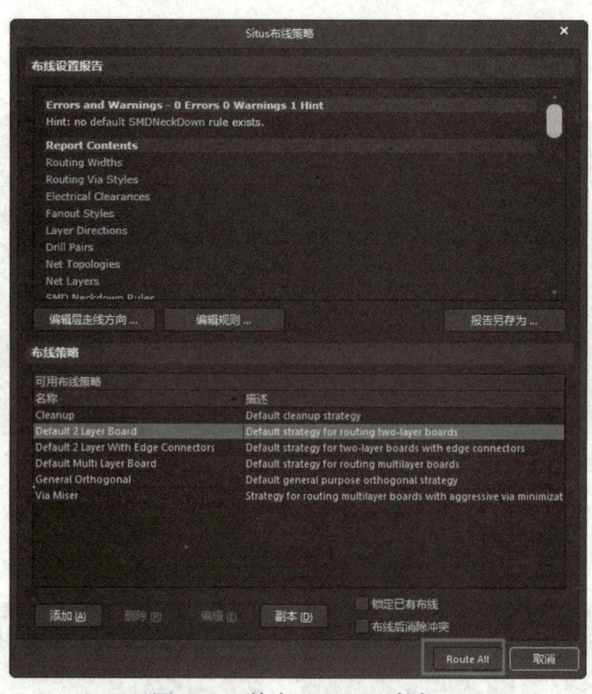

图 3-24　单击 Route All 按钮

（9）布线效果如图 3-25 所示。

图 3-25　布线效果

测试一下自己学习的效果。

（1）简述新建工程文件的步骤。

____

____

（2）简述新建原理图的步骤。

____

____

（3）简述安装原理图库的方法。

学习笔记

（4）简述原理图中拖动元件的方法。

（5）简述原理图中元件连接的方法。

（6）如何在原理图中放置网络标签？

（7）简述新建 PCB 文件的方法。

（8）原理图文件如何更新到 PCB 文件中。

（9）如何对原理图文件和 PCB 文件进行验证、执行更改？

（10）在 PCB 文件中出现飞线后，如何对元件进行移动、放置、旋转，如何布线？

任务实施

比较两种方法连接原理图元件并转换为 PCB

经过前面的介绍，读者已经了解了原理图元件的导线连接方法。在下面的上机中完成两项操作。

（1）完成原理图元件的导线连接，并转换成 PCB，实现自动布线。

（2）完成原理图元件的网络标签连接，并转换成 PCB，实现自动布线。

下面我们介绍一下网络标签连接的操作方法。

微课：扫描学一学通过网络标签连接布线。

通过网络标签连接布线

（1）用同样的方法拖动两个元件到第二个原理图中，然后选择“放置”｜“网络标签”命令，通过它来进行元件的连接，如图 3-26 所示。

（2）按【Tab】键，出现 Properties 对话框，在 Net Name 文本框中将名称改为 SC，如图 3-27 所示。

学习笔记

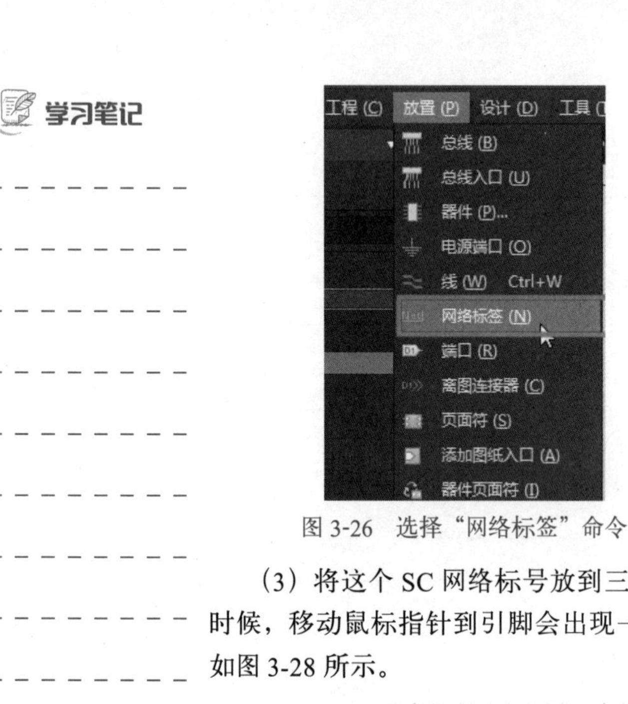

图 3-26　选择“网络标签”命令

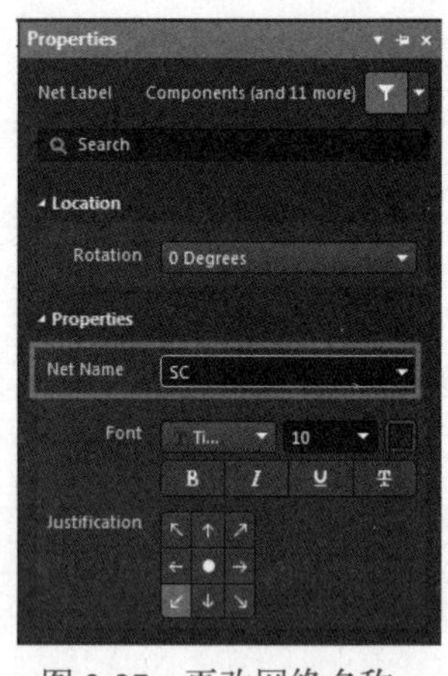

图 3-27　更改网络名称

（3）将这个 SC 网络标号放到三极管的集电极和集成块的 4 引脚上，在放置的时候，移动鼠标指针到引脚会出现一个蓝色的叉标记，此时，单击即可完成放置，如图 3-28 所示。

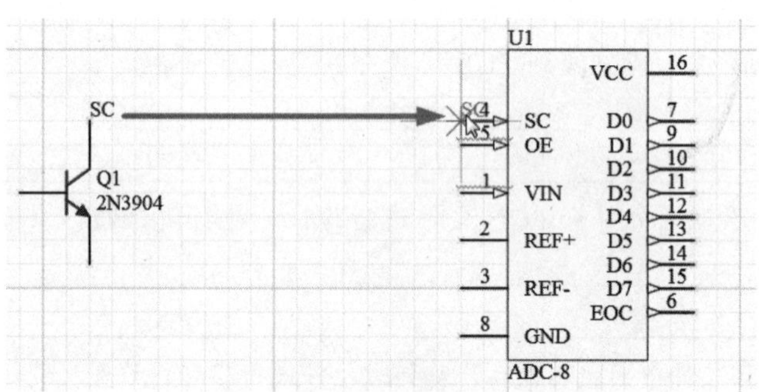

图 3-28　放置 SC

（4）这两个相同的网络标号已经有电气连接了。

（5）再放置另一个网络标号 VIN，采用同样的方法来放置，放置完成后的原理图如图 3-29 所示。

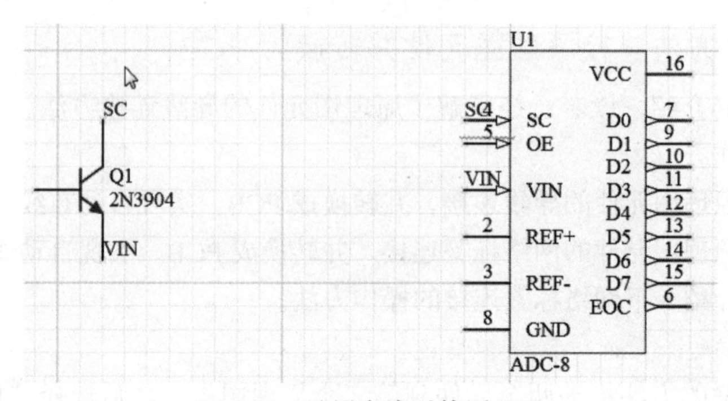

图 3-29　放置完成后的原理图

（6）通过网络标号放置来连接元件，原理图会变得非常简洁，不需要连接很多的导线。

（7）保存原理图。选择“设计”｜Update PCB Document PCB2.PcbDoc 命令，如图 3-30 所示。

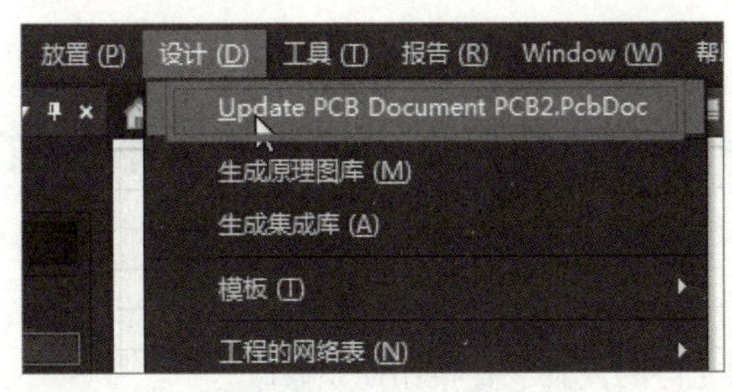

图 3-30　选择 PCB2

（8）弹出“工程变更指令”对话框，其中出现四个元件，如图 3-31 所示。而第二个原理图中只有两个元件，说明需要将第一个原理图文件暂时移除工程，如图 3-32 所示。

（9）移除后，再次执行更改 PCB2，然后按前面介绍的方法操作，执行布局布线，效果如图 3-33 所示。

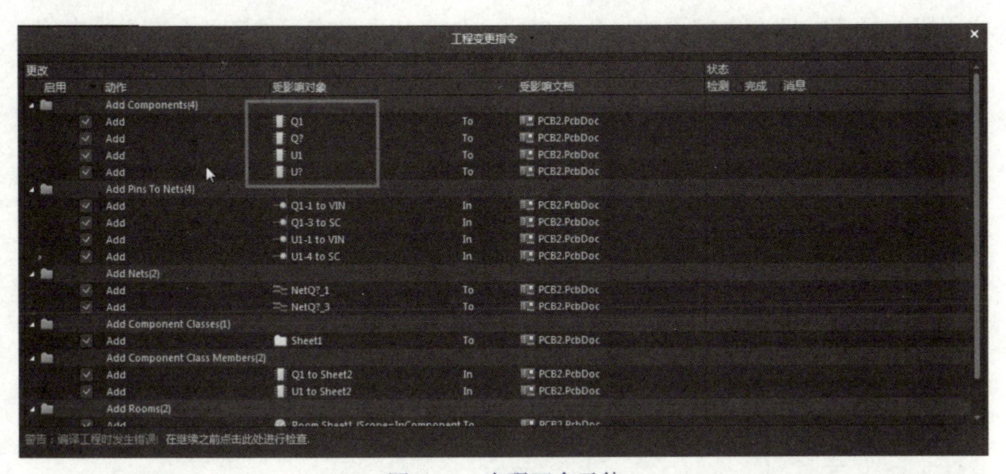

图 3-31　出现四个元件

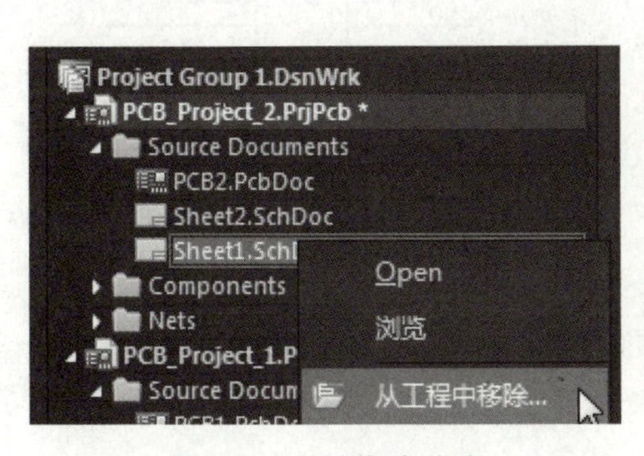

图 3-32　从工程中移除

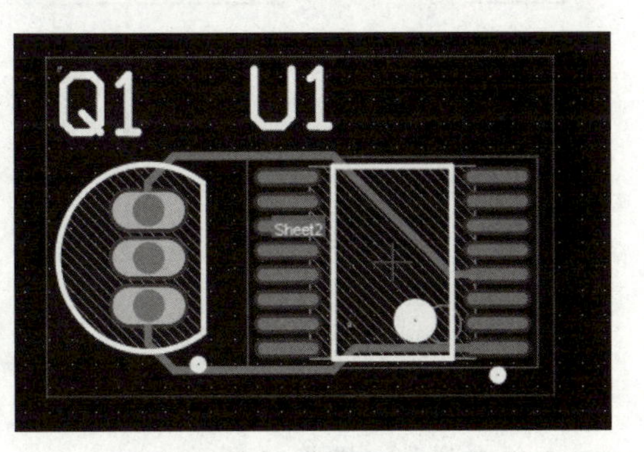

图 3-33　PCB2 的布局布线效果

（10）最后，可以将第一个原理图文件拖回到工程文件中。

（读者如果有不明白的地方，可以查看我们录制的操作视频。）

任务 2　555 定时电路原理图的基本操作

任务分析

本任务中将介绍元件的放置、查找和标识修改。

相关知识

一、555 定时电路绘制任务简介

555定时电路绘制

微课：扫描学一学 555 定时电路绘制。

555 定时电路原理图的效果图如图 3-34 所示。该原理图有 555 集成电路、一个六引脚的插座、四个电容元件、两个电阻元件。其中电容元件有一个有极性电容、三个无极性电容，电阻元件有一个是可调电阻，在网络连接上有用导线连接的，有用网络标号连接的，如 +12 V，这个“+12 V”与“+12”是不同的网络，在后面的二维码视频中，对于“+12 V”与“+12”的区别有所介绍。因为在布线时会认为是不同的网络，需要分别建立布线规则，所以，相同网络的网络标号一定要名称相同，否则会认为是不同的网络。

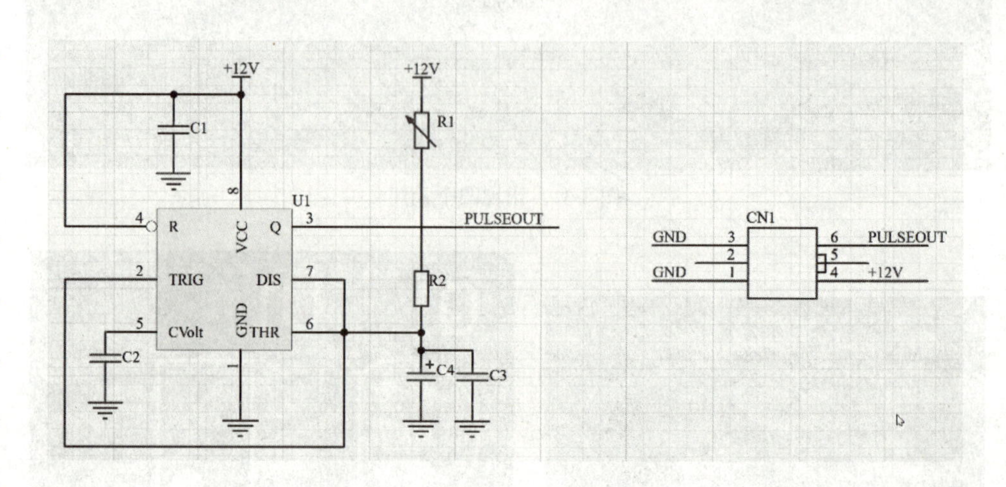

图 3-34　555 定时电路原理图的效果图

PCB 的外形如图 3-35 所示。

学习笔记

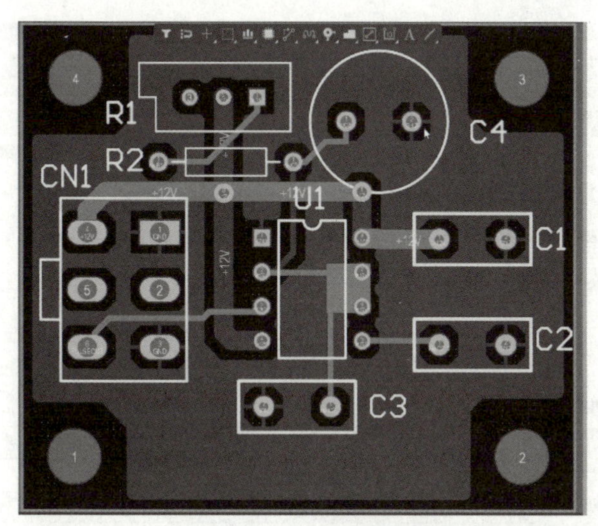

图 3-35　PCB 的外形

PCB 简介如下：PCB 的长为 42 mm，宽为 36 mm。四周有四个安装螺钉孔，+12 V 电源线是加宽处理的，+12 V 电源布线在顶层和底层，同时，PCB 的覆铜是八角形，整个 PCB 的外形比较美观。

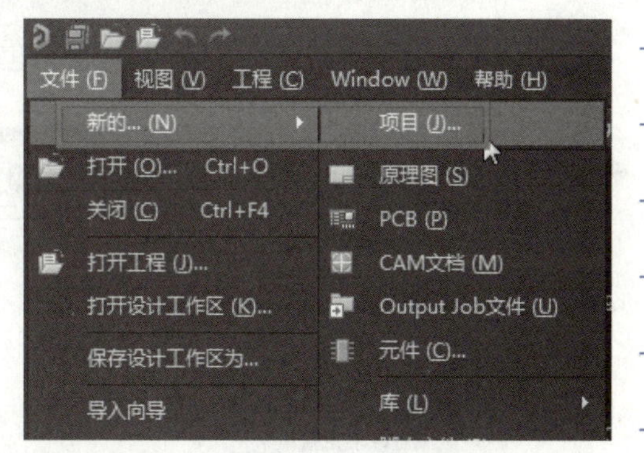

图 3-36　建立工程文件

二、建立工程文件

首先建立工程文件和原理图文件。

（1）建立工程文件，如图 3-36 所示。

（2）为工程新建原理图文件，如图 3-37 所示。

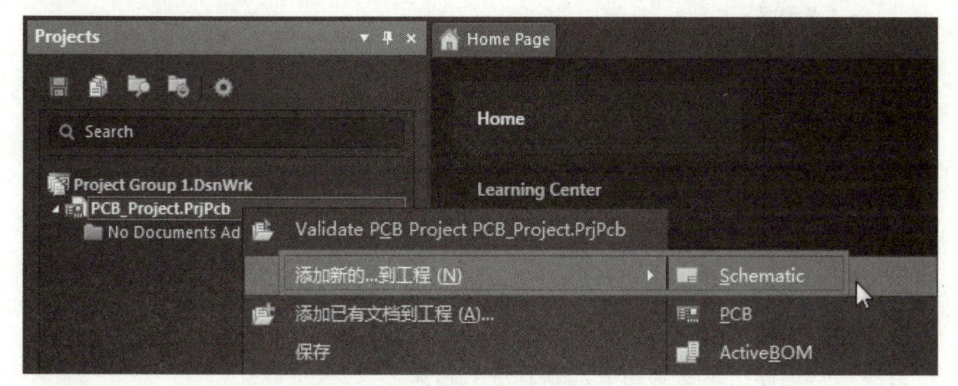

图 3-37　新建原理图文件

（3）保存文件，如图 3-38、图 3-39 所示。

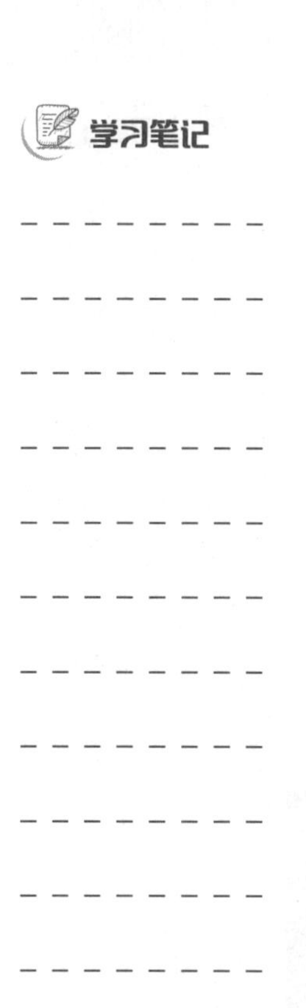

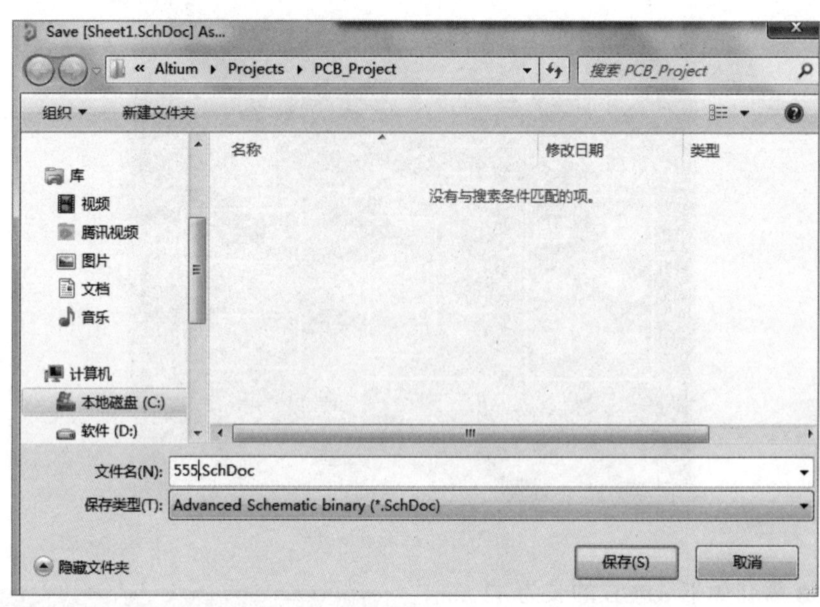

图 3-38　保存电路到指定文件夹

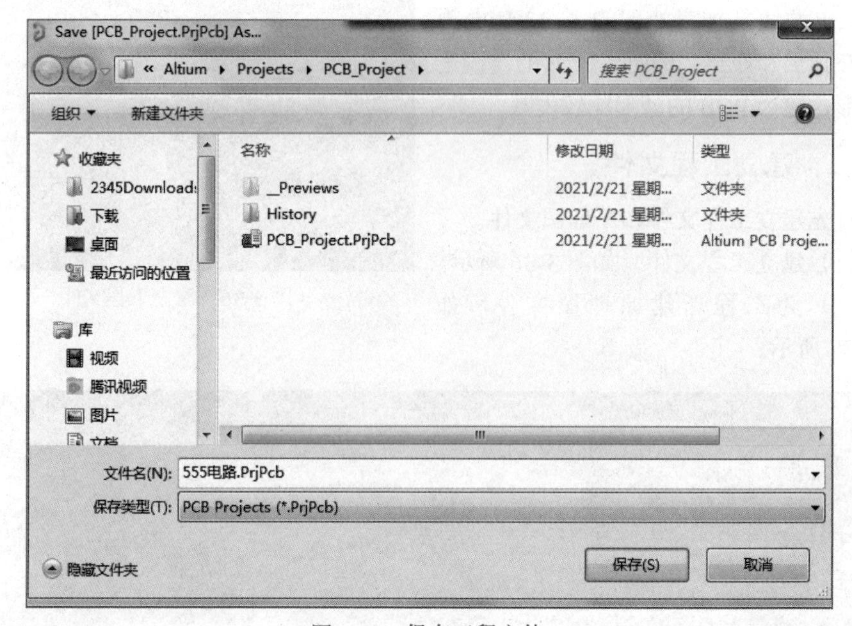

图 3-39　保存工程文件

原理图元件的放置和搜索

三、元件的放置和搜索

微课：扫描学一学原理图元件的放置和搜索。

1．元件的放置

（1）单击右下角 Panels ｜ Components，即可打开库面板，如图 3-40 所示。

学习笔记

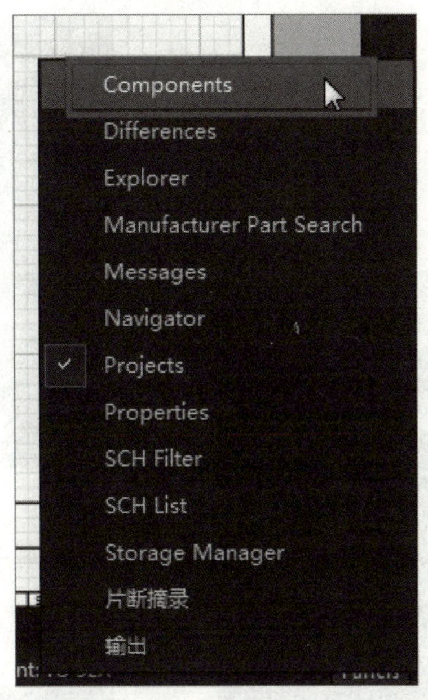

图 3-40　打开库面板

（2）元件的放置。打开库面板，可以将元件拖动和双击放置到原理图中。两种方法任意选择一种即可。图 3-41 所示是放置的元件。

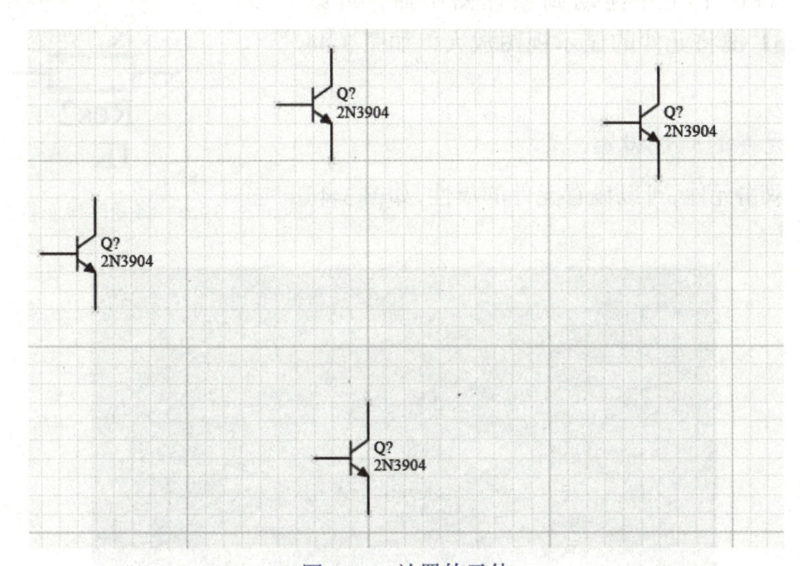

图 3-41　放置的元件

（3）元件的删除。用鼠标左键选择元件，然后按【Delete】键即可删除元件。

（4）元件的快速查找。* 代表所有的元件，去掉 *，然后自己输入字母来查找元件，如图 3-42 所示。

（5）现在要查找电阻元件，在文本框中输入 R，即可显示所有的电阻元件，拖动一个电阻到原理图中，如图 3-43 所示。

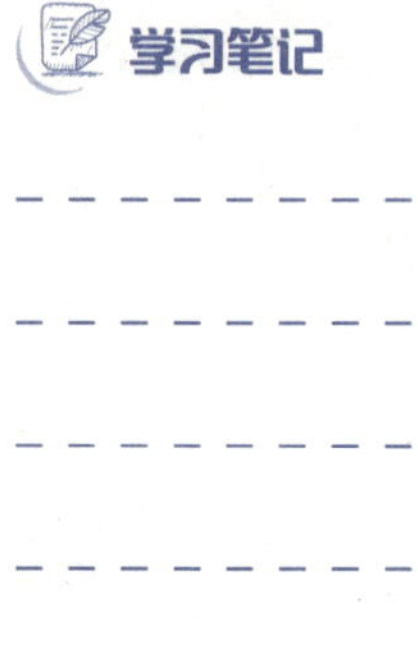

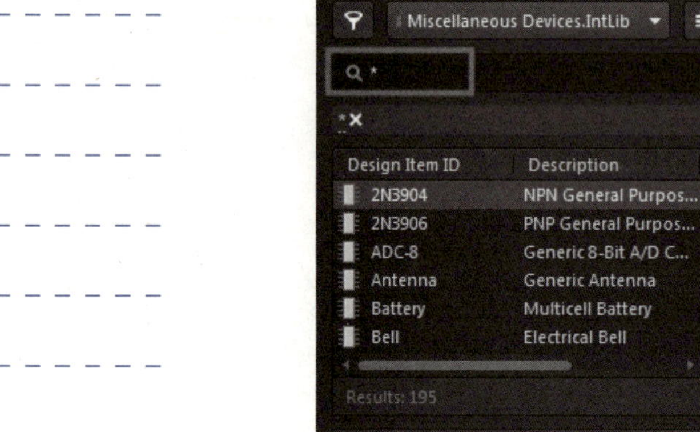

图 3-42　已有元件的查找

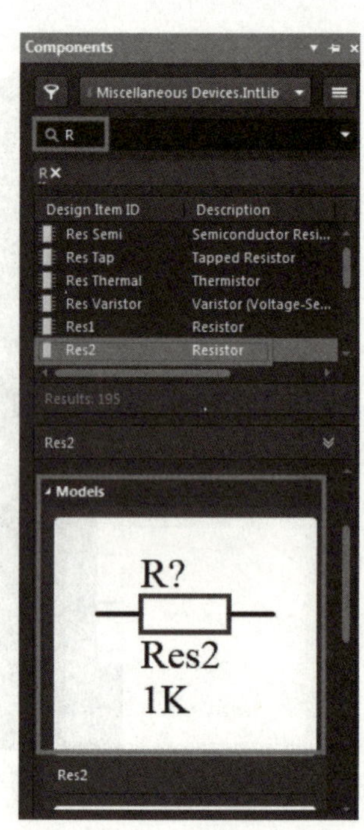

图 3-43　拖动元件

（6）将这个元件拖动到原理图中后，可以按【PgUp】键将元件的显示视图放大，如图 3-44 所示。

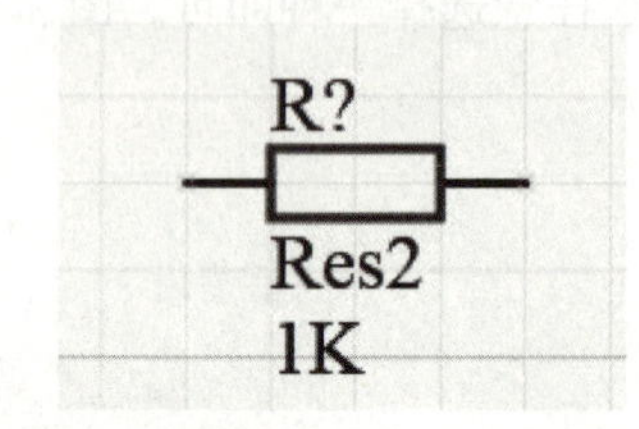

图 3-44　将元件显示视图放大

2．元件的属性设置

（1）双击元件，可以设置元件的属性，如图 3-45 所示。

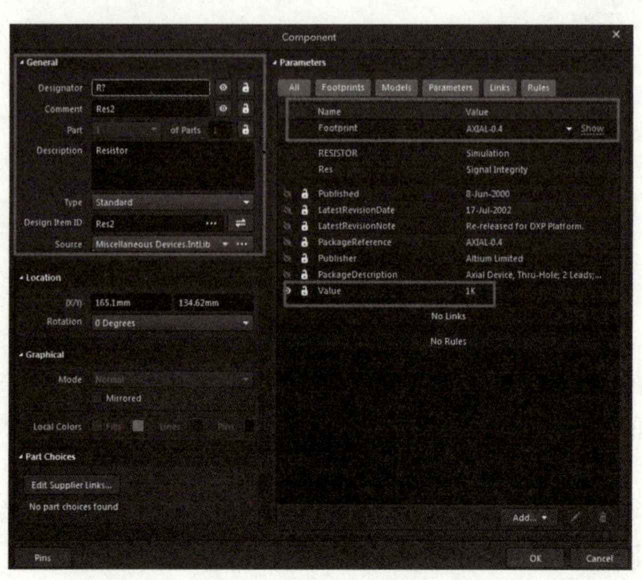

图 3-45　元件属性对话框

学习笔记

（2）在图 3-45 中，Designator 中的 R？指的是元件标号，注意这个元件标号是不能缺少的。如果缺少，在 PCB 中这个元件的引脚将没有飞线，也就是没有电气连接特性。可以给它命名，如 R1、R2、R3 等。

图 3-46 中的 Comment 是元件的说明，如元件的种类描述、显示名称等。

（3）图 3-47 中的 Value 指的是电阻的阻值，用户可以根据电路的要求自定义更改。

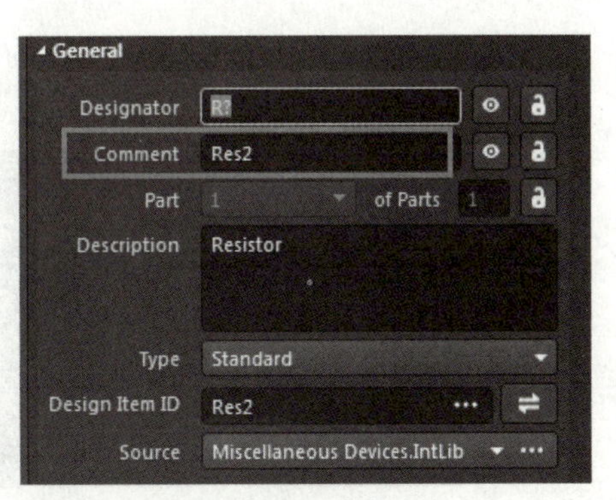

图 3-46　元件说明

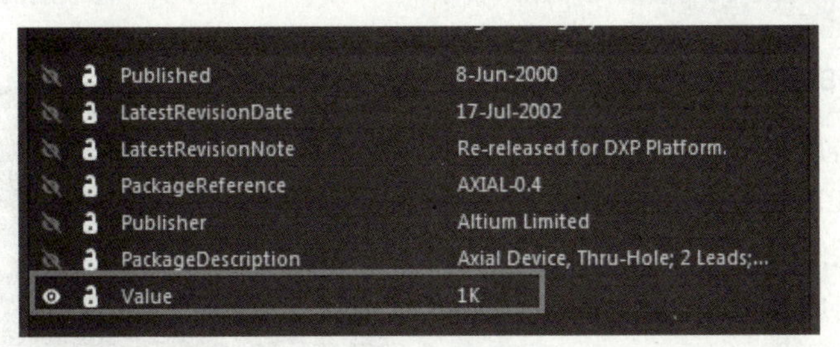

图 3-47　电阻的阻值

（4）图 3-48 中的 Footprint 指的是电阻的封装名称，可以在这个区域增加元件的封装或修改元件的封装。

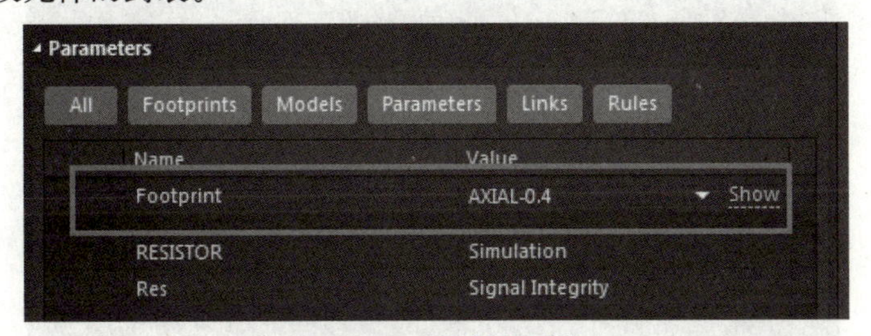

图 3-48　元件封装区域

（5）单击按钮可以修改封装。单击 Add 按钮可以增加元件的封装，如图 3-49 所示。

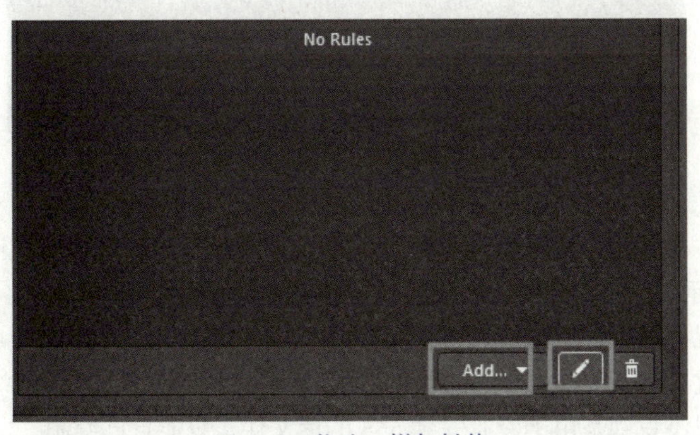

图 3-49　修改、增加封装

（6）修改元件的标识。将元件的标识修改为R1，如图3-50所示。修改后的元件如图3-51所示。

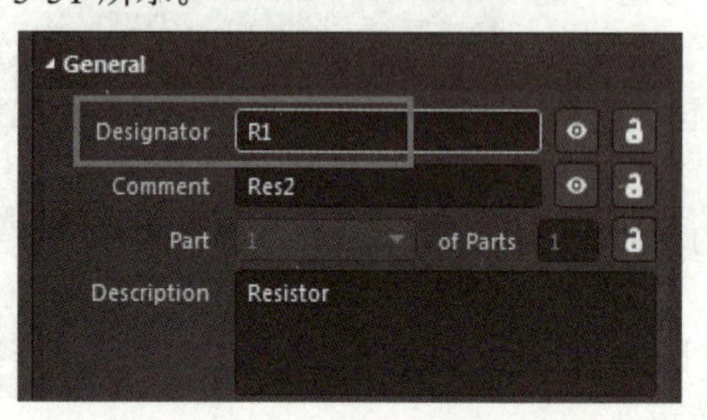

图3-50　修改元件标识名称

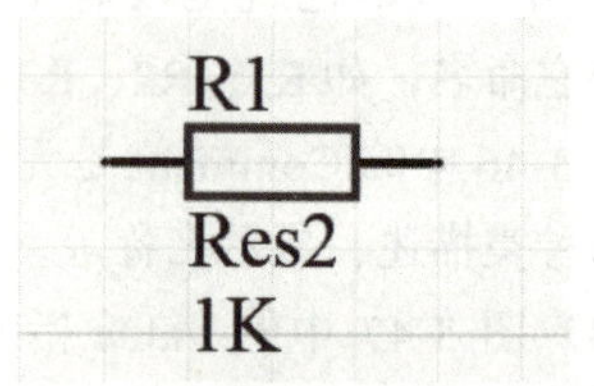

图3-51　修改后的元件

3. 元件的查找

（1）单击库面板中的☰按钮，再选择File-based Libraries Search...命令，即可打开"查找"元件的对话框，如图3-52所示。

（2）搜索库的面板，如图3-53所示。其中，equals代表等于；contains代表包含。

图3-52　打开"查找"元件的对话框

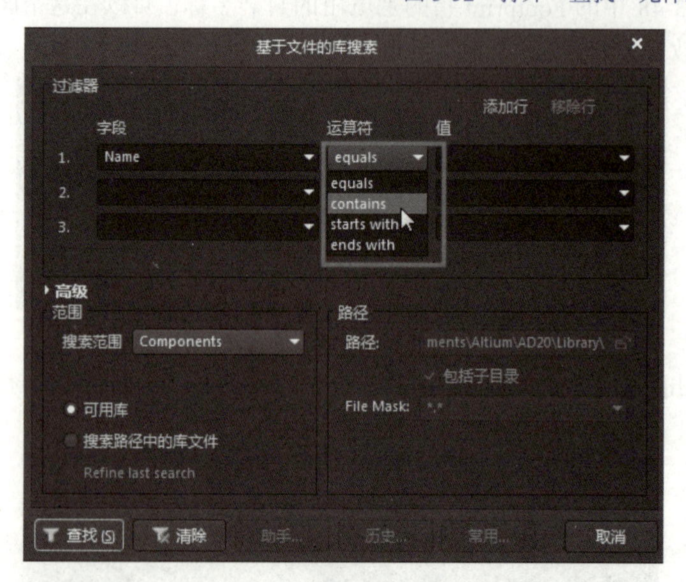

图3-53　搜索库的面板

（3）选择contains，然后输入555的名称，选中"搜索路径中的库文件"单选按钮，如图3-54所示。

（4）设置好后，即可单击"查找"按钮开始查找，结果如图3-55所示。

（5）通过查找，没有找到555元件。实际上，只要安装了库文件，就是可以查找到的。这里没找到是由于没有安装555的库文件，只能自己绘制。

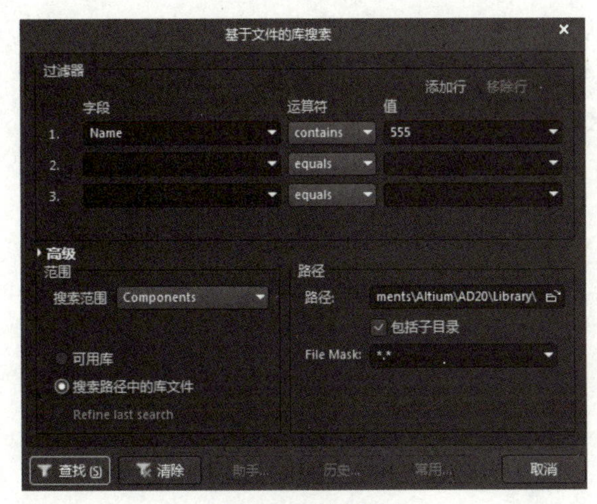

图 3-54　查找设置

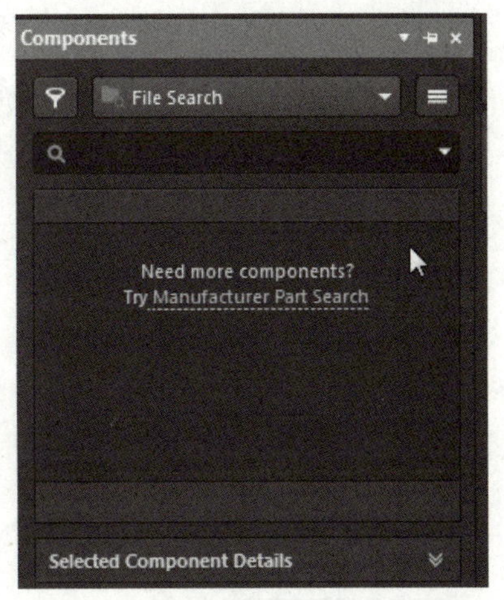

图 3-55　搜索 555 元件的结果

学习笔记

4．元件的标识修改、旋转及引脚颠倒放置

微课：扫描学一学修改元件标识。

修改元件标识

注意

在视频中查找的是 3X2 元件，后来进行了修改，改为了 3X2A，请注意视频中的介绍。

（1）在 Miscellaneous Connectors.IntLib 库中查找连接座，如图 3-56 所示。将找到的 Header 3X2A 元件拖动到原理图中，如图 3-57 所示。

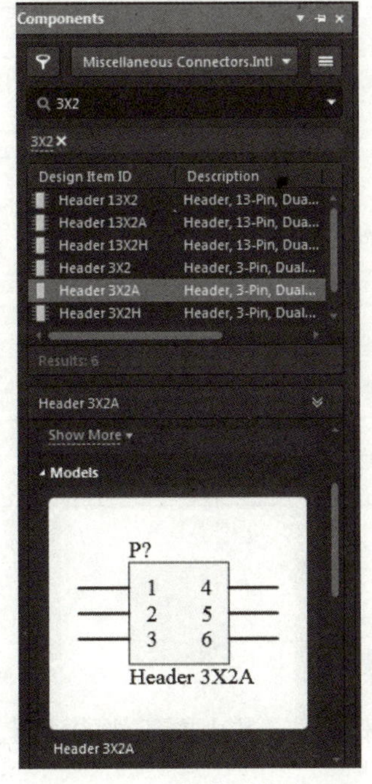

图 3-56　连接座元件库

学习笔记

（2）这个元件的引脚的顺序是从上到下，可以将元件的引脚进行上下颠倒。具体方法：切换到英文输入法，鼠标左键按住要转换的元件并按下【Y】键，则元件的引脚进行了上下颠倒；如果按【X】键，则可以左右颠倒，如图 3-58 所示。

图 3-57　拖动元件到原理图

图 3-58　颠倒元件的引脚

测验

测试一下自己学习的效果。

（1）简述加载或删除库的方法。

（2）简述在原理图中放置元件的方法。

（3）简述在原理图元件库中查找元件的方法。

（4）对原理图中元件属性进行设置。

（5）如何对原理图的元件增加封装？

（6）原理图中的元件的引脚如何颠倒和旋转？

任务实施

对原理图进行基本操作

前面介绍了原理图的基本操作，其中有元件的放置、查找、属性设置、旋转等。

完成下面的操作。

（1）加载或删除库。

（2）放置元件。

（3）查找元件。

（4）元件属性设置。

（5）元件的引脚旋转。

任务 3　元件的绘制

任务分析

在前面的任务中已经完成了原理图元件的基本操作，进行了元件的查找。由于没有安装 555 元件库，所以，只能自己绘制这个元件。下面介绍绘制元件的方法，后面会对元件的绘制进行专题介绍，此处只是初步介绍。

相关知识

元件绘制的步骤：

第一步：建立原理图元件库。

第二步：绘制元件的方框。

第三步：放置元件的引脚并对引脚进行设置。

微课：扫描学一学 555 元件绘制。

555元件绘制

一、建立原理图元件库

在项目面板上增加一个原理图元件库。选择“添加新的 ... 到工程”| Schematic Library 命令，如图 3-59 所示。

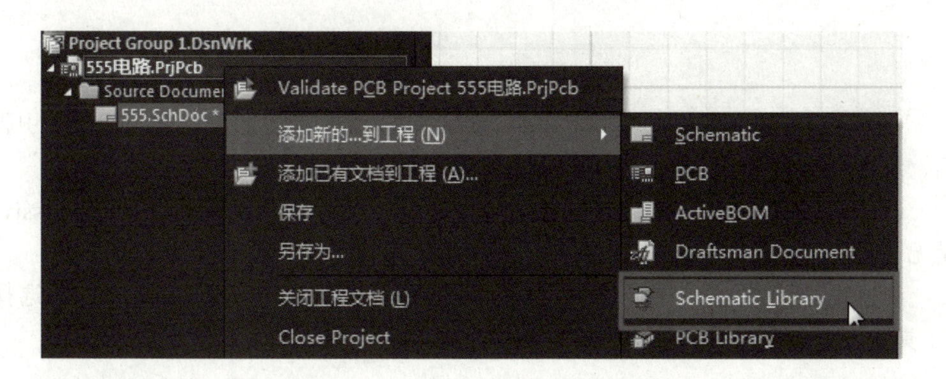

图 3-59　建立原理图元件库

学习笔记

二、绘制元件的方框

（1）选择“放置”|“矩形”命令，如图 3-60 所示。

（2）在元件绘制的主窗口中绘制一个矩形，矩形的宽度和高度为 800 mil[①]，如图 3-61 所示。

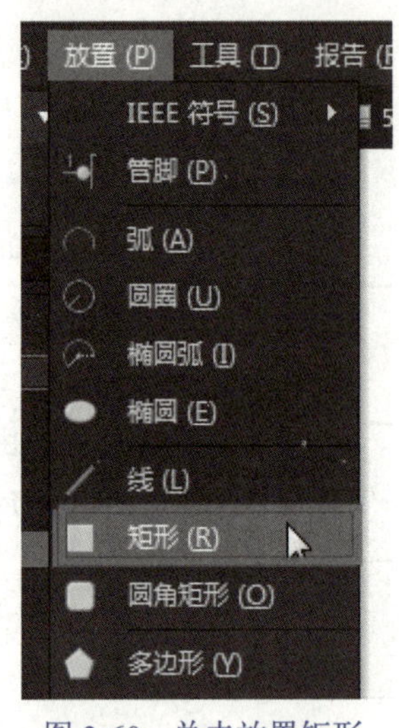

图 3-60　单击放置矩形

图 3-61　绘制矩形

三、放置元件的引脚并对引脚进行设置

（1）单击“放置引脚”按钮，如图 3-62 所示。

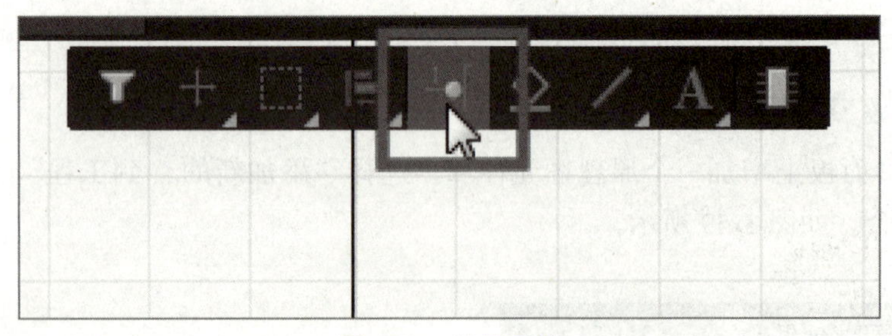

图 3-62　放置引脚

（2）按【Tab】键，弹出引脚属性对话框，进行引脚属性设置，也可以放置引脚后，双击引脚来进行设置。在引脚属性对话框中修改引脚的参数。

（3）如第 1 引脚，标识为 1，显示的名称为 GND，电气类型为 Power，passive 是无输入输出特性，设置引脚的长度为默认值，如图 3-63 所示。

（4）设置完成后，开始放置引脚。首先设置元件库窗口的捕捉格点，选择“工具”｜“文档选项”命令，如图 3-64 所示。

① 1 mil=0.025 4 mm。

学习笔记

注意

放置引脚的×，一定要放在方框的外面，不能与方框相连，否则不能通电，没有电气连接。

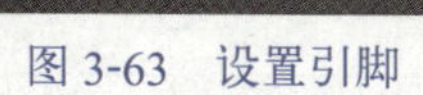

图 3-63 设置引脚

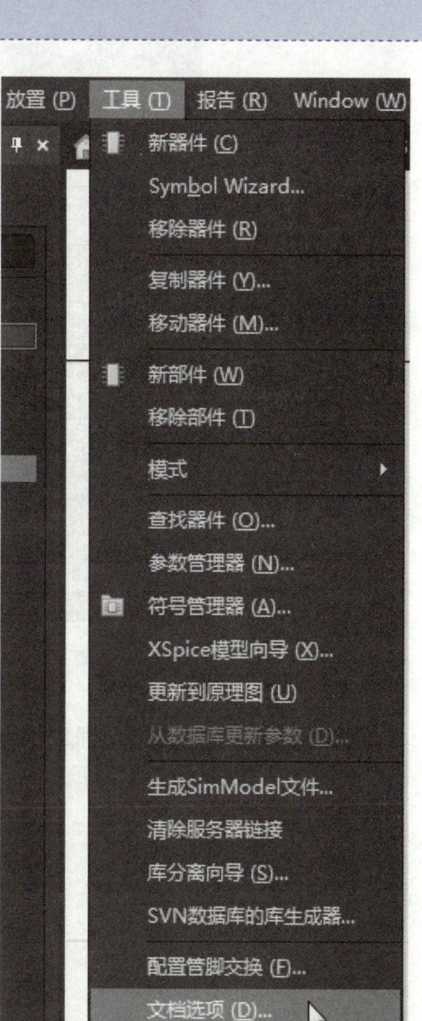

图 3-64 选择“文档选项”命令

（5）在弹出的对话框中，设置捕捉格点为1，也可以设置为10 mil，如图3-65所示。

注意

一定要将捕捉格点设置小一些，否则不好调整引脚的位置，特别是很多引脚的元件，不好放置引脚。除了可以通过上面的命令来设置捕捉格点外，还可以在英文输入法状态下，按键盘上的【G】键来切换捕捉格点的大小。

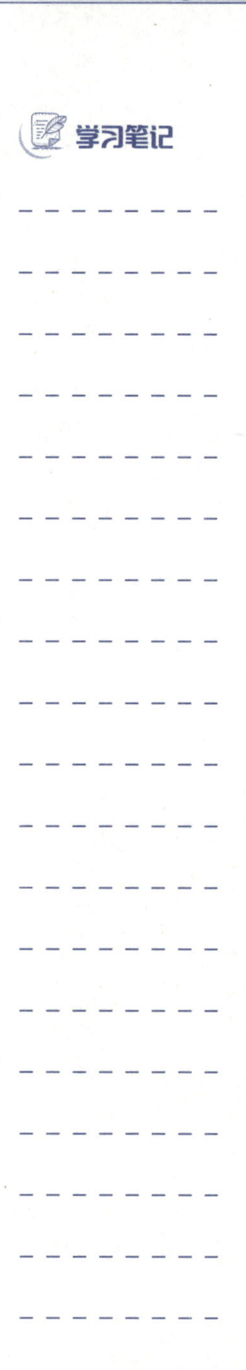

图 3-65　设置捕捉格点

（6）设置完成后放置第 1 引脚 GND，如图 3-66 所示。

（7）按同样的方法设置第 2 引脚 TRIG，并放置第 2 引脚，如图 3-67 所示。

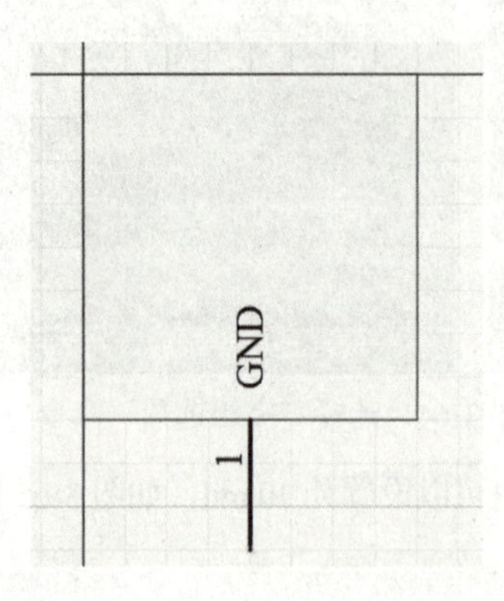

图 3-66　放置第 1 引脚

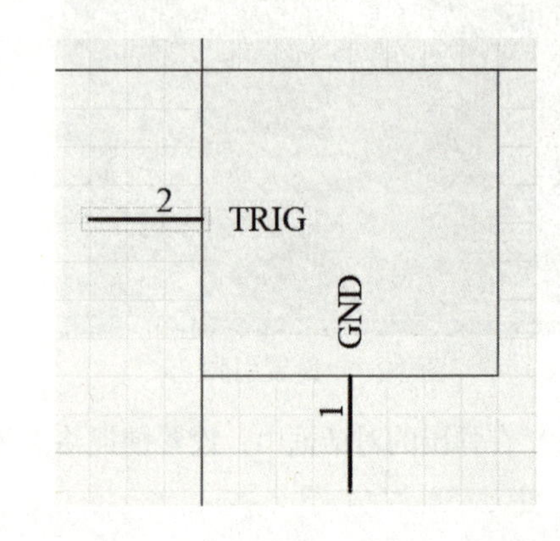

图 3-67　放置第 2 引脚

（8）放置第 3 引脚 Q，如图 3-68 所示。

（9）放置第 4 引脚 R，如图 3-69 所示。放置第 3 引脚时，要注意第 4 引脚有个小圆圈，需要设置属性，将引脚符号外部的属性设置为 Dot，如图 3-70 所示。单击就会出现一个小圆圈，然后放置引脚即可。

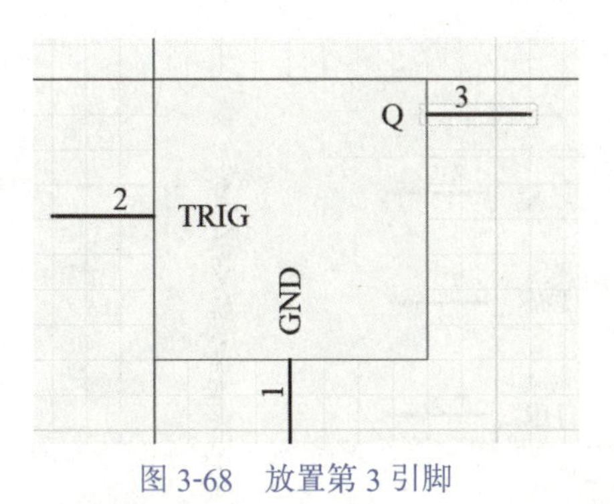

图 3-68　放置第 3 引脚

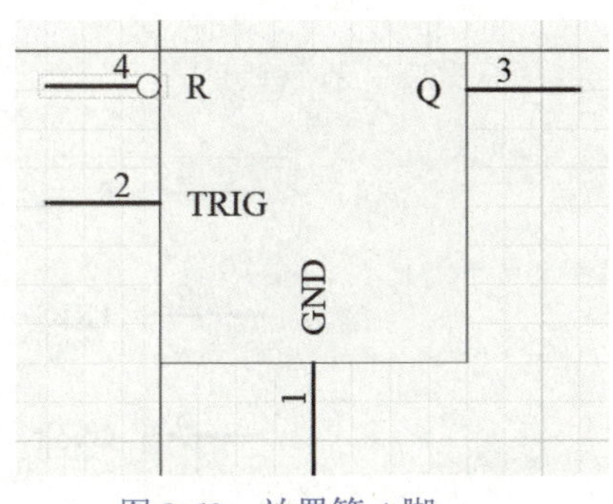

图 3-69　放置第 4 脚

（10）放置第 5 引脚 CVolt、第 6 引脚 THR、第 7 脚 DIS、第 8 脚 VCC，注意第 8 引脚的类型是 Power，如图 3-71 所示，放置后的元件效果如图 3-72 所示。

图 3-70　设置引脚

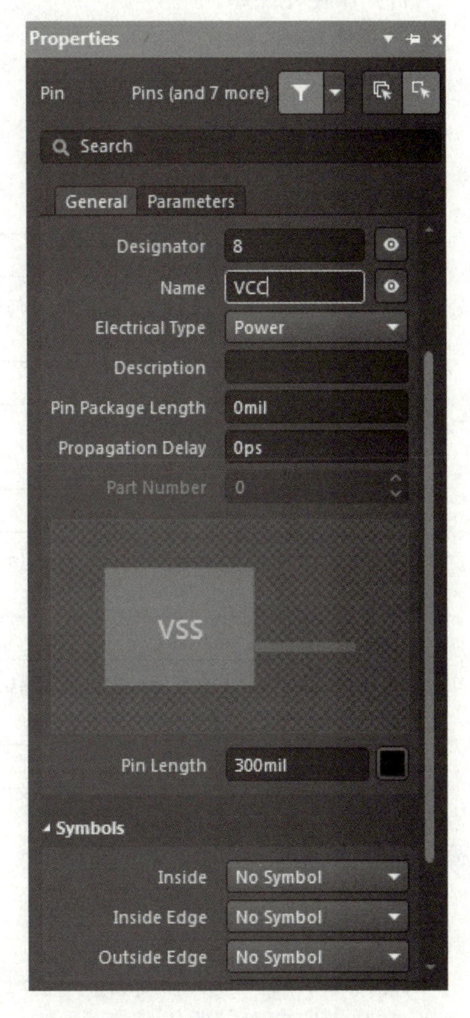

图 3-71　第 8 引脚 VCC

学习笔记

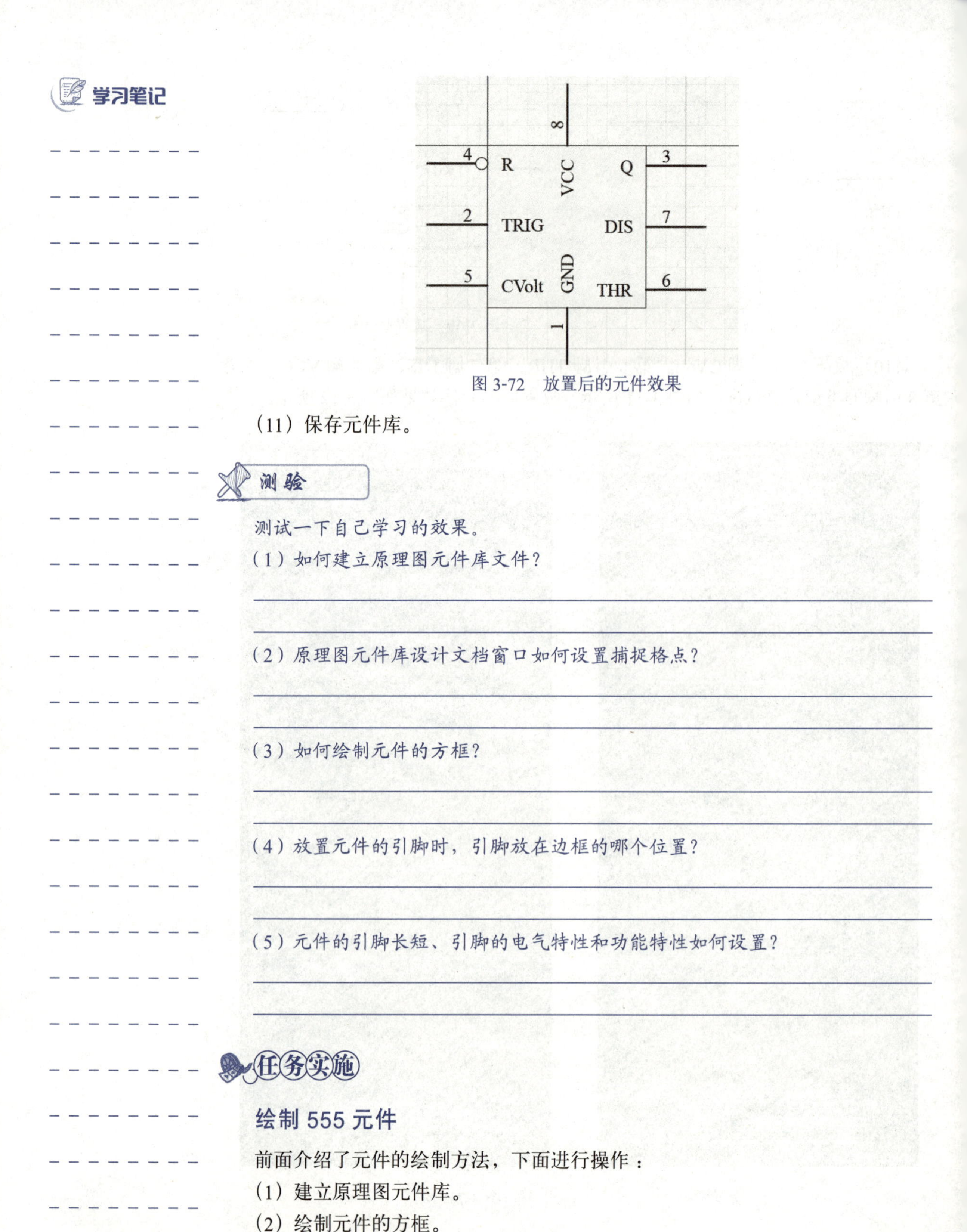

图 3-72　放置后的元件效果

(11) 保存元件库。

测验

测试一下自己学习的效果。

(1) 如何建立原理图元件库文件?

(2) 原理图元件库设计文档窗口如何设置捕捉格点?

(3) 如何绘制元件的方框?

(4) 放置元件的引脚时，引脚放在边框的哪个位置?

(5) 元件的引脚长短、引脚的电气特性和功能特性如何设置?

任务实施

绘制 555 元件

前面介绍了元件的绘制方法，下面进行操作：

(1) 建立原理图元件库。

(2) 绘制元件的方框。

(3) 放置元件的引脚并对引脚进行设置。

任务 4　元件库的安装、原理图的封装检查及连接线路操作

学习笔记

任务分析

在前一个任务中已经完成了 555 元件的绘制。要完成原理图的绘制，还需要将这个自己绘制的元件进行安装。前面介绍了集成元件库的安装，本任务将介绍这个自制元件的安装方法，同时也会介绍在原理图中如何检查元件是否有封装，如何增加封装。

相关知识

一、元件的放置与封装管理器操作

1．打开可用库面板

安装自己绘制的元件库。首先需要单击库面板中的☰按钮，选择 File-based Libraries Preferences 命令，这样会弹出可用库的对话框，如图 3-73 所示。

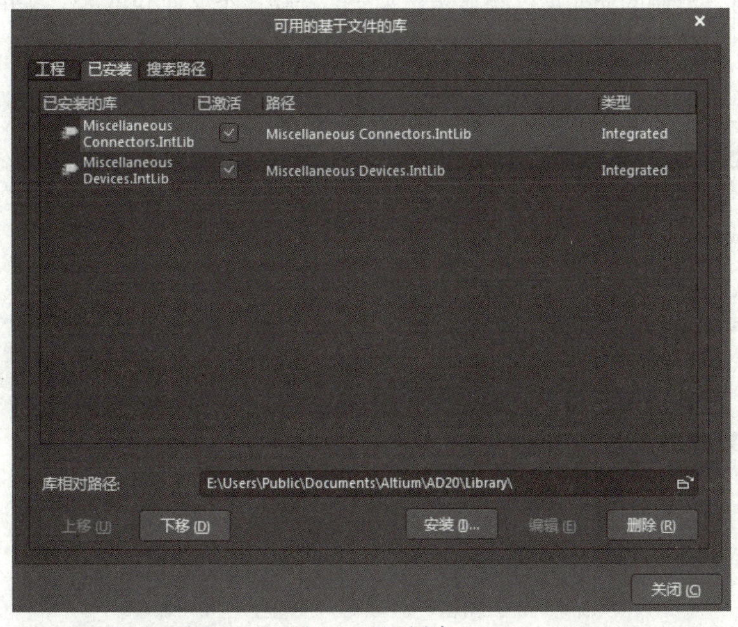

图 3-73　可用库

2．安装库

（1）单击“安装”按钮，开始查找库元件。在“打开”对话框中，没有元件库，单击“文件类型”后面的下拉菜单，选择 All Files 命令，如图 3-74 所示。

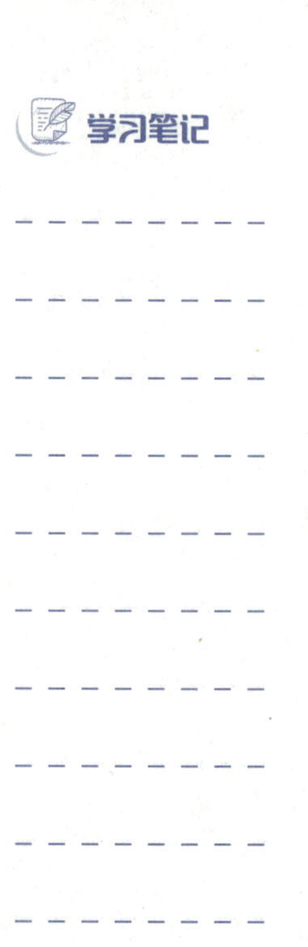

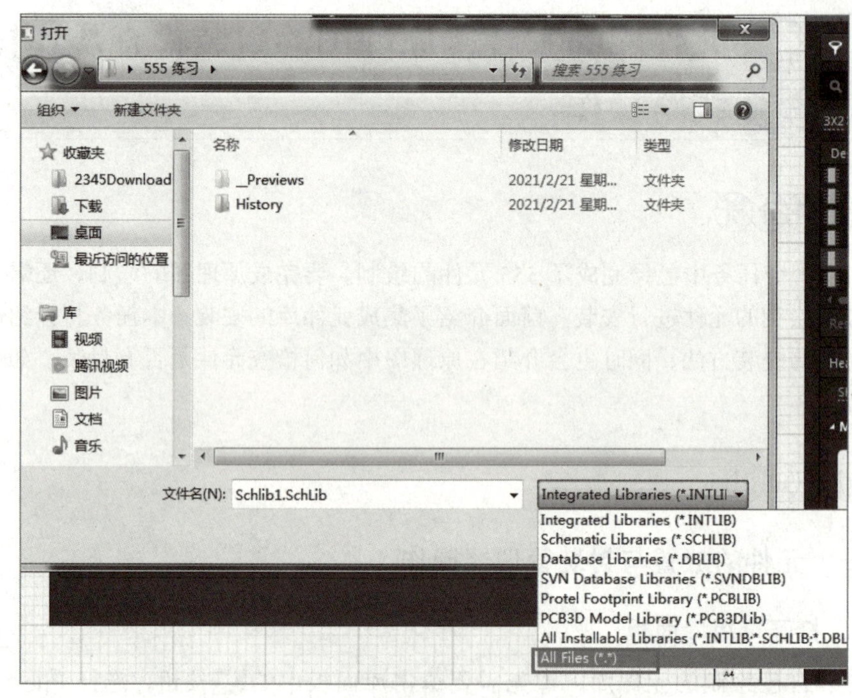

图 3-74　选择 All Files 命令

（2）自己绘制的元件库已经显示出来了。选择这个文件并单击“打开”按钮即可安装这个元件库，如图 3-75 所示。

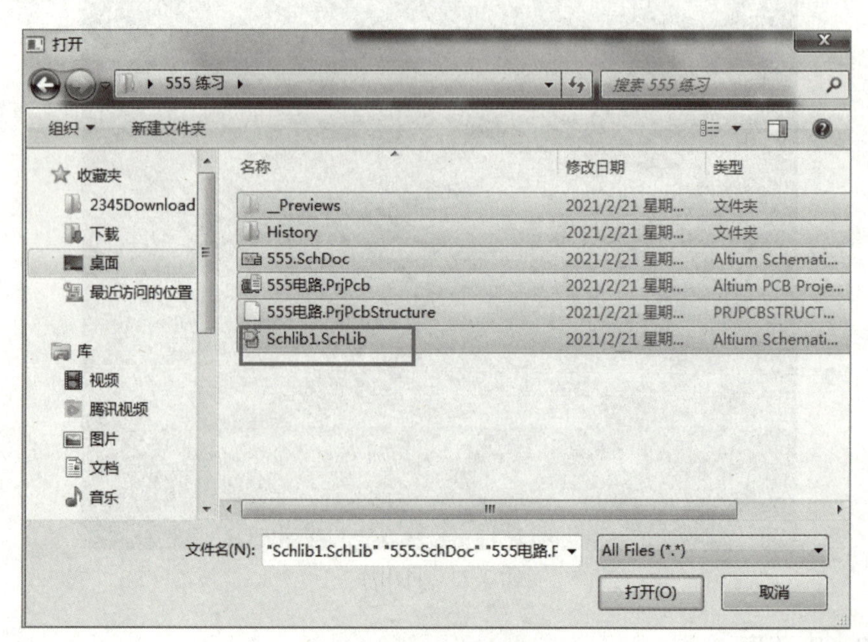

图 3-75　找到元件库

（3）需要的元件库已经安装成功了，如图 3-76 所示。

学习笔记

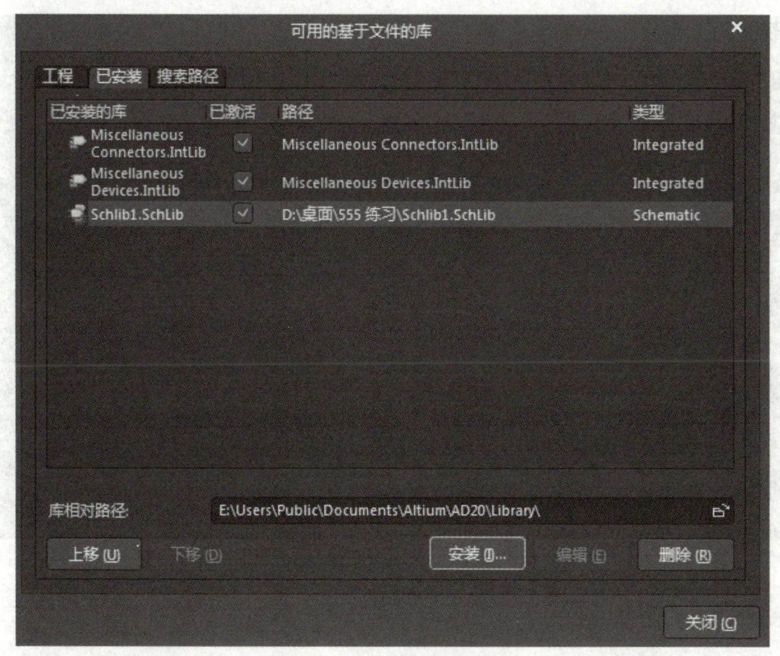

图 3-76　安装的元件库

（4）安装元件库后，将元件拖动到原理图中，如图 3-77 所示。

3．检查元件的封装

元件放置完成后，需要检查元件是否有封装，封装是否正确。

（1）可以打开原理图中的元件一个一个检查元件的封装，还可以通过比较简单的方法来检查元件的封装，具体方法：选择“工具”｜“封装管理器”命令，如图 3-78 所示。

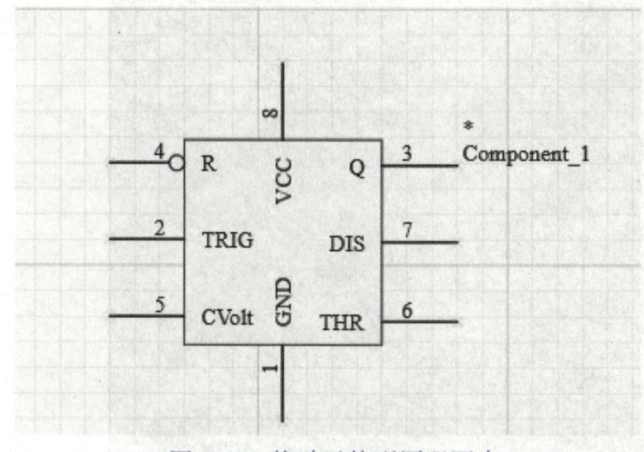

图 3-77　拖动元件到原理图中

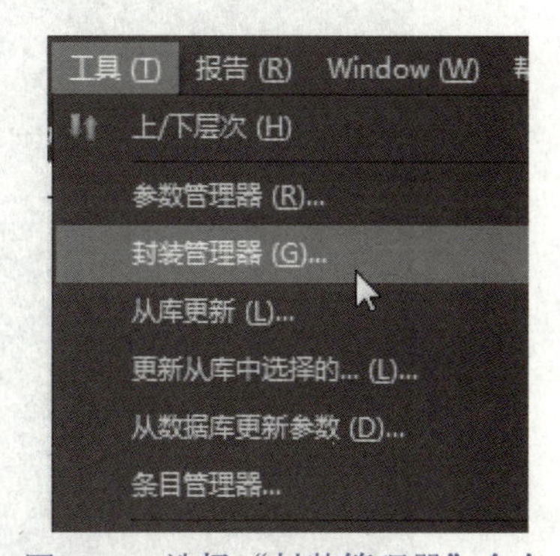

图 3-78　选择“封装管理器”命令

（2）弹出封装检查对话框，可以一个一个往下面选择检查。没有的则单击“添加”按钮进行添加，或者单击“编辑”按钮进行修改，如图 3-79 所示。

（3）将元件全部放置完成后，执行了封装检查。对于没有封装的元件需要增加封装。

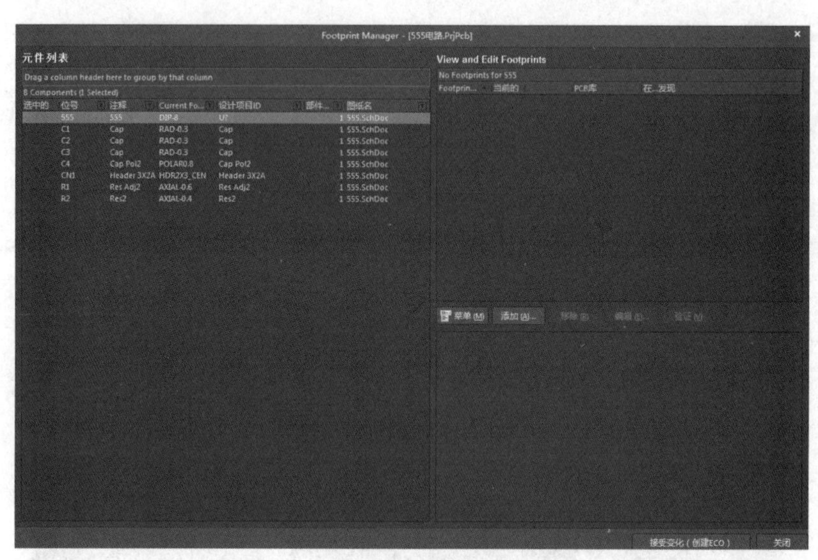

图 3-79　封装管理器

二、给元件增加封装

原理图封装检查

微课：扫描学一学原理图封装检查。

在前面的封装管理器中，检查发现 555 没有封装，如何增加封装呢？

第一种方法：

（1）双击这个元件，弹出元件属性对话框，设置元件的标识为 U1，显示的名称为 555，如图 3-80 所示。

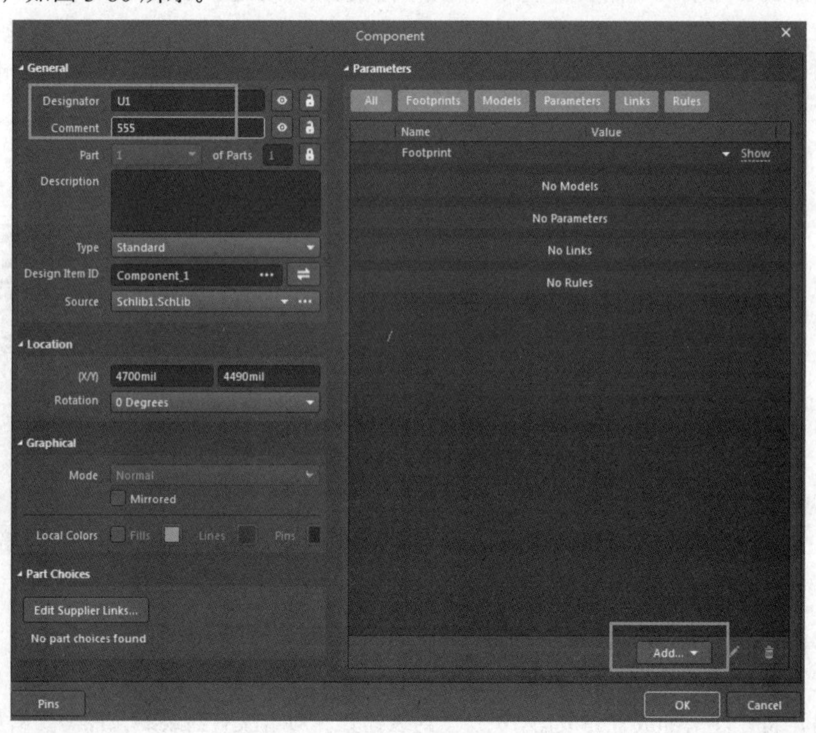

图 3-80　元件属性对话框

（2）单击 Add 按钮，给元件增加封装，如图 3-81 所示。

（3）单击“确定”按钮，出现“PCB 模型”对话框，如图 3-82 所示。

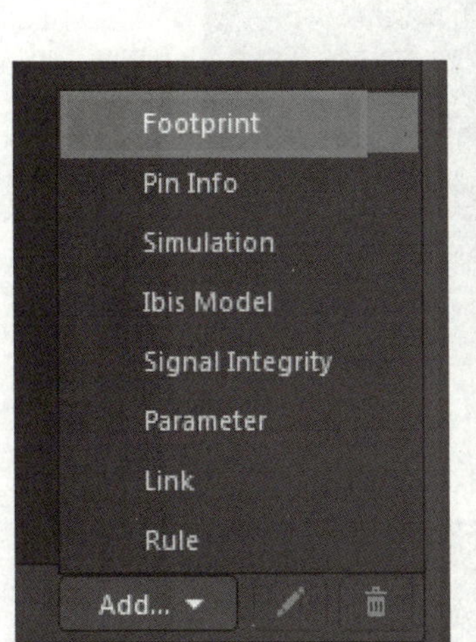

图 3-81　增加封装

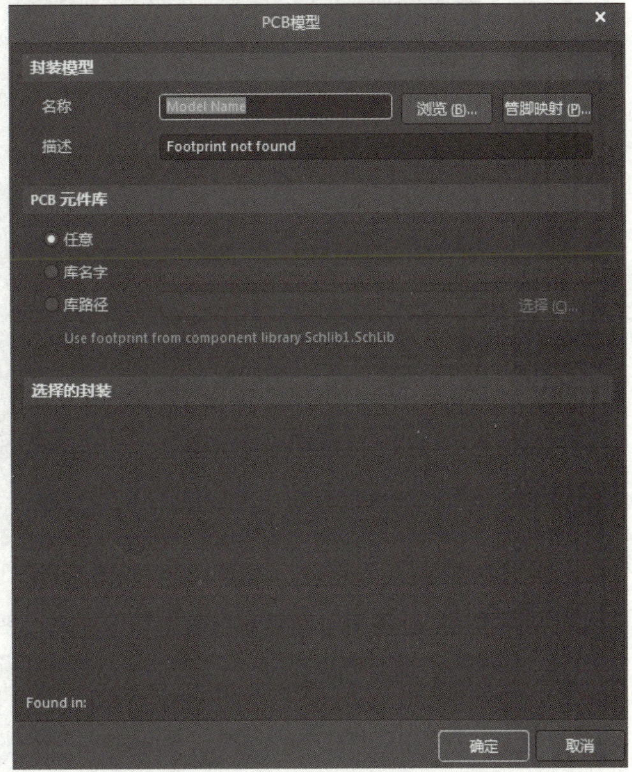

图 3-82　“PCB 模型”对话框

（4）单击“浏览”按钮，弹出“浏览库”对话框，在 MASK 后面的文本框中输入 DIP-8，在库下拉列表中选择库文件，此时会显示出 8 引脚封装，如图 3-83 所示。

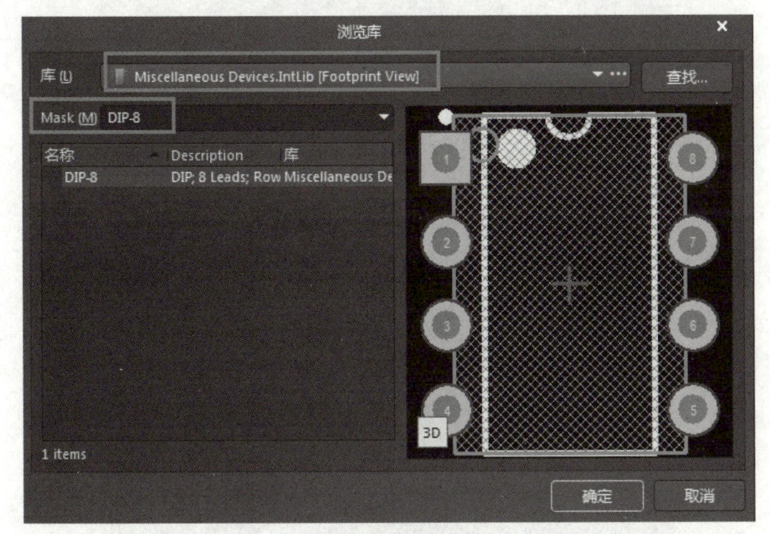

图 3-83　显示封装

（5）找到这个封装后，单击两次“确定”按钮，即可完成封装的添加，如图 3-84 所示。

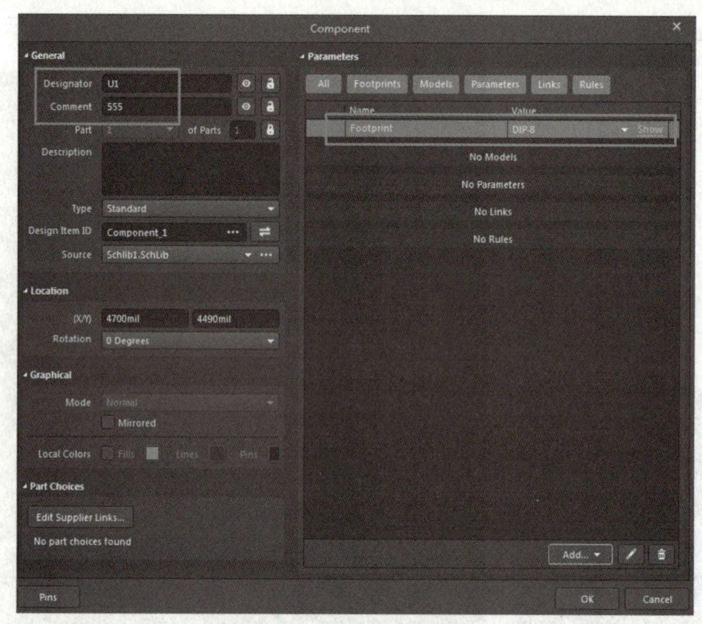

图 3-84　添加封装后的对话框

（6）单击 Show 按钮可以显示封装，如图 3-85、图 3-86 所示。

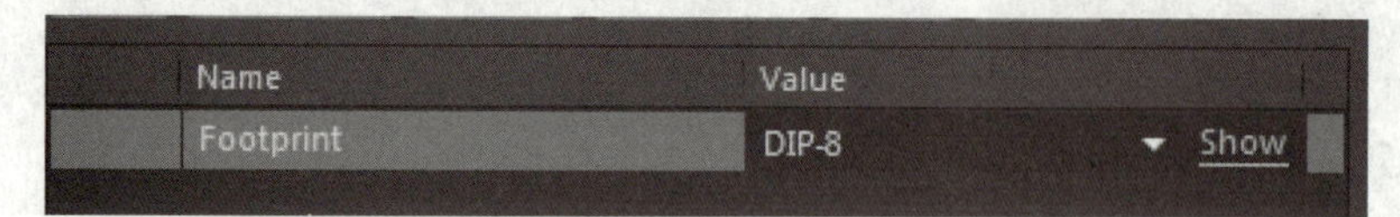

图 3-85　单击 Show 按钮

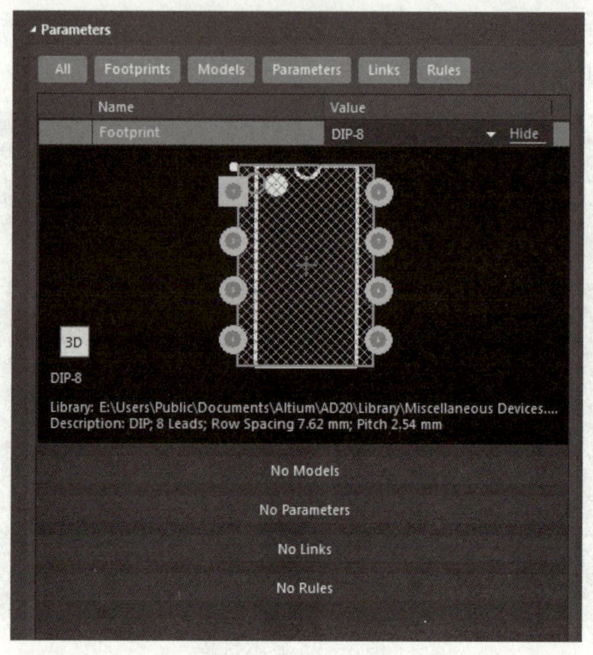

图 3-86　显示封装

第二种方法：

（1）选择“工具”|“封装管理器”命令，找到 555 元件，将封装移除，如图 3-87 所示。

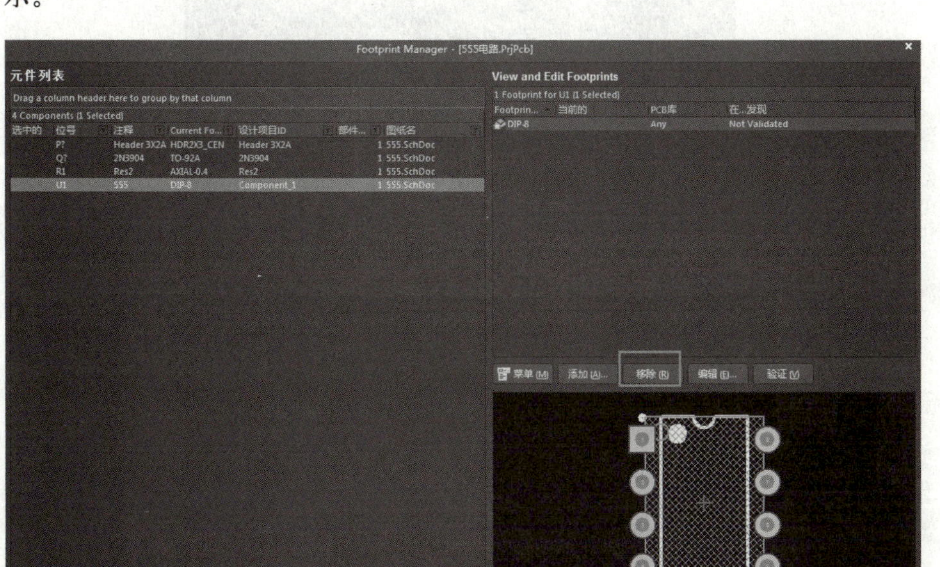

图 3-87　移除封装

（2）移除后，单击“添加”按钮，如图 3-88 所示。

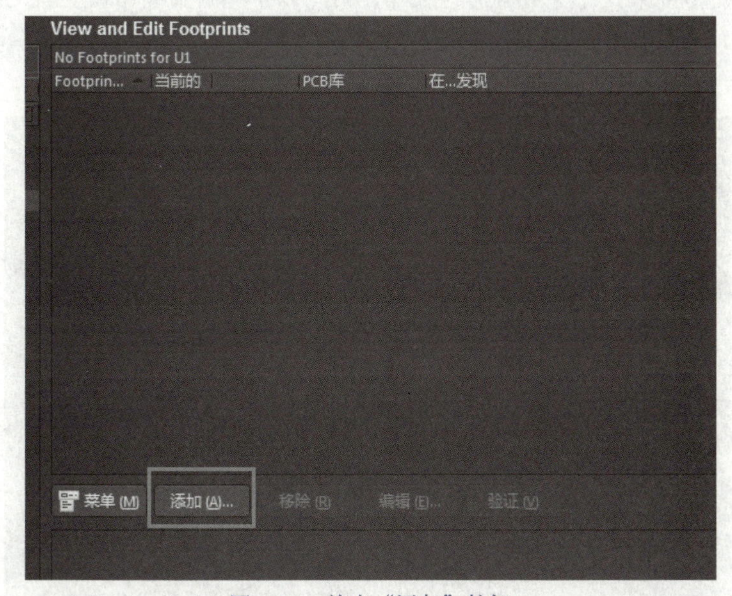

图 3-88　单击“添加”按钮

（3）出现“PCB 模型”对话框，如图 3-89 所示。然后按照前面介绍的添加封装的方法进行添加。后面的步骤与第一种方法相同。

学习笔记

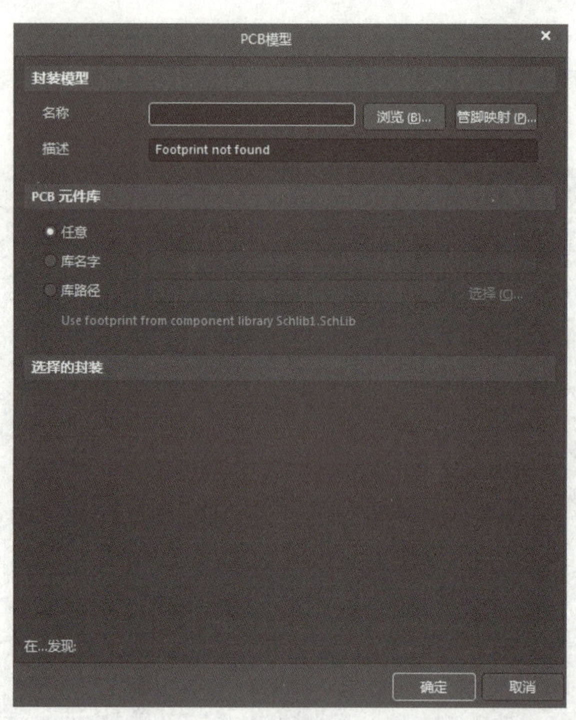

图 3-89 “PCB 模型”对话框

注意

如果没有安装这个 8 引脚的封装库，则可以参考前面介绍的查找元件的方法来查找元件的封装，如图 3-90、图 3-91 所示。

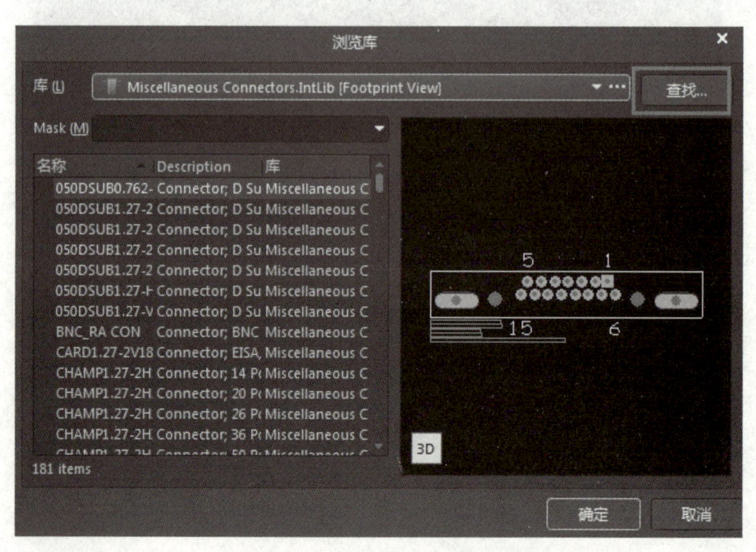

图 3-90 单击“查找”按钮

（4）开始查找，会显示查找封装的结果，如图 3-92 所示。

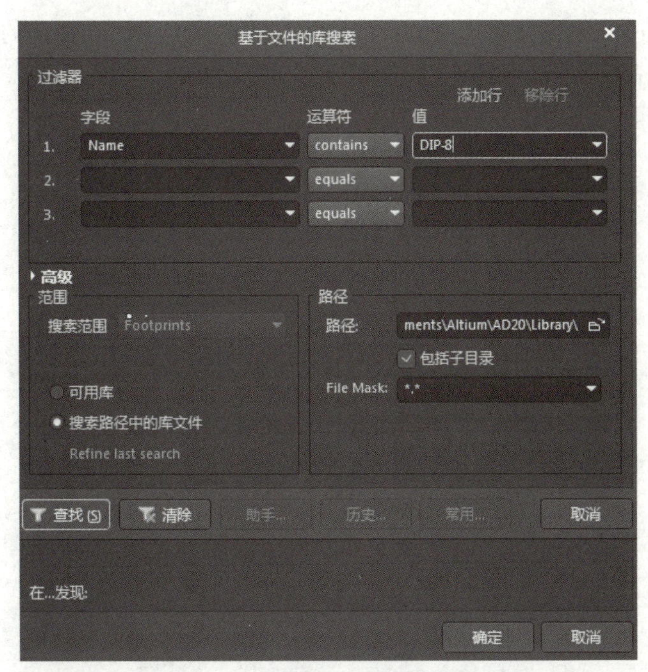

图 3-91　设置元件封装名称

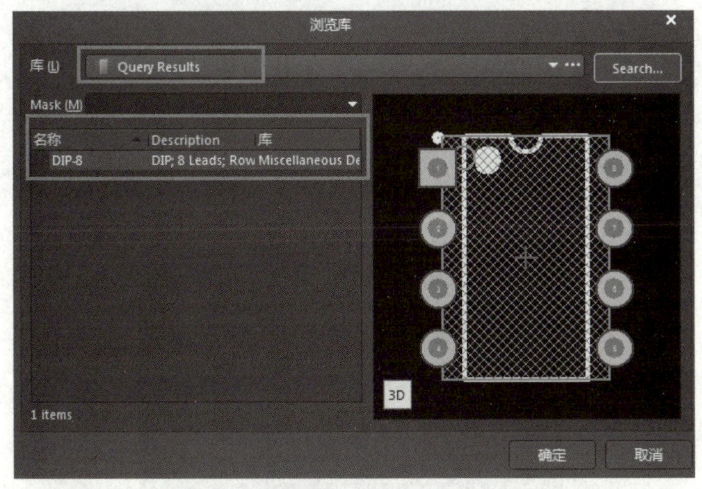

图 3-92　查找封装的结果

三、原理图元件的布局和连线

微课：扫描学一学 555 原理图元件布局及连线。

555原理图
元件布局和连线

注意

视频中，没有将 +12，+12 V 的网络标号统一，后面的视频中进行了修正。需要统一网络标号，否则需要增加不同的布线规则。

自己将元件放置完成然后进行布局布线。对于有些元件的引脚，没有用导线来

连接，而是通过网络标号来连接的，网络标号的连接方法，在前面的内容中曾经介绍过，连接完成后的示意图如图 3-93 所示。

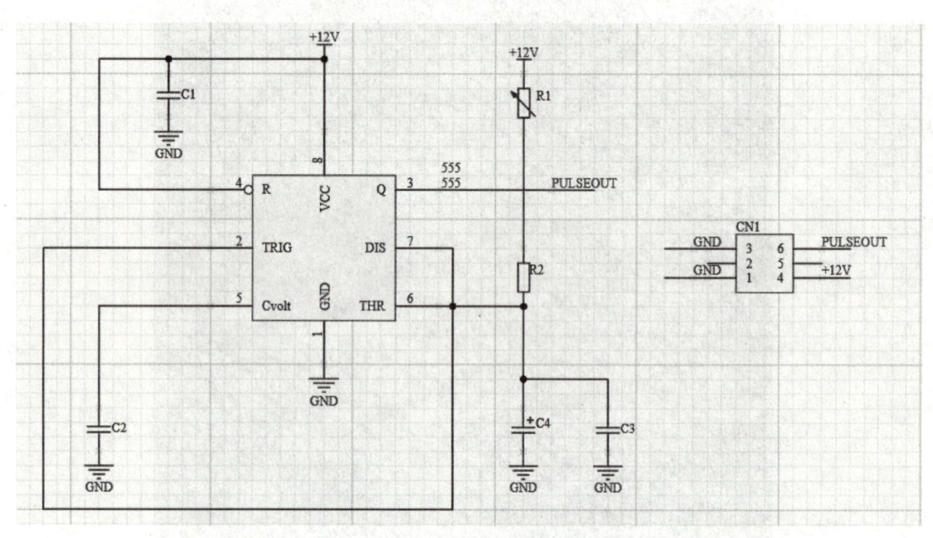

图 3-93　连接完成后的示意图

注意

这个 GND 的地电源端口，当在有些原理图看不到显示的 GND 标号时，一定不要将图 3-94 所示的对话框的 Name 后面的文本框中的 GND 删除，它只是没有显示出来而已，实际上是有这个 GND 网络标号的。

图 3-94　GND 的设置

测验

学习笔记

测一测自己的学习效果。

（1）自制元件在原理图中如何安装？

（2）在原理图中如何检查元件是否有封装？

（3）在原理图中发现元件没有封装，如何增加封装？

（4）原理图中的元件如何增加网络标签和连接导线？

任务实施

元件库安装、元件封装增加及检查

前面介绍了元件库的安装及封装处理。下面请完成三个操作：

（1）元件库的安装。

（2）元件的封装增加。

（3）原理图元件封装管理器操作。

任务5 建立PCB文件，并绘制板子形状

任务分析

在本任务中将完成PCB板子形状的绘制。一般的PCB默认长度是6 000 mil，宽度是5 000 mil。在这个PCB文件中不需要这么大的板子，因为没有几个元件，需要对PCB板子进行处理。下面具体介绍。

相关知识

一、PCB板子的外形

要制作的PCB板子的外形，如图3-95所示。

PCB板子所要割成的样子：在禁止布线层用走线画出一块封闭的空间分割成一

块小面积的 PCB，并且在周围放置四个焊盘。

图 3-95 PCB 板子的外形

PCB板子的形状绘制

微课：扫描学一学 PCB 板子的形状绘制。

二、在禁止布线层绘制走线

操作步骤如下：

（1）在禁止布线层画走线，如图 3-96 所示。

图 3-96 切换到禁止布线层

（2）选择“放置”｜“线条”命令，如图 3-97 所示。

（3）在 PCB 窗口中绘制线条，如图 3-98 所示。

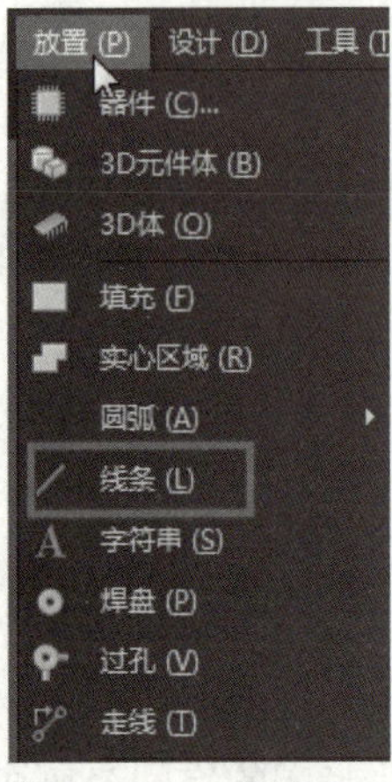

图 3-97 选择线条

图 3-98 绘制走线

（4）画好一根线后再继续布线，这时就会有一个小的圆圈，再画后面的线都这样画，然后绘制一个正方形的板子，一定要形成一个封闭的图形，不能有断的地方。PCB 板子的长度为 42 mm，宽度为 36 mm，如图 3-99、图 3-100 所示。

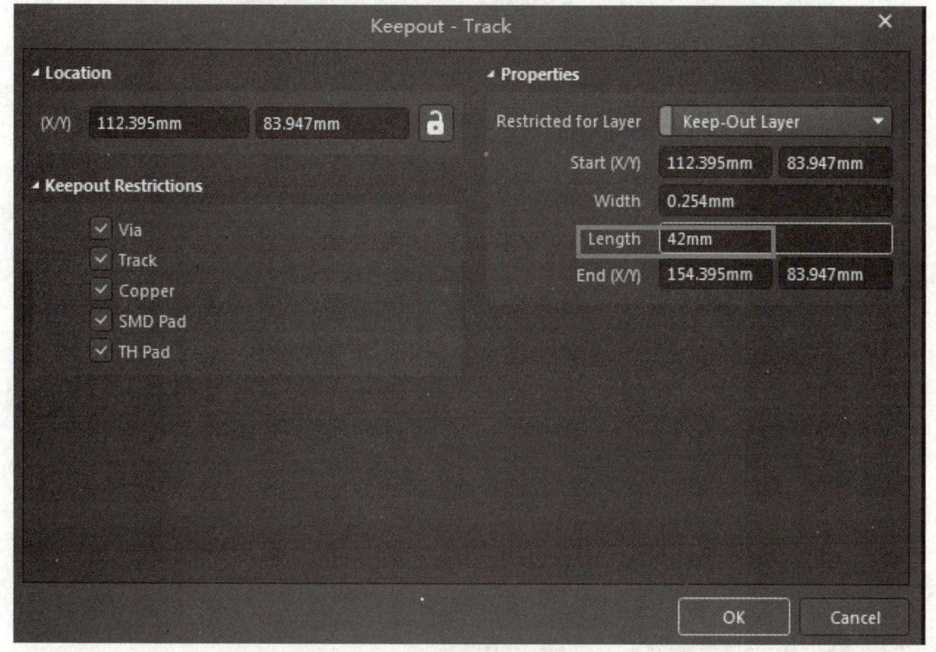

图 3-99　PCB 板子的长度

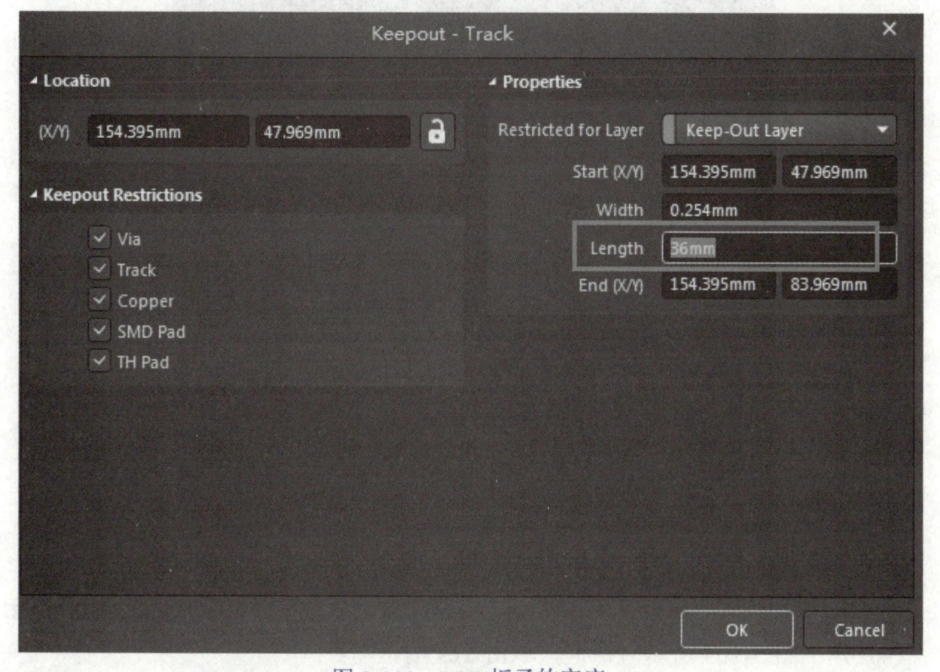

图 3-100　PCB 板子的宽度

三、PCB 板子形状的定义

（1）走线绘制完成后，选择“编辑”｜“选中”｜“全部”命令，如图 3-101 所示。

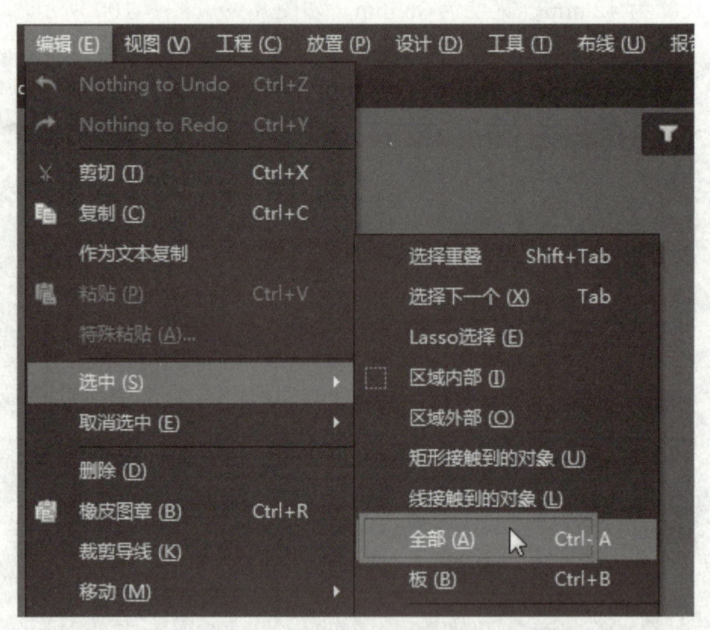

图 3-101　选择“全部”命令

（2）整个板子形状被选择，如图 3-102 所示。

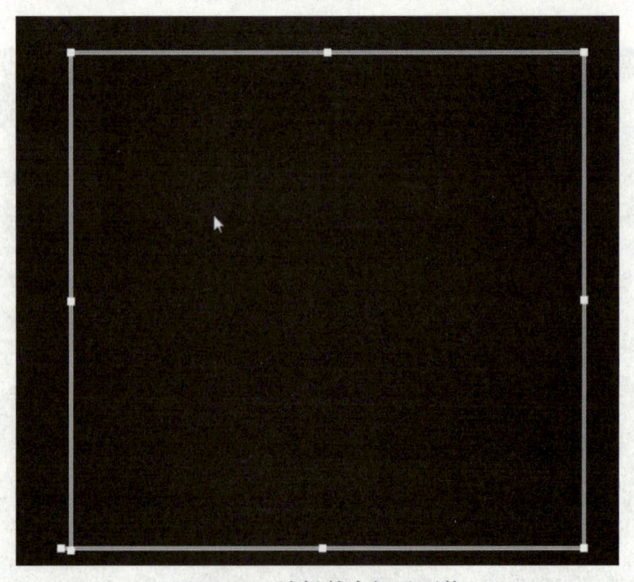

图 3-102　选择整个板子形状

（3）选择“设计”｜“板子形状”｜“按照选择对象定义”命令，如图 3-103 所示。

（4）弹出图 3-104 所示对话框，单击 Yes 按钮即可。

（5）经过上述几个步骤后，PCB 文件的板子已经绘制出来了，如图 3-105 所示。

学习笔记

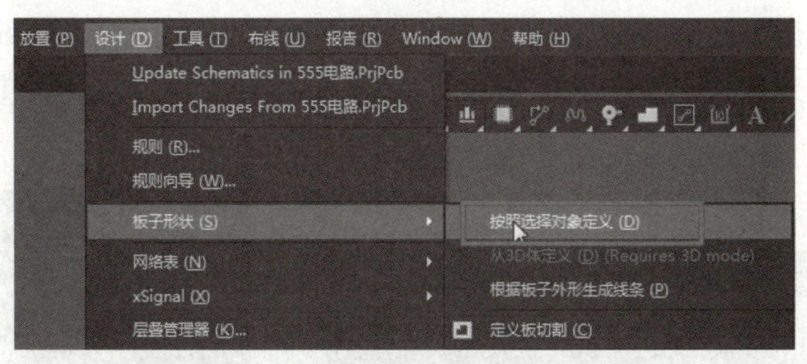

图 3-103 选择“按照选择对象定义”命令

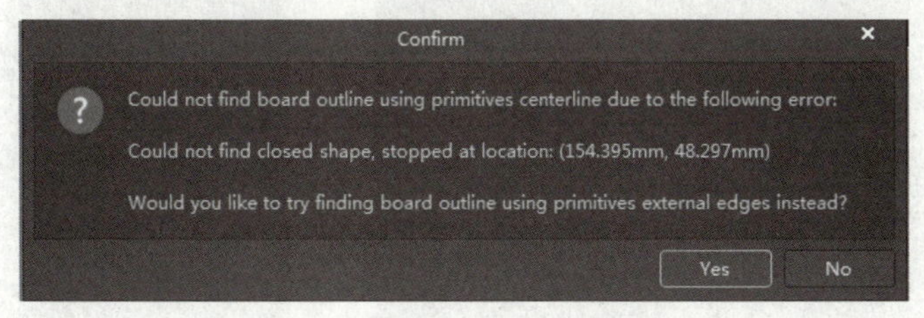

图 3-104 单击 Yes 按钮

四、PCB 板子安装孔的添加

PCB 板子的外形绘制出来后，可以给 PCB 添加安装孔。

(1)在 PCB 文件窗口中，选择右下角的 Panels ｜ Properties 命令，如图 3-106 所示。

图 3-105 PCB 板子绘制成功

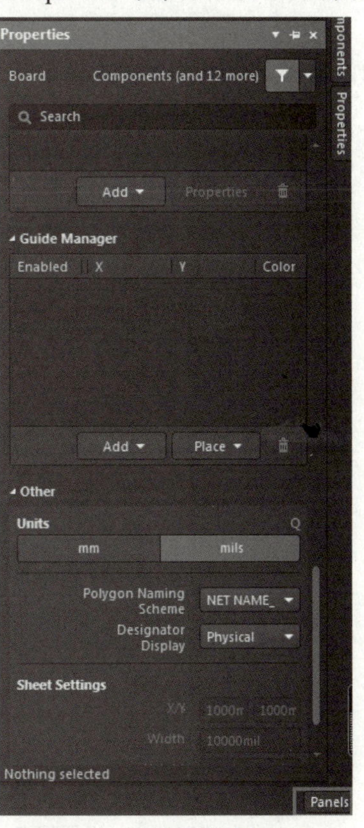

图 3-106 选择属性参数选项

学习笔记

（2）在弹出的属性参数选项对话框中，选择上面的 mm 单位，如图 3-107 所示。

（3）放置安装孔。放置四个焊盘作为安装孔，选择“放置”|“焊盘”命令，如图 3-108 所示。

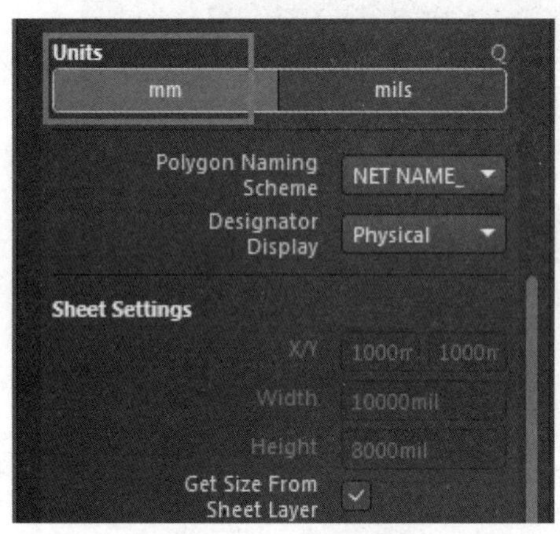

图 3-107　选择单位

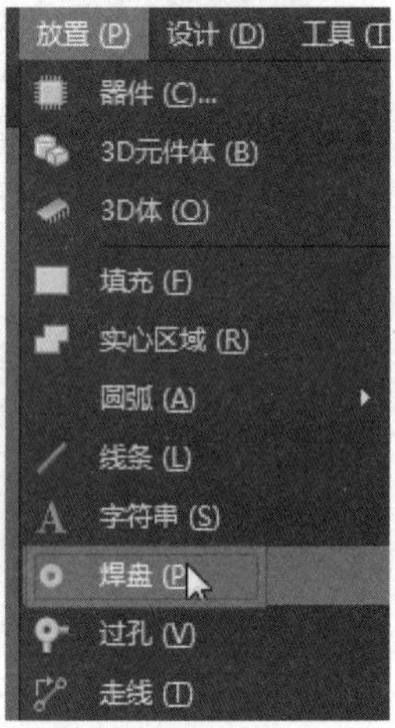

图 3-108　放置焊盘

（4）按【Tab】键，弹出放置焊盘的对话框，设置焊盘的标号（Designator）为 1，设置放置层次和网络，如图 3-109 所示。

（5）设置焊盘的 X-size，Y-size。设置焊盘的通孔尺寸为 4 mm，还需要设置焊盘的形状，如图 3-110 所示。

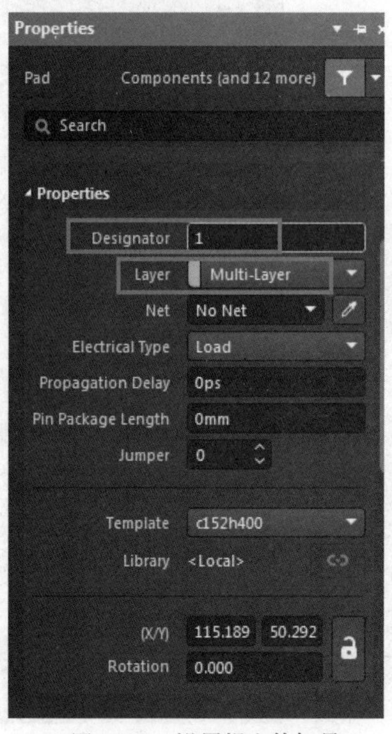

图 3-109　设置焊盘的标号

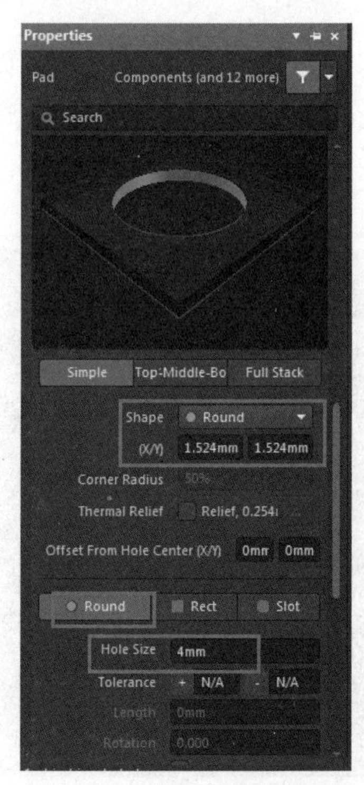

图 3-110　设置焊盘的大小

（6）设置完成后，放置焊盘，也就是安装孔。放置安装孔后的 PCB 板子如图 3-111 所示。

图 3-111　放置安装孔后的 PCB 板子

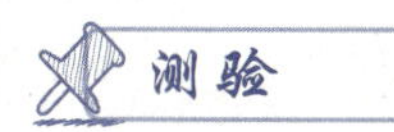

测试一下自己的学习效果。

（1）如何绘制出 PCB 板子的外形？

（2）如何定义 PCB 板子的形状？

（3）如何在 PCB 中放置安装孔？

绘制 PCB 板子的形状

前面介绍了 PCB 绘制和安装孔的添加。下面请完成两项操作：

（1）绘制 PCB。

（2）添加安装孔。

任务 6 PCB 的布局和自动布线

任务分析

PCB 的形状定义完成后，可以将原理图更新到 PCB 中，完成 PCB 的后续操作，如布局、自动布线、添加泪滴、覆铜等操作。下面具体介绍。

相关知识

555 PCB布局

微课：扫描学一学 555 PCB 布局。

一、PCB 布局

操作步骤如下：

（1）选择“设计”｜Update...PCB Document PCB1.PcbDoc，更新到 PCB1 中，如图 3-112 所示。

图 3-112　选择更新到 PCB1

（2）弹出“工程变更指令”对话框，如图 3-113 所示，先单击“验证变更”按钮，再单击“执行变更”按钮，“检测”和“完成”状态全是绿色的勾，说明没有错误，如图 3-113 所示。

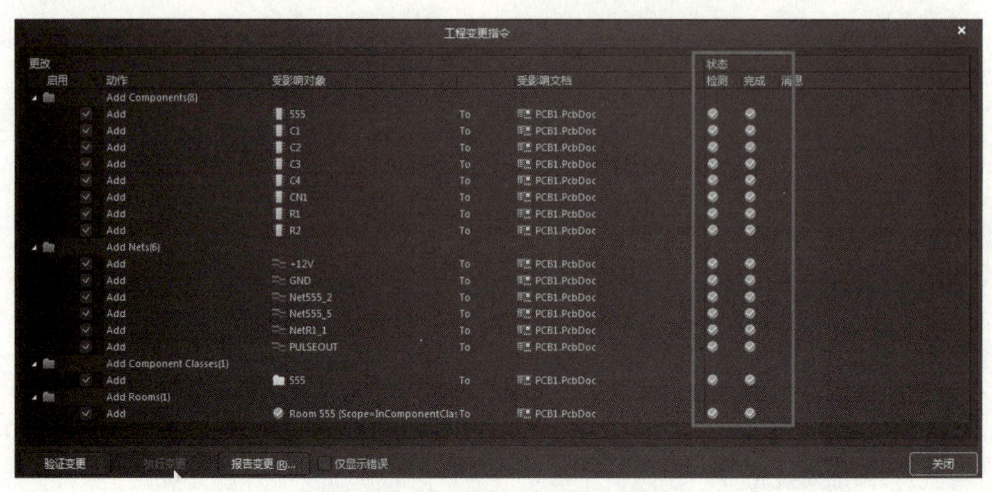

图 3-113　“工程变更指令”对话框

学习笔记

（3）元件已经更改到 PCB 中了，如图 3-114 所示。

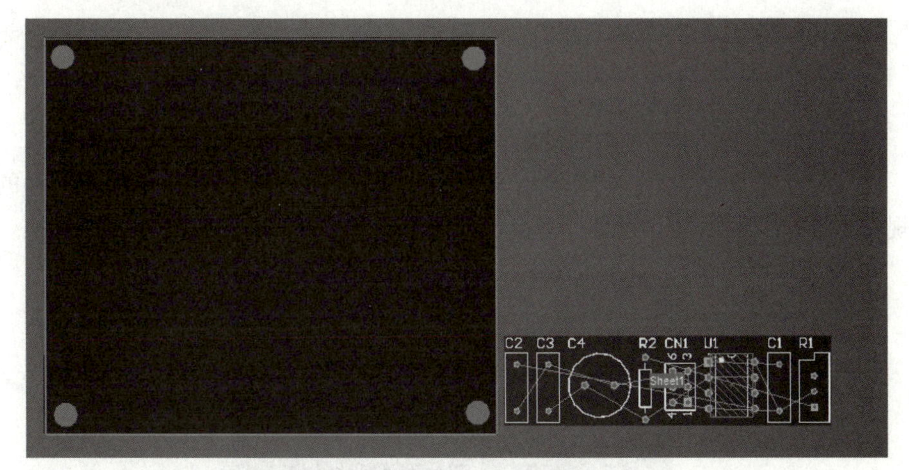

图 3-114　元件在 PCB 中

（4）按图 3-115 进行布局调整。

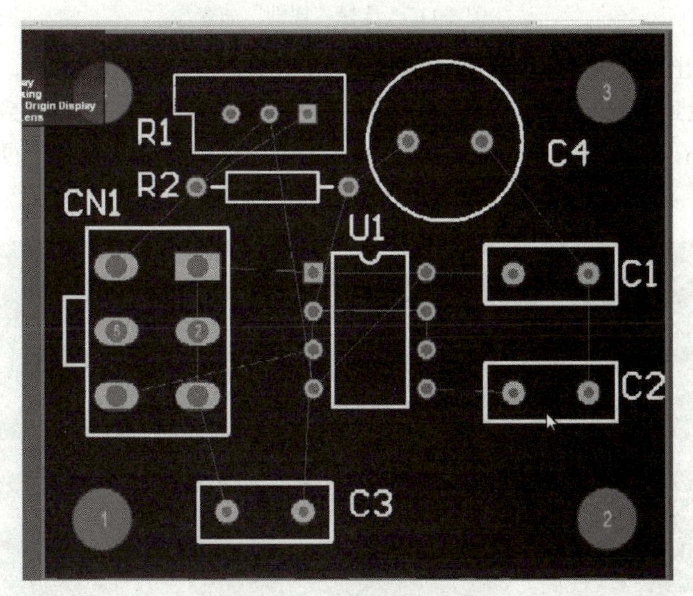

图 3-115　调整元件的布局

（5）将添加封装的元件拖动到 PCB 中，然后进行移动布局，或者按空格键进行旋转，如图 3-116 所示。

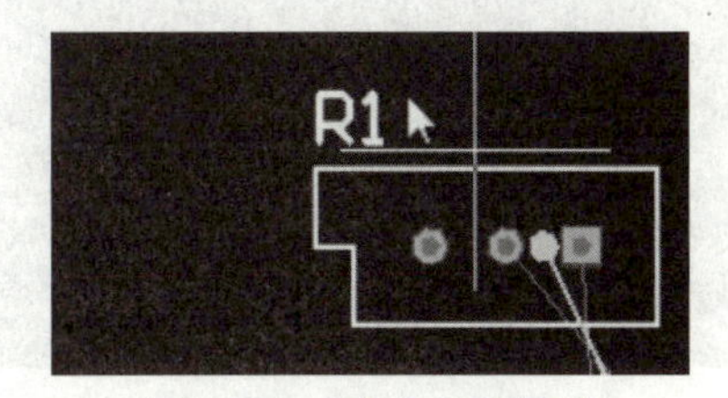

图 3-116　按空格键旋转

学习笔记

二、元件的自动布线

微课：扫描学一学 PCB 布线。

PCB布线

1．布线规则的设置

首先增加元件的布线规则的设置。具体操作步骤如下：

（1）元件布局完成后，可以对元件进行布线。在布线之前，可以设置元件的布线规则。选择“设计”|“规则”命令，如图 3-117 所示。

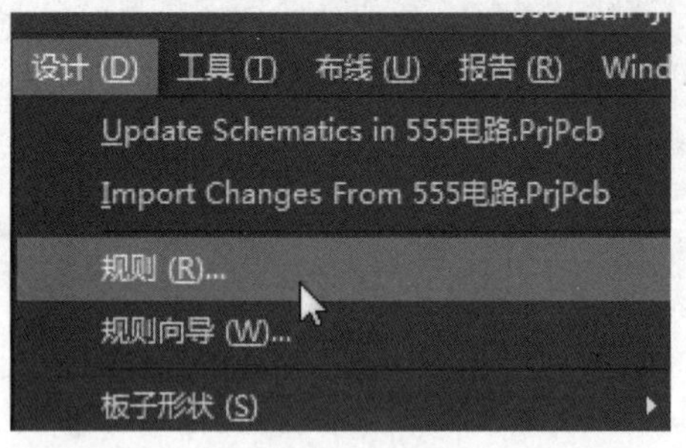

图 3-117　选择“规则”命令

（2）弹出“PCB 规则及约束编辑器”对话框，在这个对话框中，展开左侧的 Routing，找到 Width 规则，看这个规则右侧显示的“约束”，可以看到线宽首选宽度是 0.5 mm，最大宽度是 2 mm，最小宽度是 0.254 mm，此处进行了更改，更改后单击“应用”按钮，再单击“确定”按钮，如图 3-118 所示。

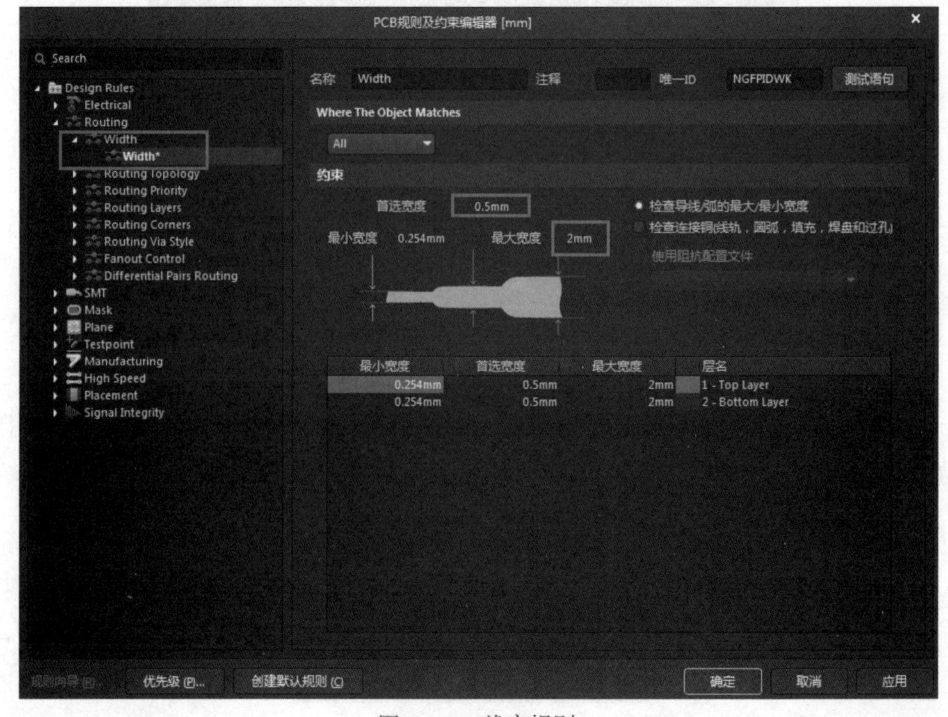

图 3-118　线宽规则

学习笔记

（3）可以在 Width 上右击，然后选择“新规则”命令，如图 3-119 所示。

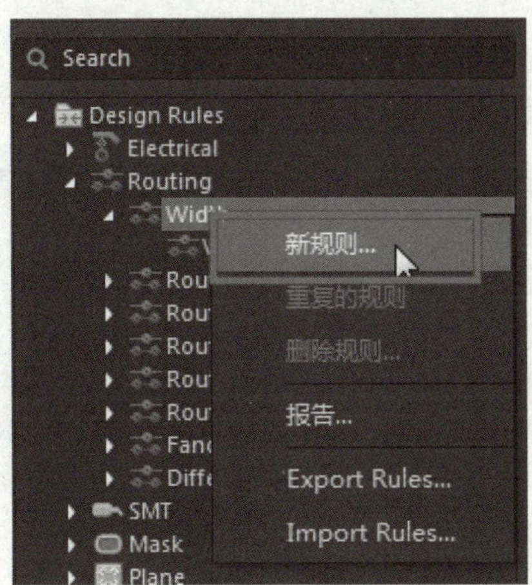

图 3-119　选择“新规则”命令

（4）将新产生的规则名称命名为 +12 V，在右侧选择“网络”所对应的“+12 V”，然后设置“约束”的线宽为 1.5 mm，如图 3-120 所示。

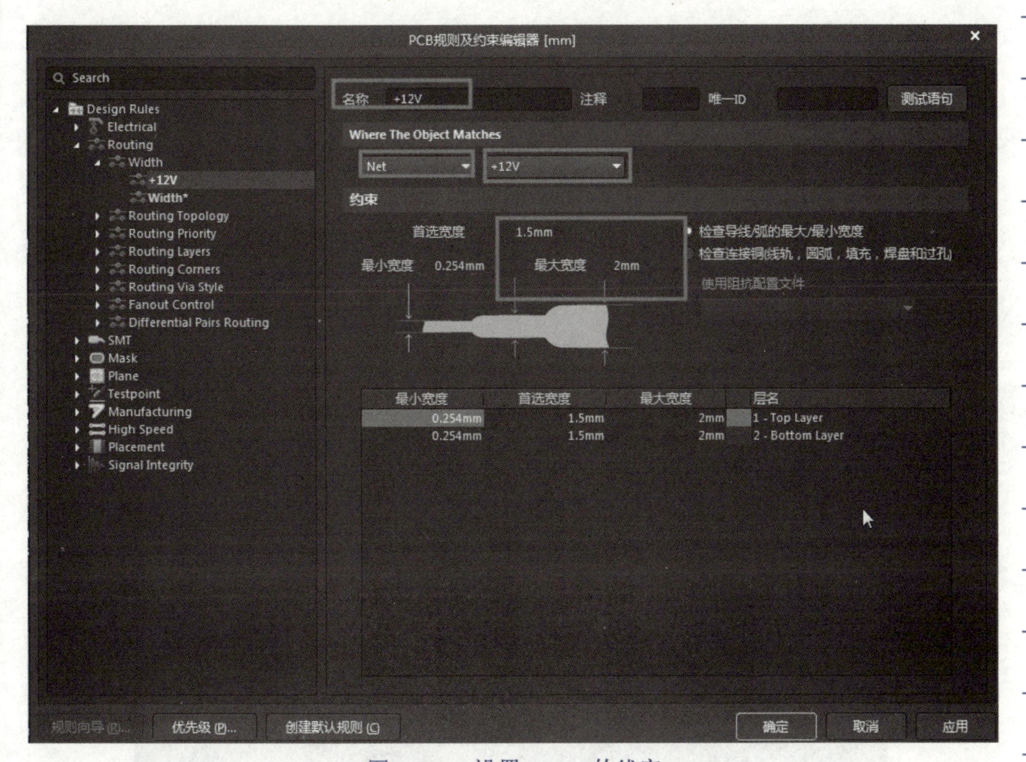

图 3-120　设置 +12 V 的线宽

2．PCB 自动布线

（1）线宽规则设置完成后，可以对 PCB 进行自动布线。选择“布线”｜“自动布线”｜“全部”命令，如图 3-121 所示。

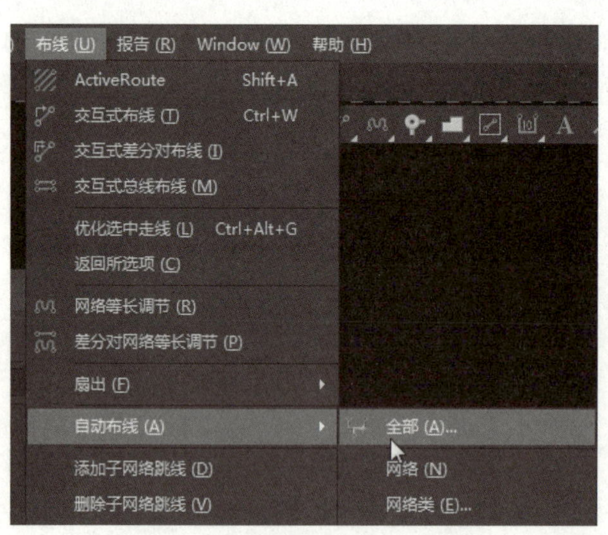

图 3-121 对 PCB 进行自动布线

(2) 弹出“Situs 布线策略”对话框。在这个对话框中选中“锁定已有布线”和“布线后消除冲突”复选框，然后单击 Route All 按钮，则自动开始布线，如图 3-122 所示。

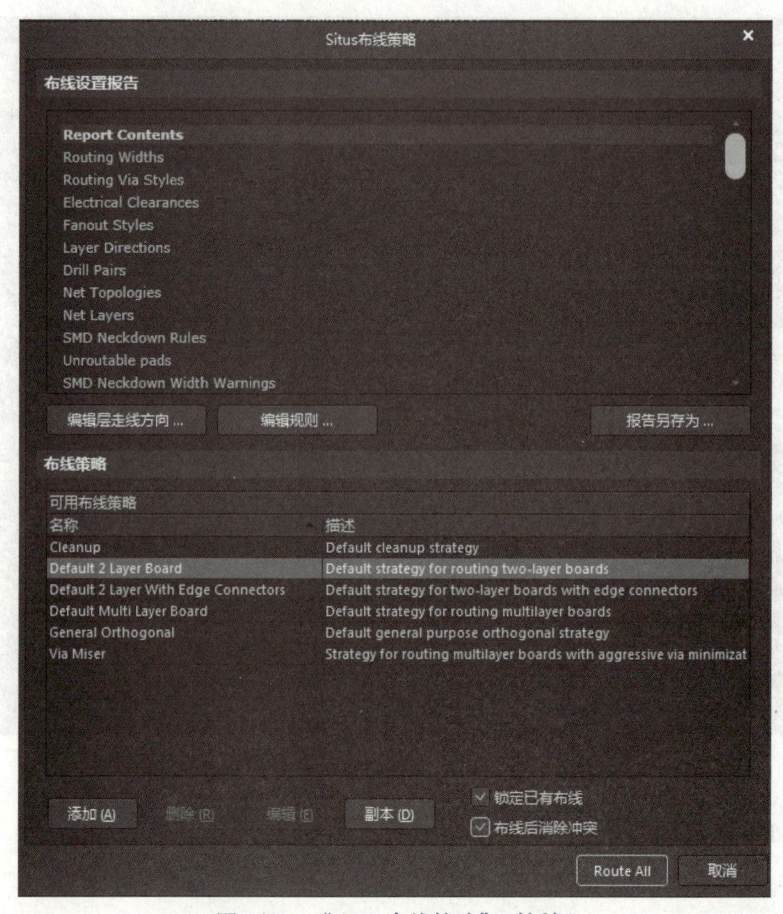

图 3-122 “Situs 布线策略”对话框

学习笔记

(3) 出现自动布线的消息对话框和自动布线的显示，如图 3-123 所示。

Messages

Class	Document	Source	Message	Time	Date	N..
Situs	555.PcbDoc	Situs	Completed Layer Patterns in 0 Seconds	19:30:56	2021/2/21	9
Situs	555.PcbDoc	Situs	Starting Main	19:30:56	2021/2/21	10
Routi	555.PcbDoc	Situs	Calculating Board Density	19:30:56	2021/2/21	11
Situs	555.PcbDoc	Situs	Completed Main in 0 Seconds	19:30:56	2021/2/21	12
Situs	555.PcbDoc	Situs	Starting Completion	19:30:56	2021/2/21	13
Situs	555.PcbDoc	Situs	Completed Completion in 0 Seconds	19:30:56	2021/2/21	14
Situs	555.PcbDoc	Situs	Starting Straighten	19:30:56	2021/2/21	15
Situs	555.PcbDoc	Situs	Completed Straighten in 0 Seconds	19:30:57	2021/2/21	16
Routi	555.PcbDoc	Situs	8 of 8 connections routed (100.00%) in 0 Secı	19:30:57	2021/2/21	17
Situs	555.PcbDoc	Situs	Routing finished with 0 contentions(s). Faile	19:30:57	2021/2/21	18

图 3-123　自动布线的显示

三、PCB 添加滴泪

(1) 添加滴泪的作用是防止 PCB 的焊盘在制作板子时，钻孔不会将焊盘相连接的铜箔钻断。因此，自动布线后，给 PCB 添加滴泪。选择“工具”｜“滴泪”命令，如图 3-124 所示。

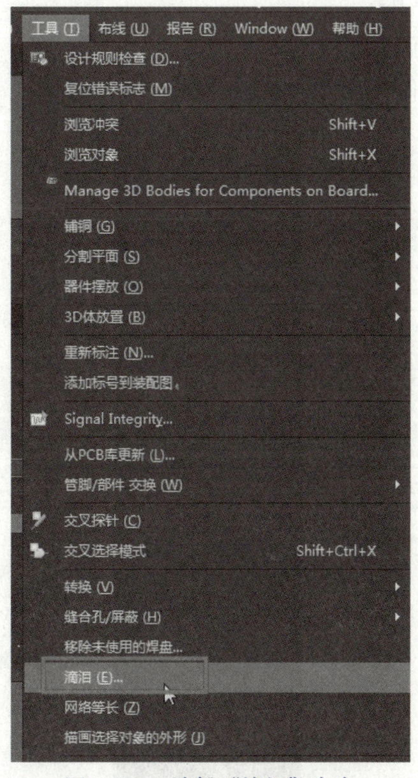

图 3-124　选择“滴泪”命令

(2)“泪滴”对话框，可以直接单击“确定”按钮，如图 3-125 所示。

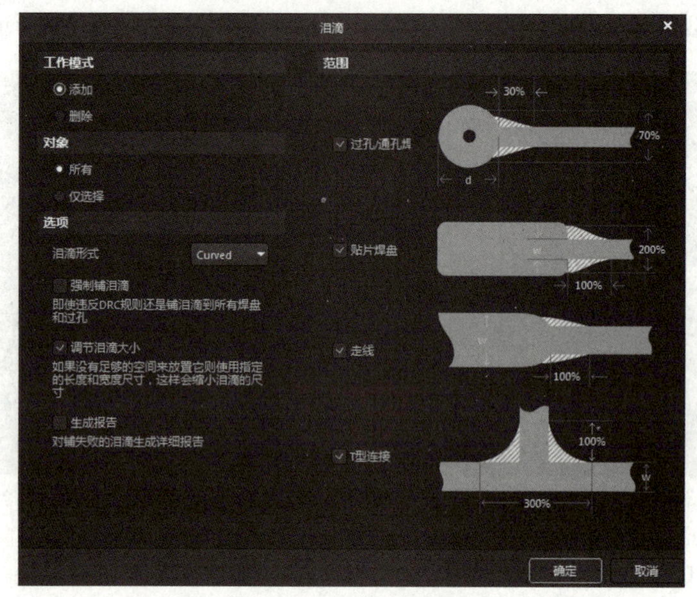

图 3-125 “泪滴”对话框

PCB覆铜

微课：扫描学一学 PCB 覆铜。

四、PCB 板子覆铜

泪滴添加完成后，可以给 PCB 板子覆铜。

（1）选择“放置”｜“铺铜”命令，如图 3-126 所示。

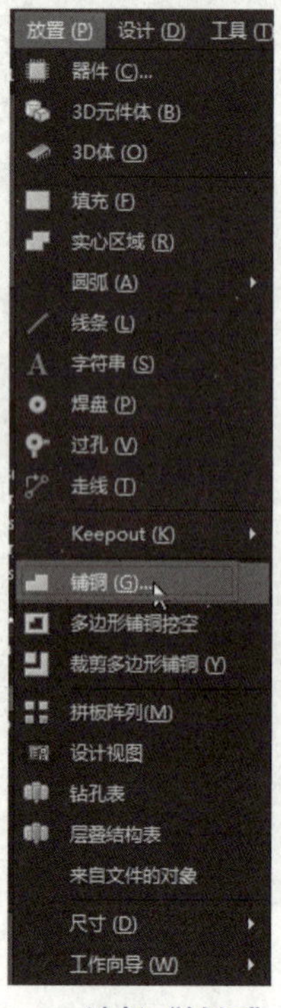

图 3-126 选择“铺铜”命令

学习笔记

（2）出现一个“多边形覆铜”对话框，选择“填充模式”为 Hatched，设置 Track Width 为 1 mm，Grid Size 为 0.508 mm，Surround Pad With 为 Octagons，Properties 中的 NET 选择 GND，然后下面的下拉箭头选择第二项，如图 3-127、图 3-128 所示。

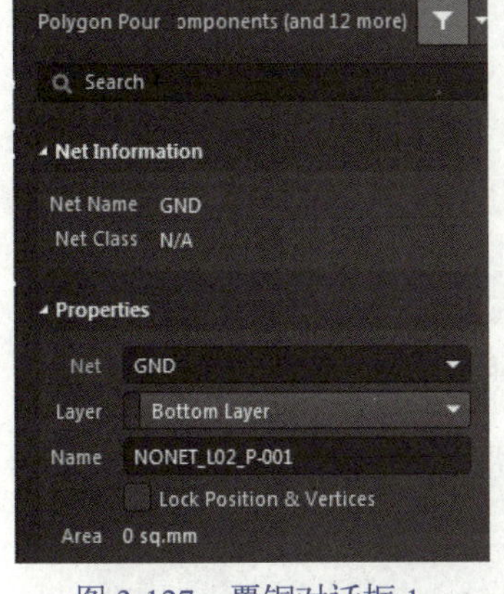

图 3-127　覆铜对话框 1

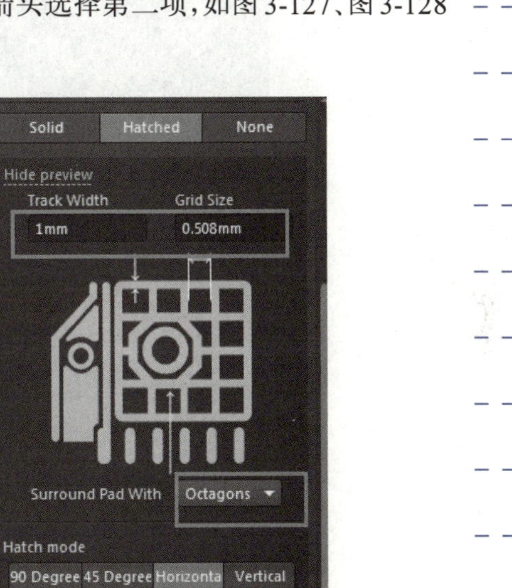

图 3-128　覆铜对话框 2

（3）开始按图 3-129 所示的示意图进行覆铜。

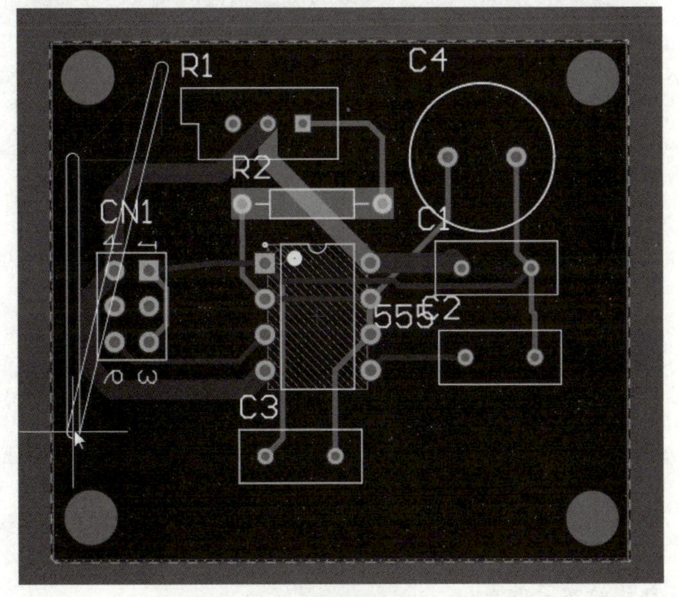

图 3-129　覆铜的走线示意图

（4）覆铜的形状如图 3-130、图 3-131 所示。

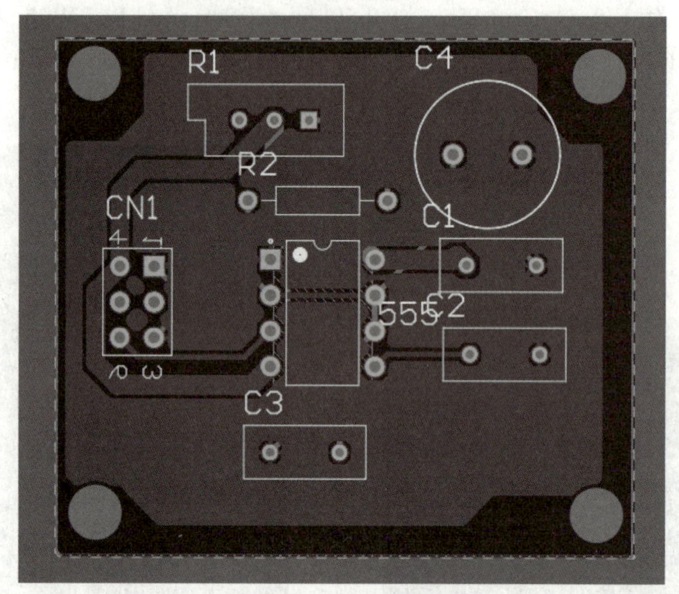

图 3-130　覆铜的形状 1

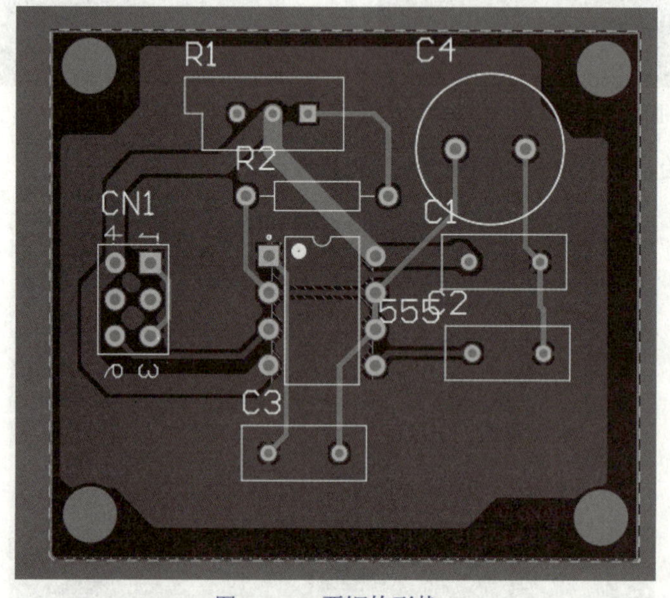

图 3-131　覆铜的形状 2

这是对 PCB 自动布线的效果，发现布线并不美观。后面会介绍手动布线。

测试一下自己的学习效果。

（1）如何将原理图文件更新到 PCB 文件？

（2）原理图更新到 PCB 文件后，如何进行手动布局？

（3）在 PCB 文件中需要先设计布线规则，对于电源线和信号线如何设置？

（4）在 PCB 文件中如何进行自动布线？

（5）PCB 如何添加滴泪？

（6）PCB 如何覆铜？

学习笔记

任务实施

PCB 的自动布线

前面介绍了 PCB 自动布线的相关操作。请完成下面的操作：

（1）设计 PCB 的布线规则。

（2）对 PCB 进行自动布线。

（3）添加泪滴。

（4）给 PCB 覆铜。

任务 7 PCB 手动布线

任务分析

前面几个任务实现了 PCB 板子的制作，只是布线方式是自动布线。发现 PCB 板子的自动布线，有些线为了避开短路，需要去绕很大一圈，因此，可以对 PCB 进行手动布线。下面具体介绍。

学习笔记

相关知识

一、PCB的手动布线

1. 取消自动布线

选择“布线”|“取消布线”|“全部”命令，如图3-132所示。

图3-132 取消自动布线

2. 切换PCB的层次然后开始布线

注意

先删除覆铜，也可以将覆铜移到其他空白的地方，布线完成后，再移动回来。

（1）将板层切换到Top Layer，如图3-133所示。

图3-133 切换到Top Layer

（2）单击交互式布线工具，如图3-134所示。

图3-134 单击交互式布线工具

（3）在PCB中出现一个红色的布线。移动鼠标在CN1的第4引脚上单击，确定连接线的起始点，如图3-135所示。

学习笔记

3. 编辑 PCB 的布线线宽

（1）按键盘上的【Tab】键，出现布线网络属性对话框，如图 3-136 所示。看这个对话框中的属性栏，Width 为 0.254 mm，将其改为 1.5 mm。

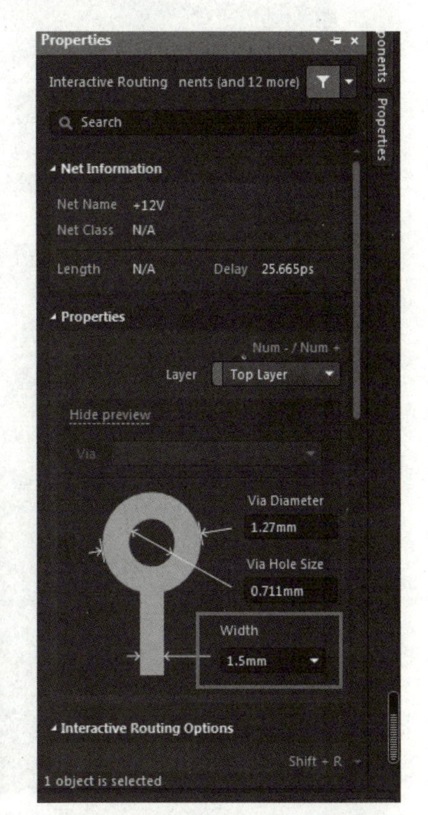

图 3-135　确定布线的起始点　　　图 3-136　布线网络属性对话框

（2）单击图 3-137 中 Rules 下面的链接，弹出一个对话框，如图 3-138 所示。

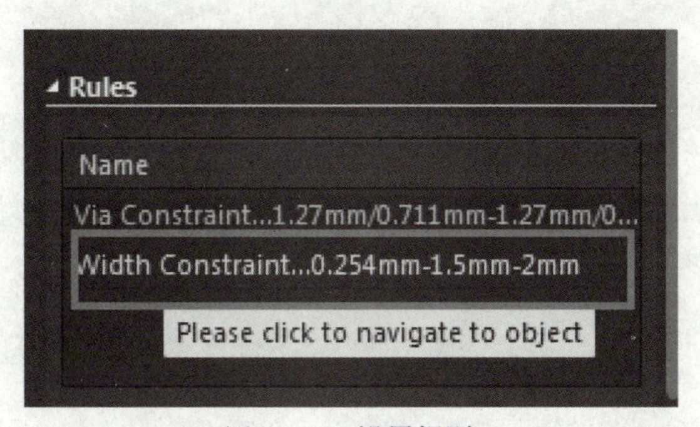

图 3-137　设置规则

（3）修改完成后，单击“确定”按钮，再单击“确定”按钮，在 PCB 中的线宽已经发生了更改。

（4）继续按这个线宽来连接 CN1 的第 4 引脚和 U1 集成块的第 8 引脚的 +12 V 网络，如图 3-139 所示。

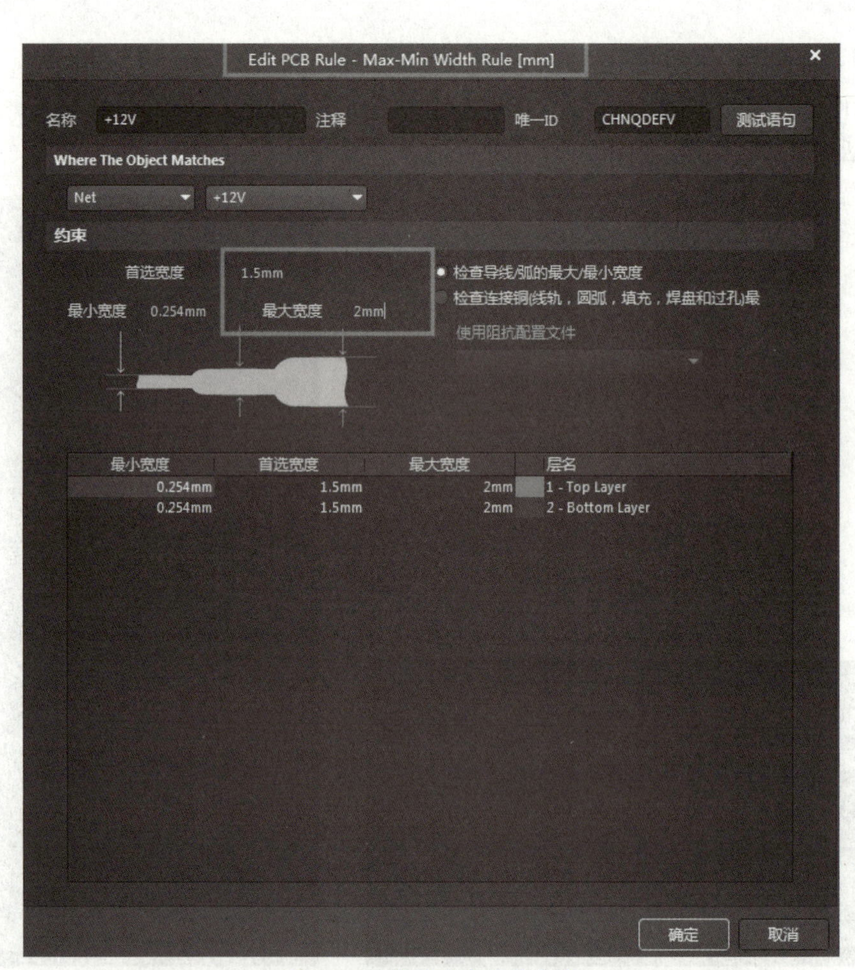

图 3-138 修改线宽的最大值

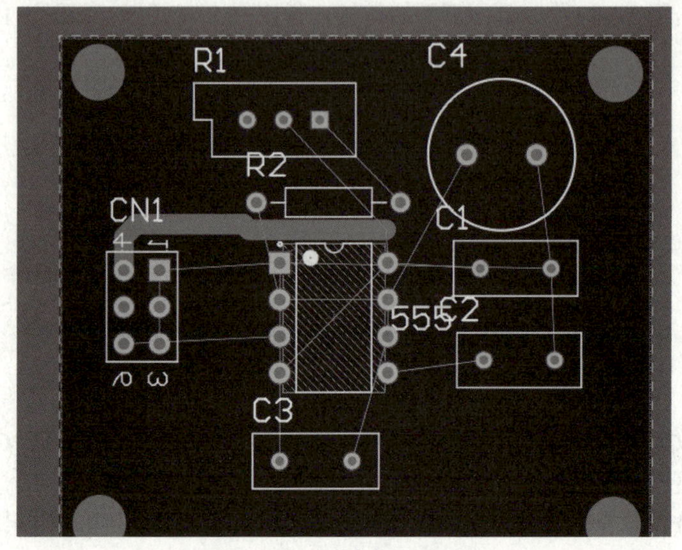

图 3-139 手动布线 +12 V

学习笔记

4．增加焊盘

（1）单击放置焊盘的按钮，给 +12 V 放置焊盘，然后，按键盘上的【Tab】键，弹出焊盘编辑对话框，设置焊盘的网络为 +12 V，如图 3-140 所示。

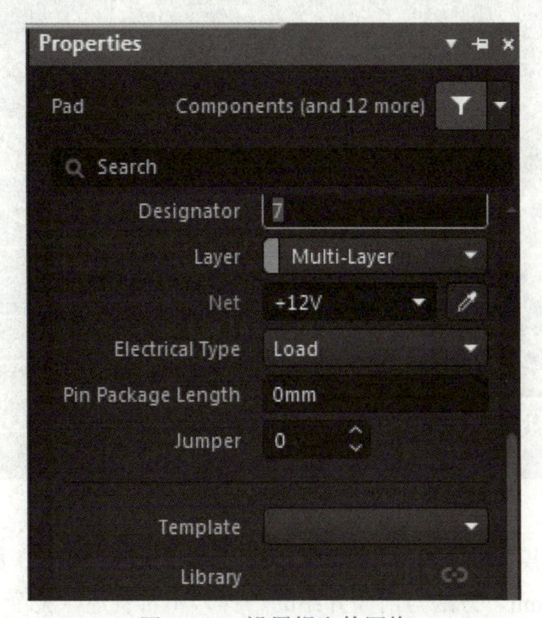

图 3-140　设置焊盘的网络

（2）图 3-141 中用方框标注的就是放置的焊盘。放置焊盘的目的是在布线切换到 Bottom Layer 布线。

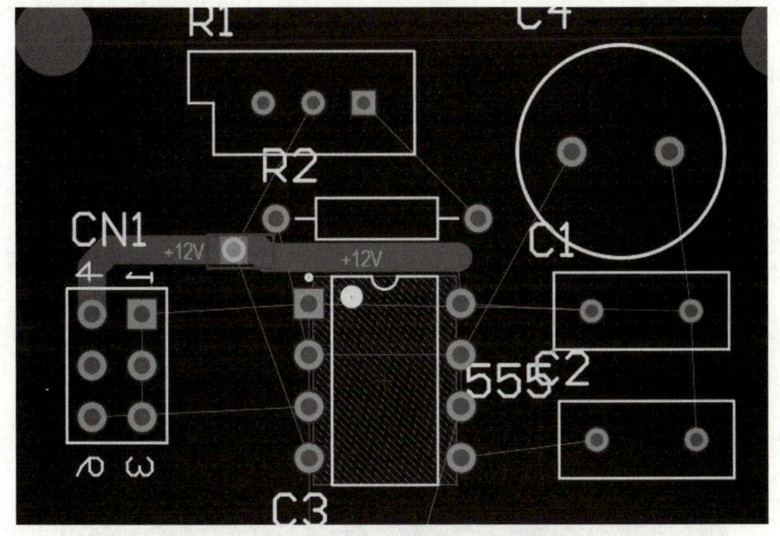

图 3-141　放置焊盘

5．切换到底层布线

（1）将布线层切换到 Bottom Layer（底层），然后继续手动布线。将 R1 的第 2

引脚与U1的第4引脚相连接，将CN1的第4引脚与U1的第8引脚相连接，如图3-142所示从R1连接555集成电路的加粗的线就是底层的连接线路。

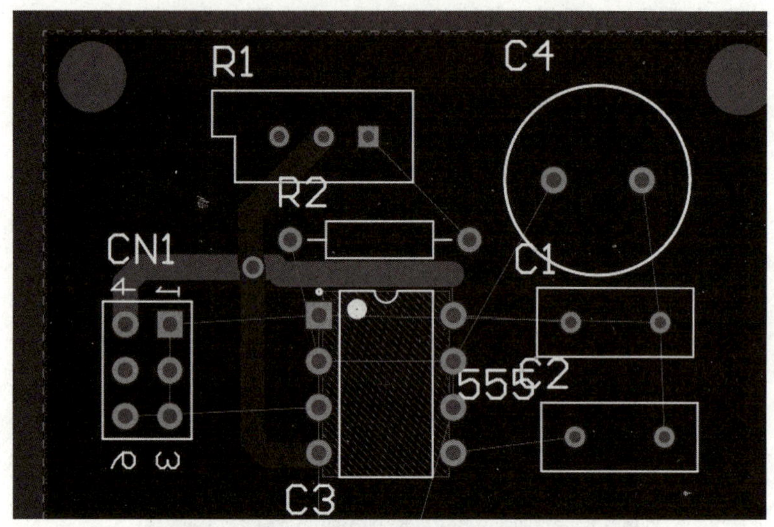

图3-142　底层连接的线路

（2）继续完成其他的布线，在其他布线过程中，除了GND和+12 V外，需要修改线宽为0.254 mm，方法与前面介绍的一样，不再赘述。整个手动布线完成后的效果如图3-143所示。

（3）发现图3-143中有些元件没有连接线，这是因为这些是GND网络，没有布线，后面需要通过覆铜到GND网络来连接。

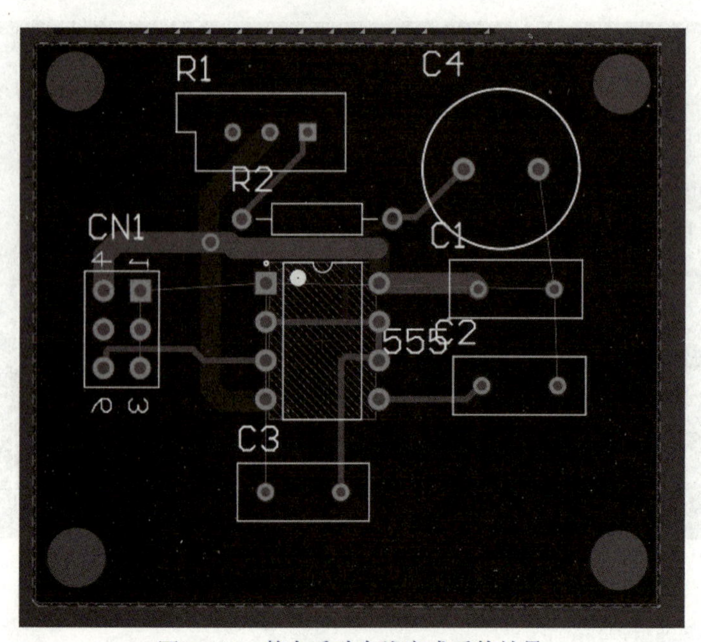

图3-143　整个手动布线完成后的效果

6. 放置填充

（1）切换到顶层布线层，选择“放置”|“填充”命令，如图 3-144 所示。

（2）将填充的网络选择 Net555_2，如图 3-145 所示。

放置 (P)　设计 (D)　工具 (T)
器件 (C)...
3D元件体 (B)
3D体 (O)
填充 (F)
实心区域 (R)

图 3-144　放置填充

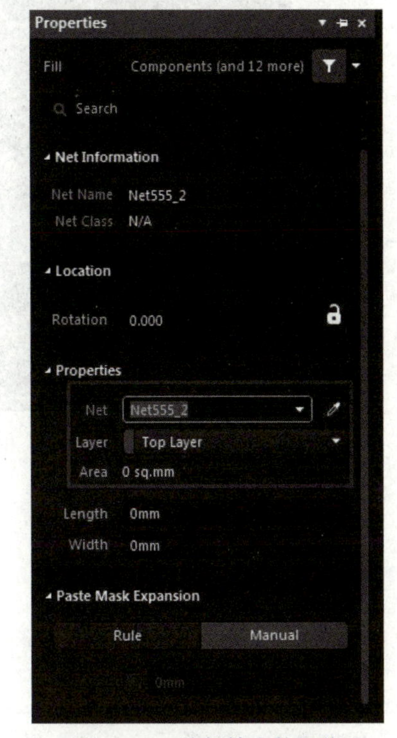

图 3-145　选择填充的网络

（3）将 U1 的第 6 引脚和第 7 引脚连接起来，如图 3-146 所示。

图 3-146　放置填充

二、给 PCB 覆铜

重新给 PCB 覆铜，最后效果如图 3-147 所示。

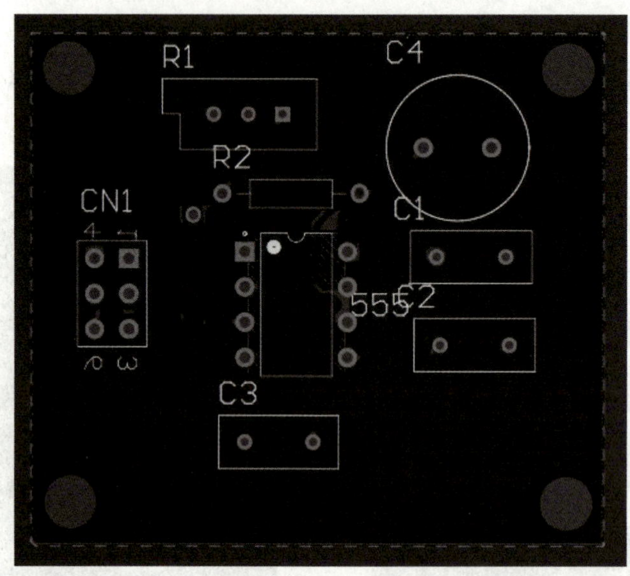

图 3-147　最后的覆铜效果

拓展阅读

实施科教兴国战略，强化现代化建设人才支撑

项目3考核评价标准

测验

测试一下自己的学习效果。

（1）如何取消自动布线

（2）PCB 布线时在顶层、底层布线，如何找到这两个层？

（3）在 PCB 中布线时，确定导线起点后，如何编辑布线的线宽？

（4）如何放置填充来进行电气连接？

任务实施

PCB 的手动布线

前面介绍了 PCB 手动布线的相关操作。请完成下面的操作：

（1）设计 PCB 板的布线规则

（2）对 PCB 进行手动布线

（本项目中所有操作可以参考录制的上机视频。）

项目自测题

学习笔记

1. 原理图中的元件用导线连接和用网络标号连接有什么区别?
2. 原理图中的元件的基本操作有哪些?
3. 原理图中自己制作的元件如何加载?
4. 原理图中元件查找的方法是什么?
5. 原理图中元件绘制的步骤是什么?
6. PCB自动布线的步骤是什么?
7. PCB手动布线的步骤是什么?
8. 上机操作:将本项目中的所有任务进行上机操作练习。

学习笔记

项目4

原理图元件和PCB元件的制作

学习笔记

项目描述

本项目向读者详细介绍了原理图元件和PCB元件的全新手动制作方法，通过集成库元件进行修改制作的方法，还介绍了集成元件库的制作方法。读者通过学习利用绘制工具可以方便地建立自己需要的原理图元件符号和PCB封装。

知识能力目标

- 掌握原理图文件的创建方法。
- 掌握原理图及封装元件的绘制方法和技巧。
- 掌握通过向导绘制元件封装和修改封装的技巧。
- 掌握Altium Designer 20.1中集成元件库的制作方法。

素质目标

• 修改集成元件避免重复劳动，需要继承并创新。讲述我国电子封装行业现状，让学生清楚认识到我国电子制造行业所面临的严峻困境和卡脖子技术，激发学生对专业学习的热情以及为我国电子制造行业的崛起而努力奋斗的爱国情怀和社会责任感，并树立科学报国的远大理想。

任务1 全新制作原理图元件和PCB封装元件

任务分析

在本任务中将介绍原理图元件的制作和PCB封装元件的制作。本任务制作的元件是全新的，没有通过已经有的元件进行修改。

一、建立原理图元件库和PCB封装库

（1）新建PCB工程，如图4-1所示。

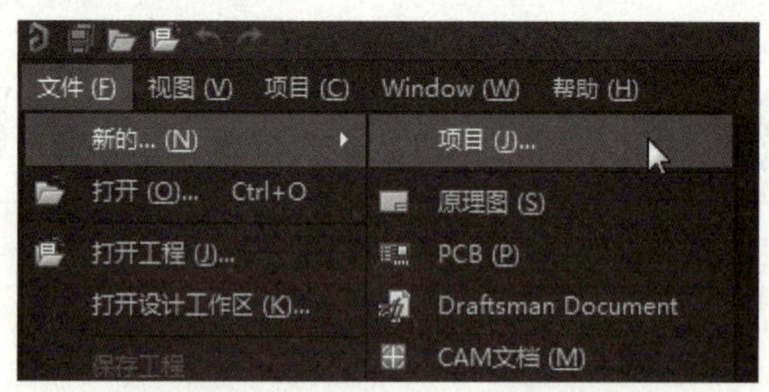

图4-1　新建PCB工程

（2）在PCB工程中创建原理图库文件，如图4-2所示。

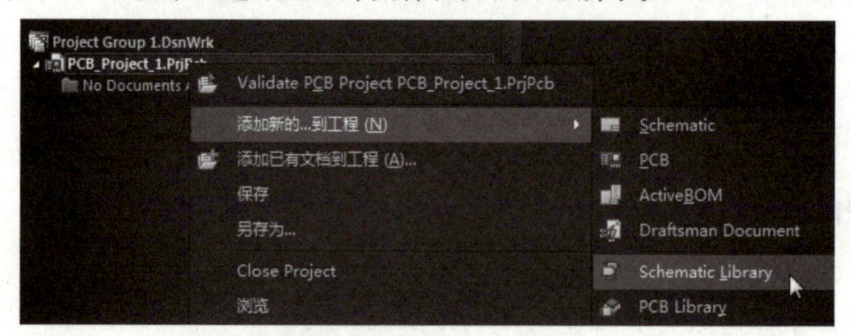

图4-2　创建原理图库文件

（3）创建PCB Library，如图4-3所示。

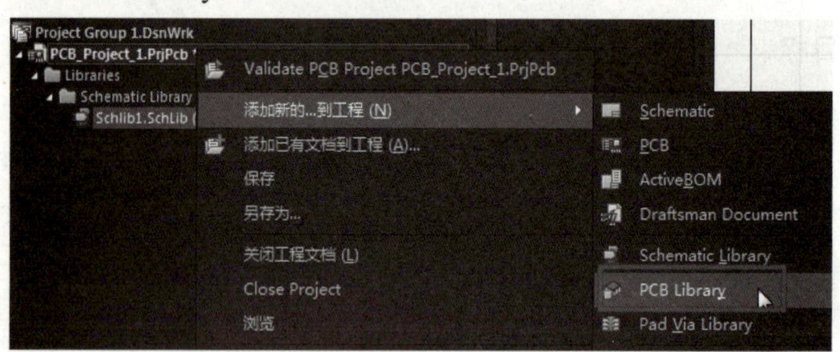

图4-3　创建PCB Library

（4）保存工程。

微课：扫描学一学三极管的绘制。

三极管的绘制

二、建立一个三极管元件

1．切换库面板

（1）选择Panels | SCH Library命令，切换面板，如图4-4所示。

（2）出现默认元件，如图4-5所示。

学习笔记

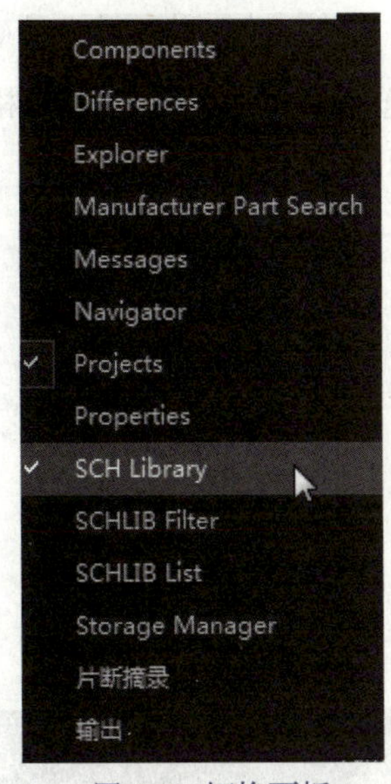

图 4-4　切换面板

图 4-5　出现默认元件

2. 更改元件名称

选择 Panels ｜ Properties 命令，如图 4-6 所示。

在出现的属性面板中，命名元件，如图 4-7 所示。

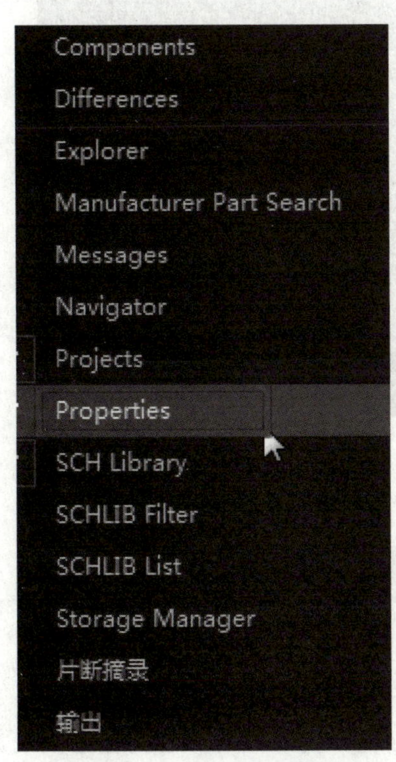

图 4-6　切换属性面板

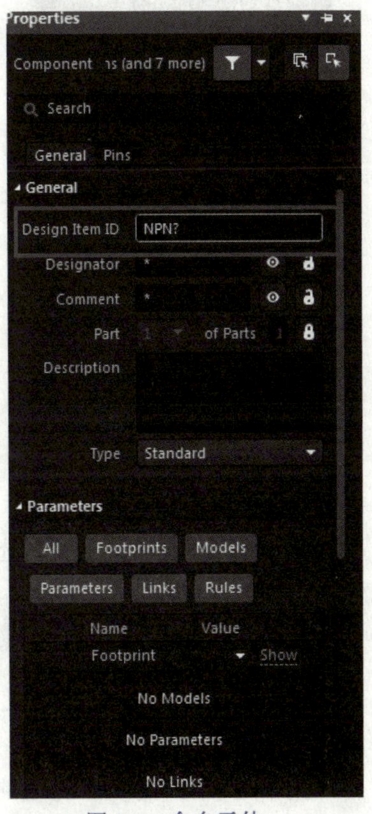

图 4-7　命名元件

学习笔记

3．绘制三极管的外形

（1）开始绘制三极管，选择“工具”｜“文档选项”命令，设置文档的格点，如图 4-8 所示。在出现的对话框中将捕捉格点设置为 1，如图 4-9 所示。

> **注意**
>
> 捕捉格点设置小一些方便绘制的线条对位和引脚对位。

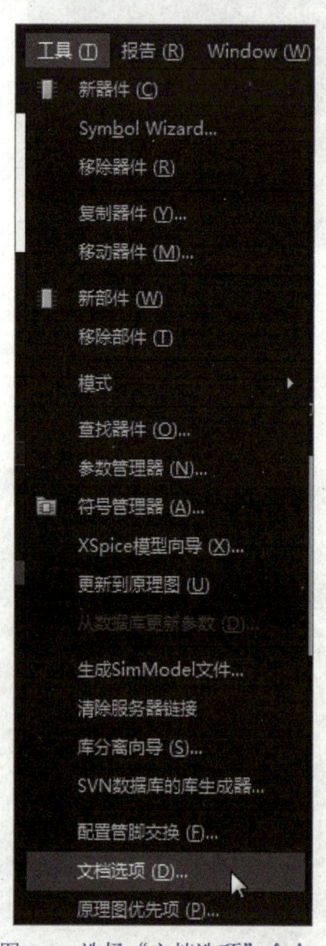

图 4-8　选择“文档选项”命令

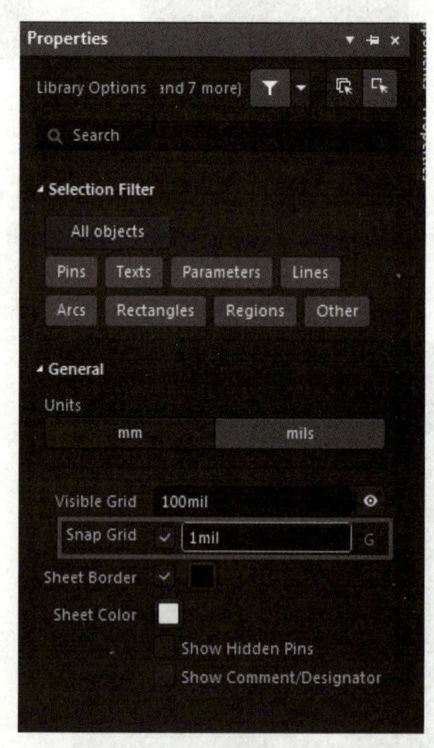

图 4-9　设置捕捉格点

（2）开始绘制三极管的走线，选择画线工具，如图 4-10 所示。

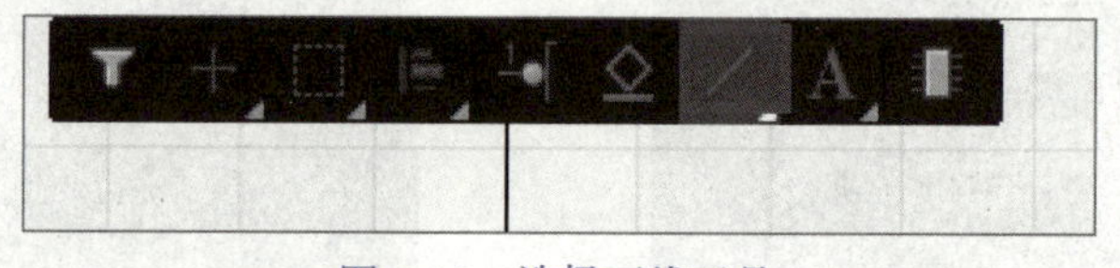

图 4-10　选择画线工具

（3）按下【Tab】键，出现线的属性对话框，更改线的颜色为蓝色，线宽为

Small，如图 4-11 所示。

（4）画出三极管的大概形状，如图 4-12 所示。

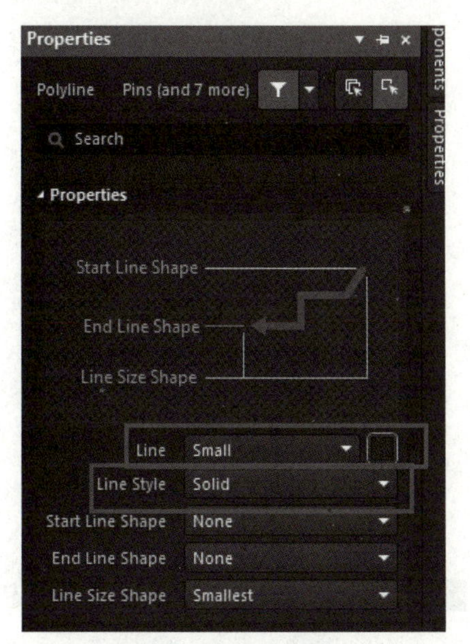

图 4-11　线的设置

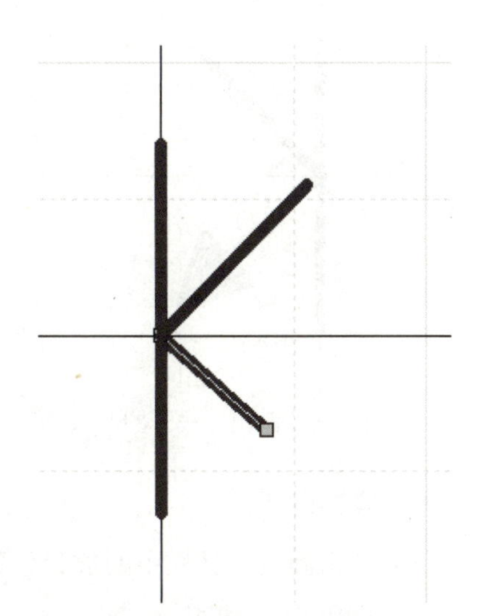

图 4-12　画出三极管的外形

（5）选择“放置”｜“多边形”命令，如图 4-13 所示。

（6）按下【Tab】键，设置多边形的属性，其中 Fill Color 为蓝色，Border 颜色为蓝色，Border 宽度为 Small，如图 4-14 所示。

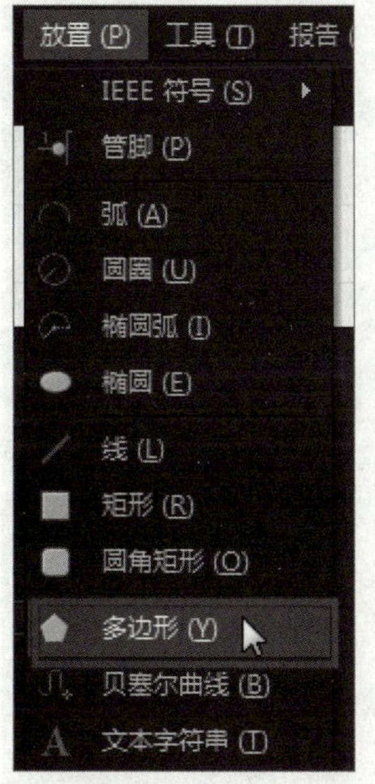

图 4-13　选择“多边形”命令

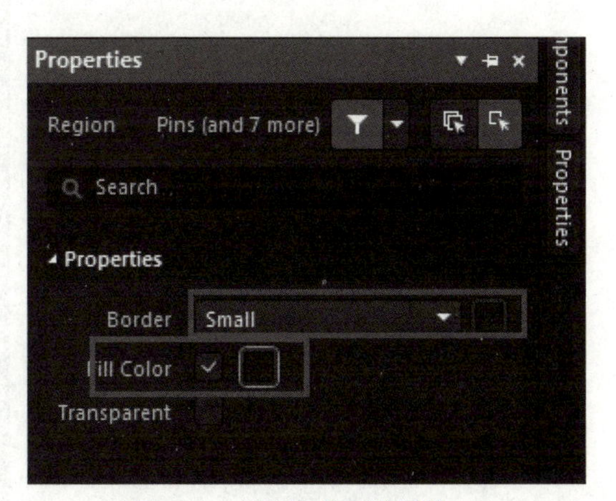

图 4-14　设置多边形的属性

学习笔记

（7）画出三极管的箭头，如图 4-15 所示。

（8）画三极管的另一根走线，如图 4-16 所示。

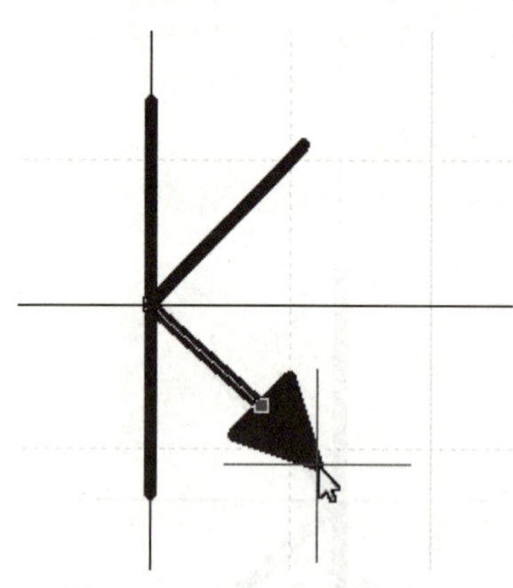

图 4-15　画出三极管的箭头

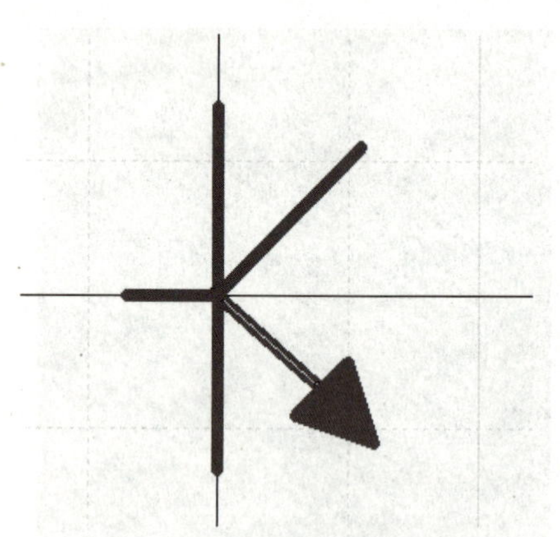

图 4-16　画三极管的另一根走线

4．放置引脚

（1）单击画线工具栏中的放置引脚工具，带着引脚的光标出现在原理图库的窗口中，如图 4-17 所示。

（2）按下【Tab】键，编辑引脚的属性，如图 4-18 所示。

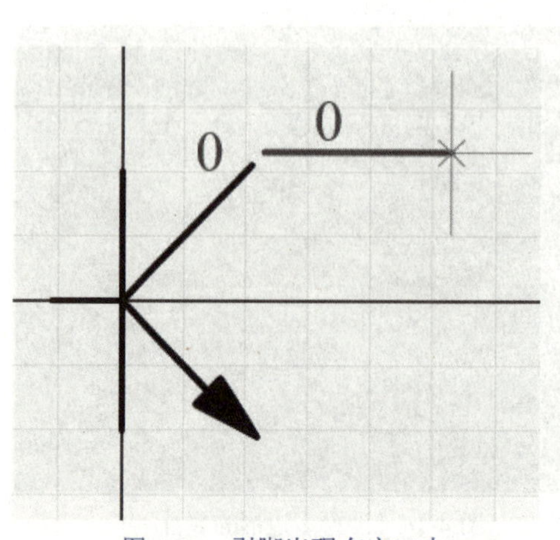

图 4-17　引脚出现在窗口中

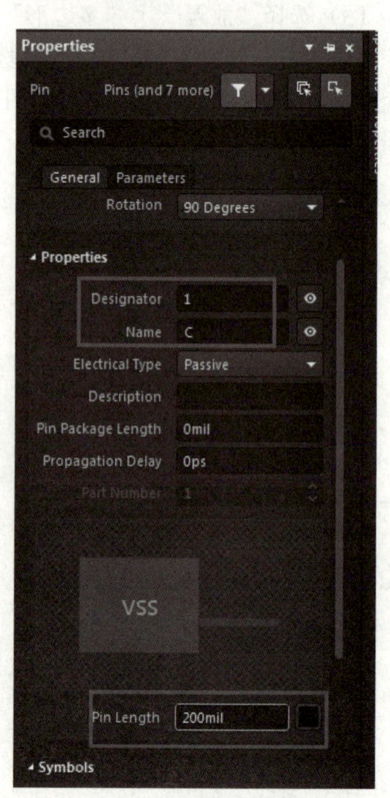

图 4-18　编辑引脚的属性

（3）修改完成后，单击鼠标左键，然后放置引脚，放置时要注意的有叉的方向朝外，如图 4-19 所示。

（4）同样的方法编辑放置第 2 引脚，更改第 2 引脚的显示名称为 e，第 3 引脚的显示名称为 b，然后放置，如图 4-20 所示。

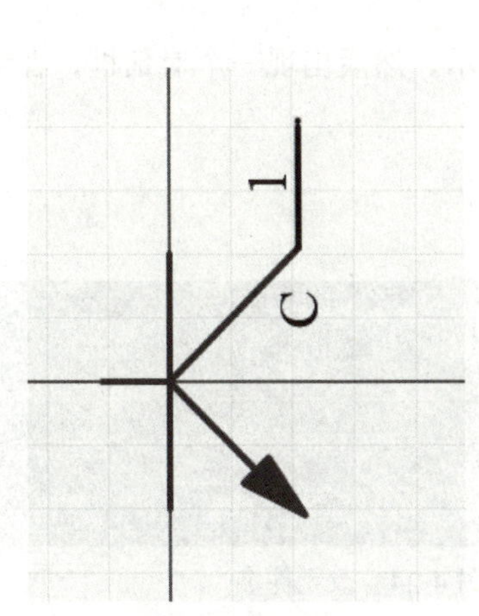

图 4-19　放置引脚

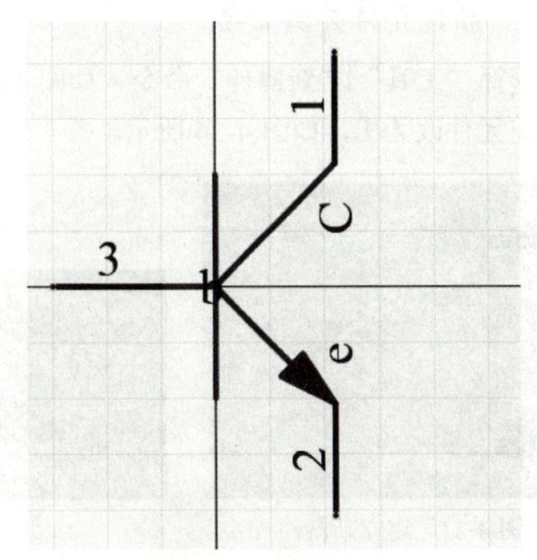

图 4-20　绘制完成

注意

上面显示的名称没有隐藏，这个名称是可以隐藏的，如图 4-21 所示。

几个引脚都不显示引脚的名称，效果如图 4-22 所示。

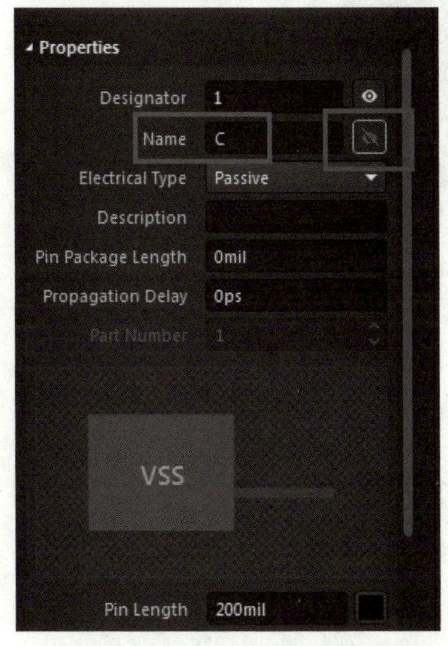

图 4-21　不显示引脚的名称

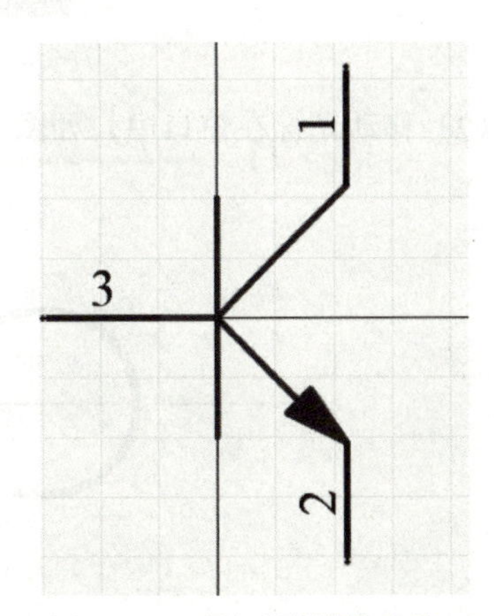

图 4-22　不显示引脚的名称

学习笔记

电感元件的绘制

(5) 三极管绘制完成，保存。

三、绘制电感元件

微课：扫描学一学电感元件的绘制。

1. 新建元件并重命名

选择“工具”|“新器件”命令，如图4-23所示。然后出现一个对话框，在对话框中将元件改为L，如图4-24所示。

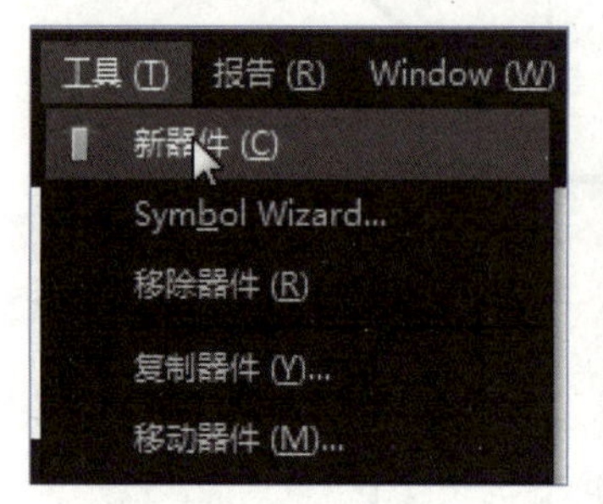

图4-23 建立新器件

图4-24 改元件名

2. 画电感走线

(1) 选择“放置”|“椭圆弧”命令，如图4-25所示。

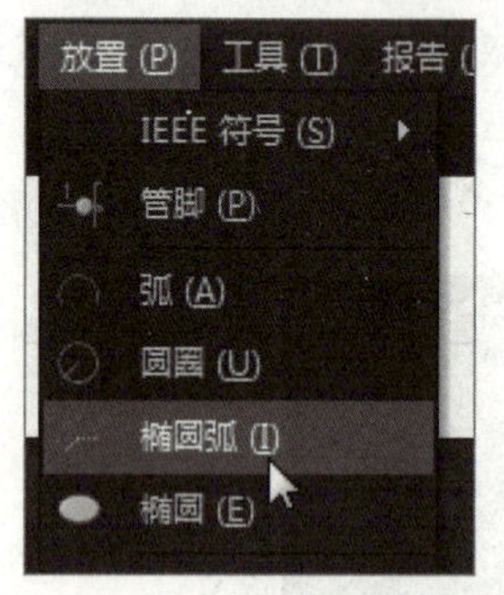

图4-25 选择“椭圆弧”命令

(2) 移动光标在窗口中，如图4-26所示。

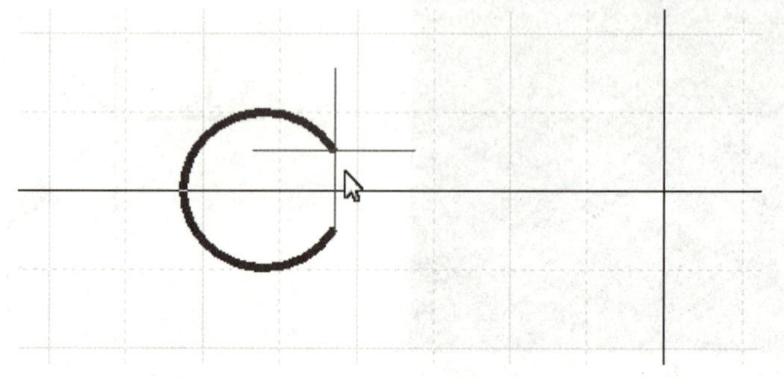
图4-26 椭圆弧在窗口中

学习笔记

（3）调整椭圆弧的起始点和结束点，如图 4-27 所示。

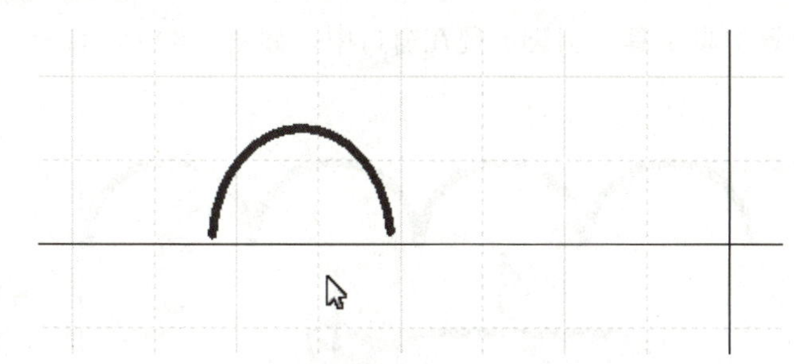

图 4-27　调整椭圆弧的起始点和结束点

（4）选取这个已绘制的椭圆，如图 4-28 所示。

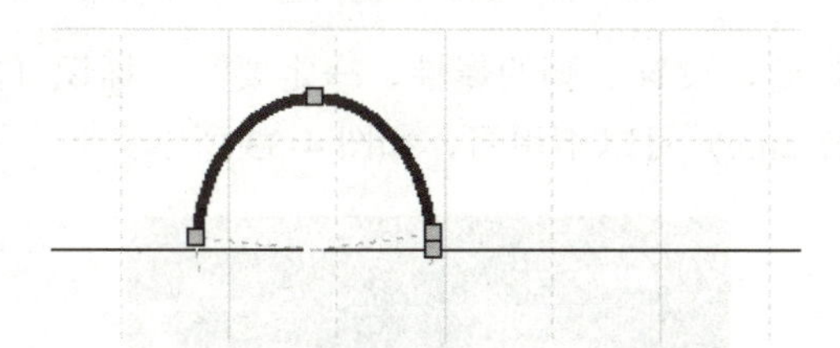

图 4-28　选择已绘制的椭圆

（5）选择“编辑”|“复制”命令，如图 4-29 所示。
（6）选择“编辑”|“粘贴”，如图 4-30 所示。

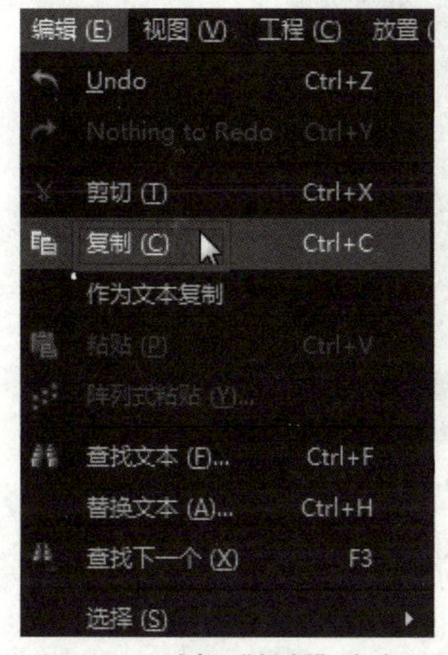

图 4-29　选择“复制”命令

图 4-30　选择“粘贴”命令

（7）在窗口中粘贴椭圆，共粘贴三次，效果如图 4-31 所示。

图 4-31　粘贴椭圆

学习笔记

3．放置引脚

（1）单击放置引脚工具。引脚出现在窗口中，如图 4-32 所示。

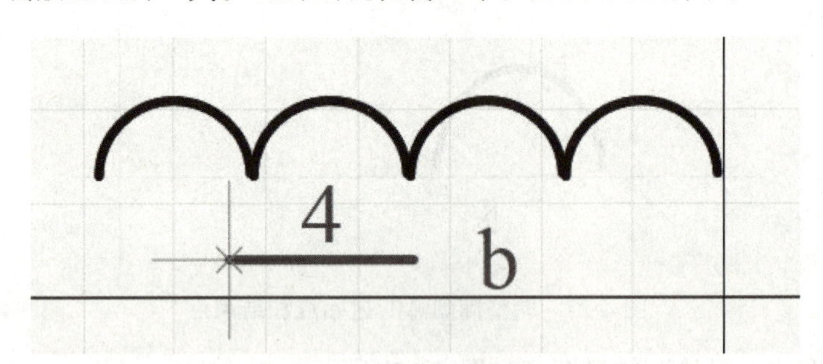

图 4-32　引脚出现在窗口中

（2）按下【Tab】键，设置引脚的属性。一定要注意标识（Designator）千万不能省略，显示名字（Name）可以不用写，如图 4-33 所示。

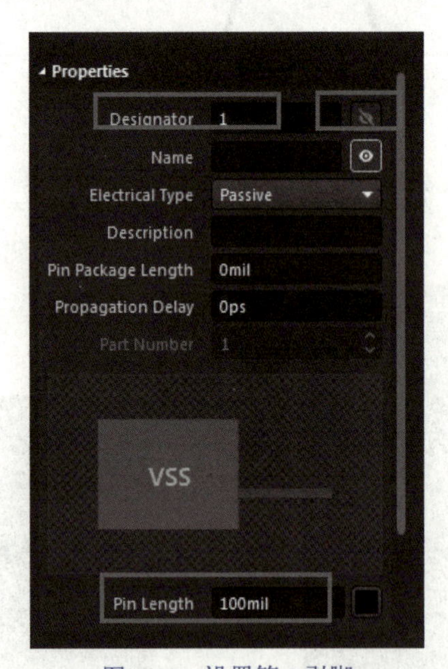

图 4-33　设置第 1 引脚

（3）放置第 1 引脚，再放置第 2 引脚，如图 4-34 所示。注意叉标记朝外。

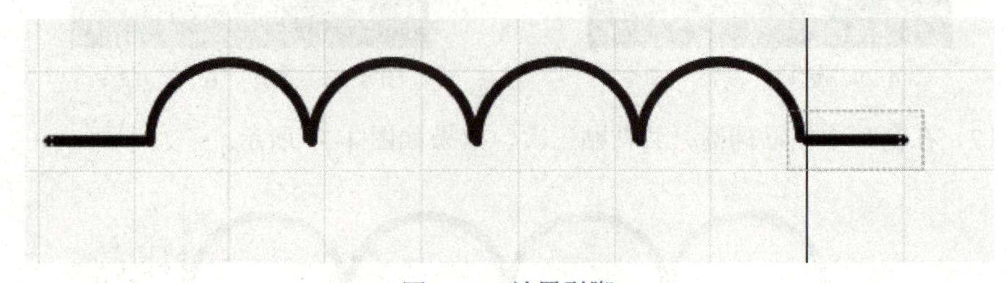

图 4-34　放置引脚

（4）保存元件。

四、RAD0.3 元件封装的制作

微课：扫描学一学 RAD0.3 元件封装的制作。

RAD0.3元件封装的制作

1. 切换库面板

先切换到 PCB 元件制作面板，单击 PCB Library，如图 4-35 所示。

2. 将元件改名

这里面也有一个默认的元件。

(1) 双击这个默认元件，修改名称为 RAD0.3，如图 4-36 所示。

(2) 在窗口中出现一个十字中心点，中心点的坐标是（0，0），如图 4-37 所示。

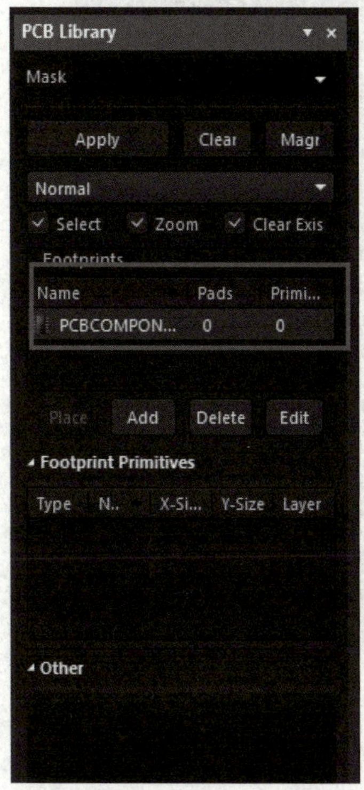

图 4-35　PCB Library 面板

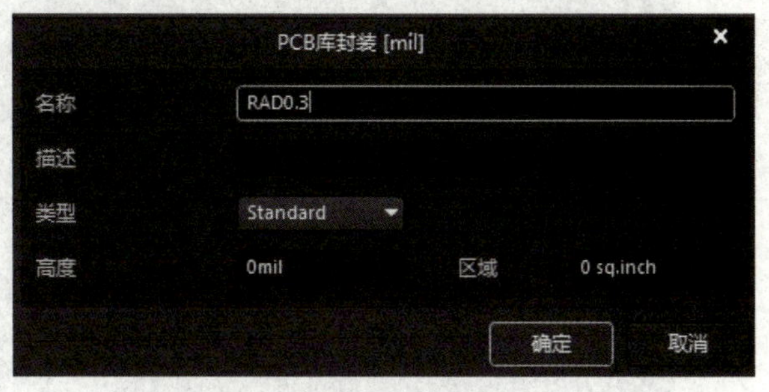

图 4-36　修改名称

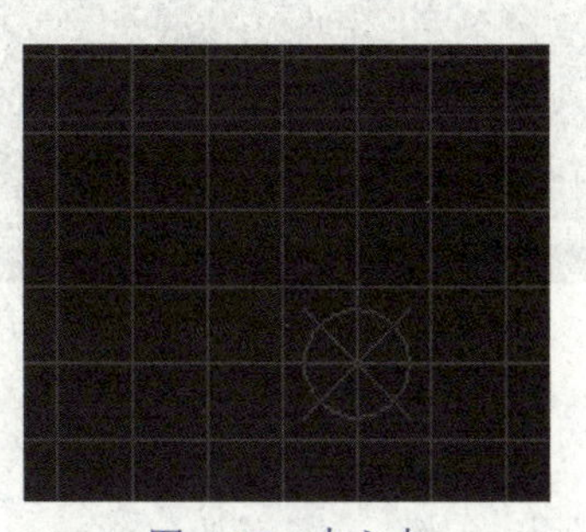

图 4-37　中心点

3. 放置焊盘

(1) 单击放置焊盘的工具，然后在窗口中放置两个焊盘，如图 4-38 所示。

图 4-38　放置焊盘

学习笔记

注意

现在的焊盘是 9 和 10 的标号，因为曾经放过焊盘，所以初始值不是 0。后面进行属性修改就可以了。

（2）RAD0.3 的含义是焊盘的距离等于 300 mil，以中心点为中心，左右各 150 mil，双击焊盘修改参数。图 4-39 所示是左侧焊盘的参数。

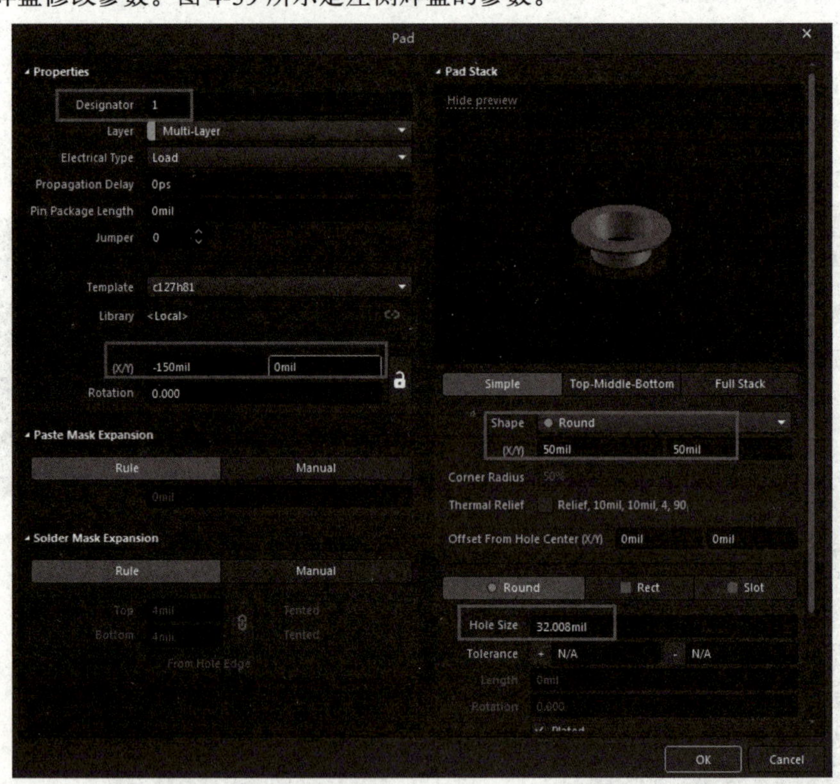

图 4-39　左侧焊盘的参数

注意

焊盘的标号为 1，位置为 -150 mil，0 mil，其他的值不动。

除了双击焊盘外，还可以单击焊盘，然后切换到 Properties 面板进行设置，如图 4-40 所示。

（3）右侧焊盘需要将位置中的 X 值改为 150 mil，引脚改为 2，如图 4-41 所示。

（4）测量距离是否正确。选择“报告”｜“测量距离”命令，如图 4-42 所示，然后测量这两个焊盘的距离，如图 4-43 所示。

4. 绘制走线

（1）选择绘制走线工具，按【Tab】键修改走线的参数，走线在 Top Overlay，线宽为 10 mil，如图 4-44 所示。

学习笔记

（2）走线完成的效果如图 4-45 所示。

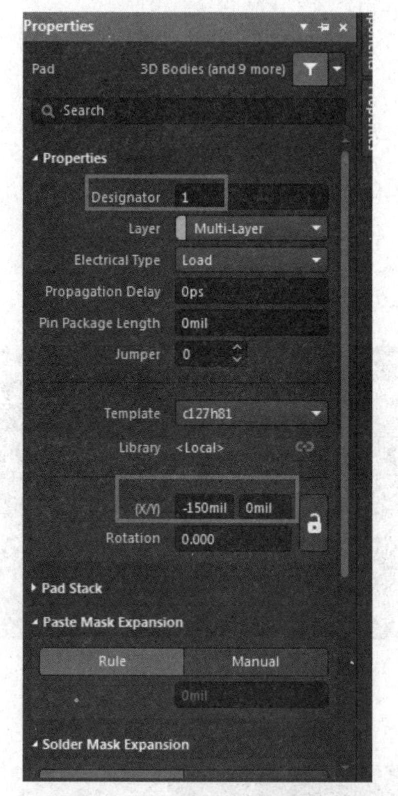

图 4-40　设置焊盘的属性

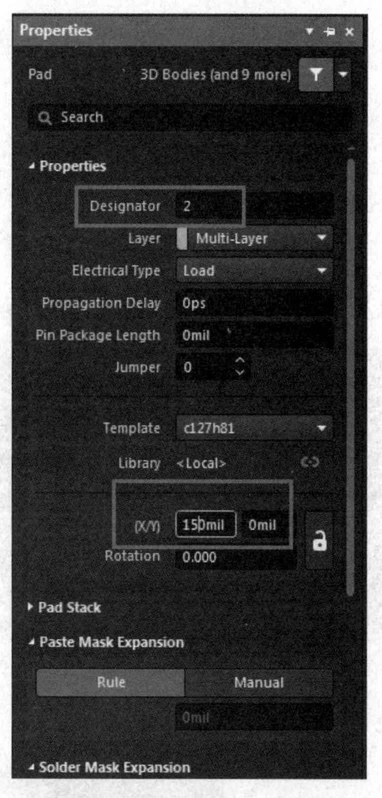

图 4-41　设置右侧焊盘的参数

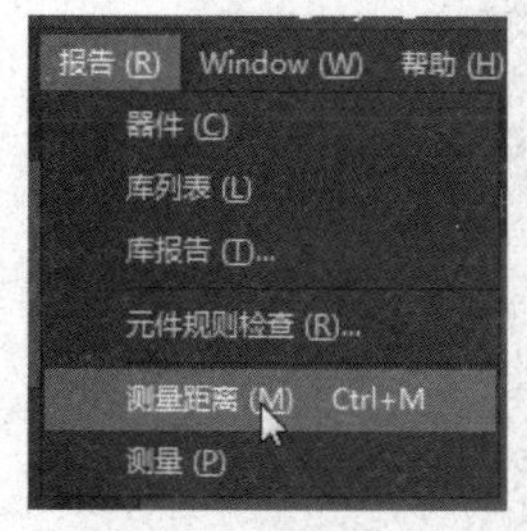

图 4-42　测量距离

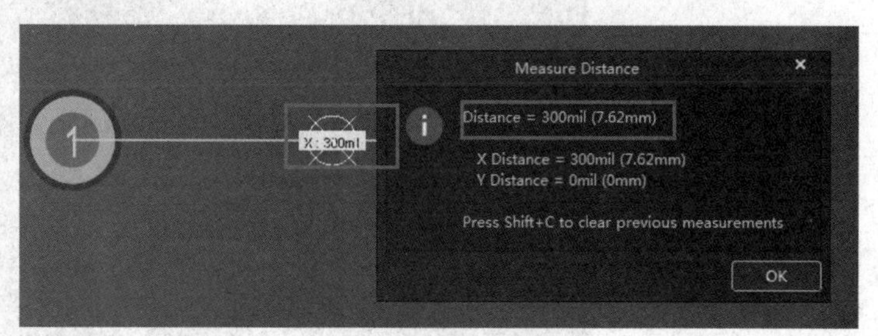

图 4-43　测量结果

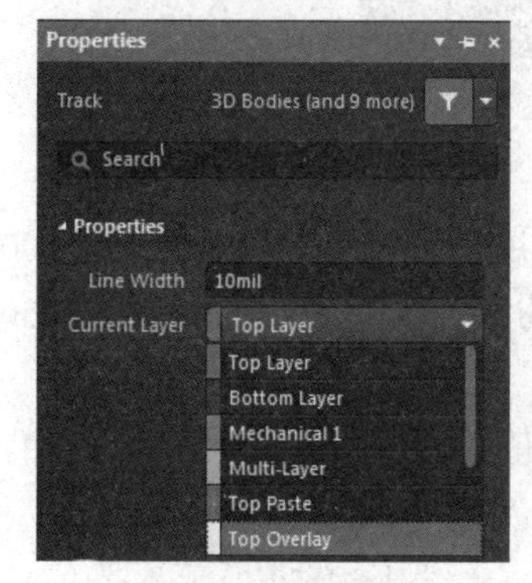

图 4-44　走线设置

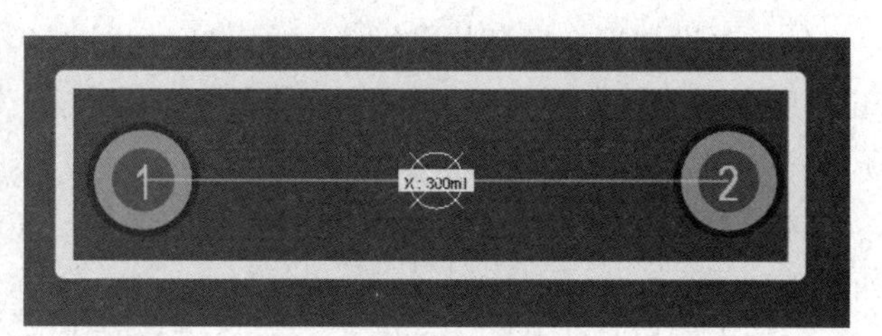

图 4-45　走线完成的效果

学习笔记

CAP0.2封装的制作

五、CAP0.2 圆形封装的绘制

微课：扫描学一学 CAP0.2 封装的制作。

1．建立新器件并改名

建一个新器件。选择“工具”|“新的空元件”命令，然后双击这个元件，在出现的对话框中将元件改名为 CAP0.2，如图 4-46 所示。

2．放置焊盘

（1）选择“放置”|“圆”命令，如图 4-47 所示。

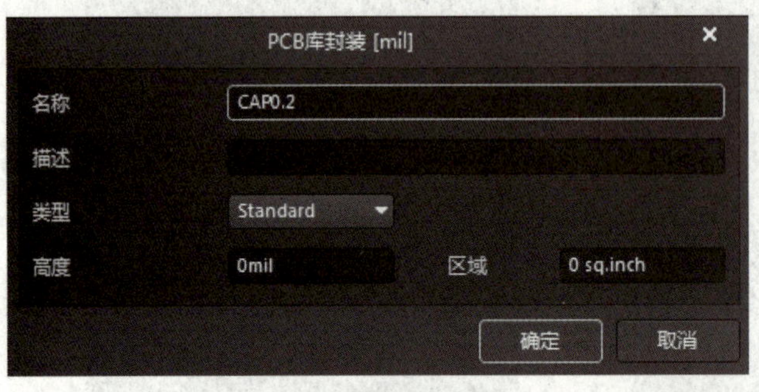

图 4-46　新器件改名

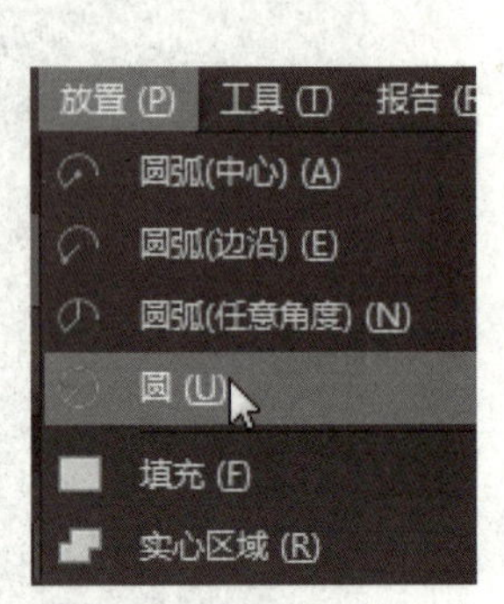

图 4-47　选择“圆”命令

（2）放置的圆如图 4-48 所示。

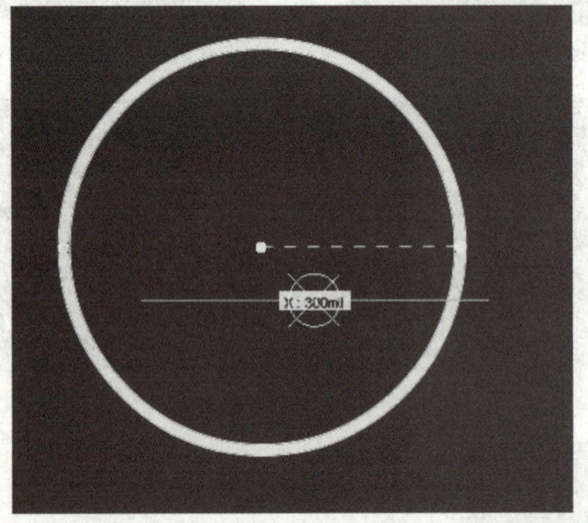

图 4-48　放置的圆

（3）先设置这个圆环的半径为 120 mil，如图 4-49 所示。因为焊盘的距离为 200 mil，所以圆的直径要大于 200 mil，设置 X/Y 的坐标为 0，0，设置后的圆如图 4-50 所示。

（4）放置焊盘，修改参数。左侧焊盘的参数：X 值为 -100 mil，Y 值为 0 mil，如图 4-51 所示。

（5）右侧焊盘的参数：X 值为 100 mil，Y 值为 0 min，如图 4-52 所示。

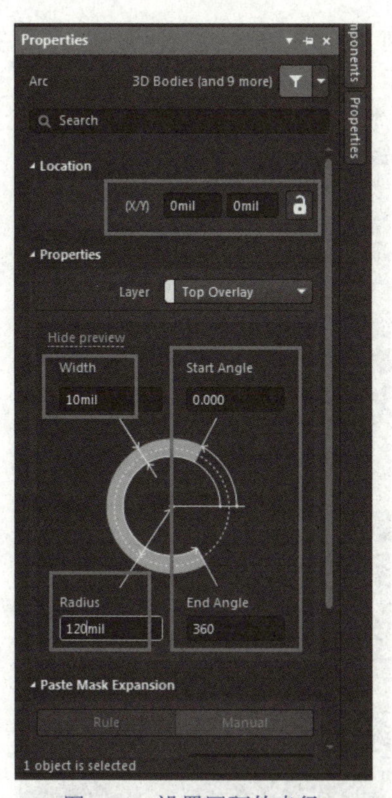

图 4-49　设置圆环的半径

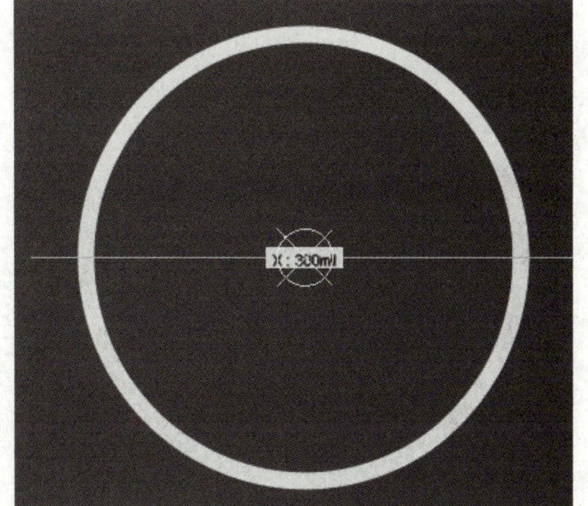

图 4-50　设置后的圆

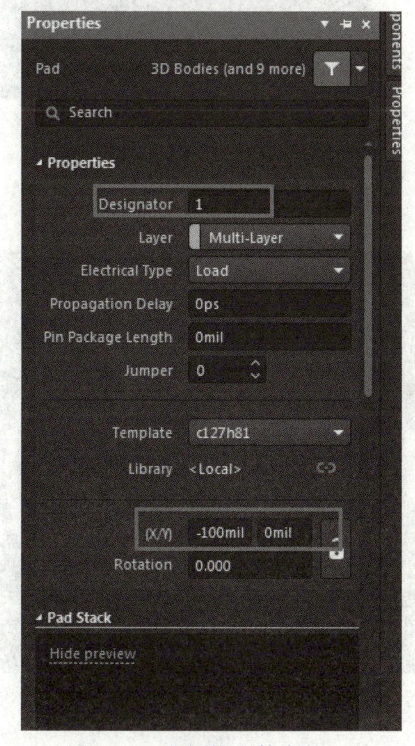

图 4-51　左侧焊盘的参数

图 4-52　右侧焊盘的参数

学习笔记

（6）焊盘放置完成后，发现外面的圆小了，如图 4-53 所示。

（7）修改圆的半径为 150 mil，如图 4-54 所示，再看效果如图 4-55 所示。

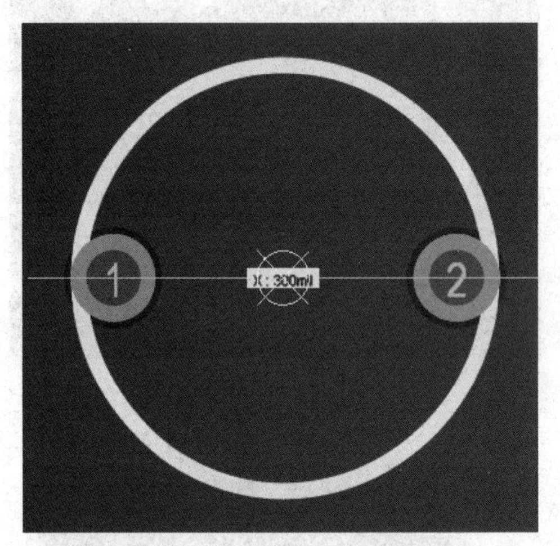

图 4-53　焊盘放置完成后的效果

图 4-54　修改圆的半径

（8）直接在这个元件封装的左边画一个“+”就变成了一个电解电容元件了，如图 4-56 所示。

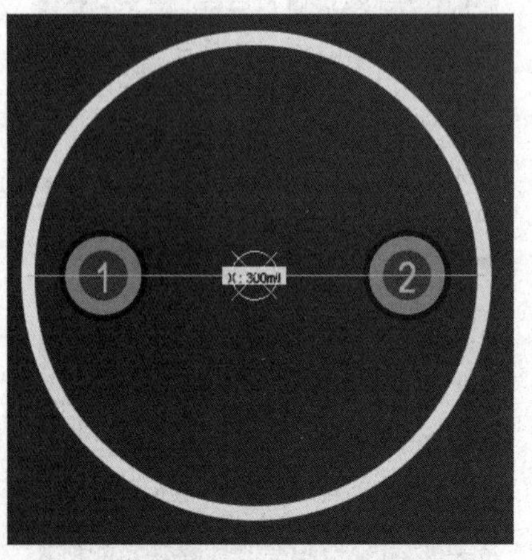

图 4-55　绘制的 CAP0.2

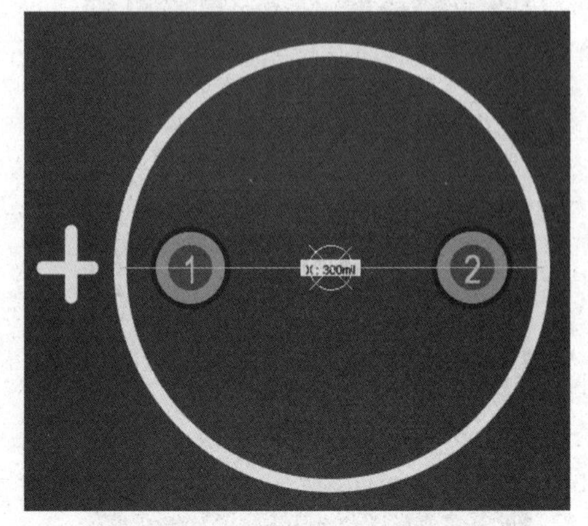

图 4-56　绘制完成的电容元件

（9）保存，这个电容元件就画好了。

测验

学习笔记

测试一下自己的学习效果。

（1）描述制作三极管的过程。

（2）描述制作电感元件的过程。

（3）介绍制作RAD0.3元件的过程。

（4）介绍制作CAP0.2元件的过程。

（5）自己制作一个变压器，并描述制作过程。

任务实施

元件的全新制作

前面介绍了原理图元件和PCB元件的全新制作。请完成两项操作：

（1）绘制原理图元件。

（2）绘制PCB元件。

任务2 通过修改集成元件库来制作元件

任务分析

在本项目任务1中介绍了元件的全新制作，实际上有些元件是不用全新制作的，可通过将集成元件库中的元件复制出来进行修改的方法来制作元件，这会减小工作量。

相关知识

先简单介绍一下通过修改集成元件库来制作元件的步骤：

学习笔记

（1）打开集成元件库。

（2）找到需要修改的集成元件库中的元件进行复制。

（3）粘贴到自己的元件库中。

（4）在自己的元件库中进行修改。

测验

测试一下自己学习的效果。

（1）如何打开集成元件库？

（2）如何将集成元件库的元件复制到自己的元件库中？

（3）如何绘制发光二极管？

（4）如何修改元件库的某个元件的封装？

任务实施

一、绘制发光二极管

微课：扫描学一学修改集成原理图库元件。

修改集成原理图库元件

具体操作步骤如下：

1. 打开集成元件库

（1）直接找到并打开集成元件库，如图 4-57 所示。

注意

下面这两个元件库是最常见的元件库，它们能够满足我们平常基本的原理图和 PCB 制作。

Miscellaneous Connectors.intlib

Miscellaneous Devices.intlib

其中，Miscellaneous Connectors.intlib 这个集成库中主要是接插件的元件；Miscellaneous Devices.intlib 这个集成库主要是电阻、电容、二极管、三极管、开关等元件。

学习笔记

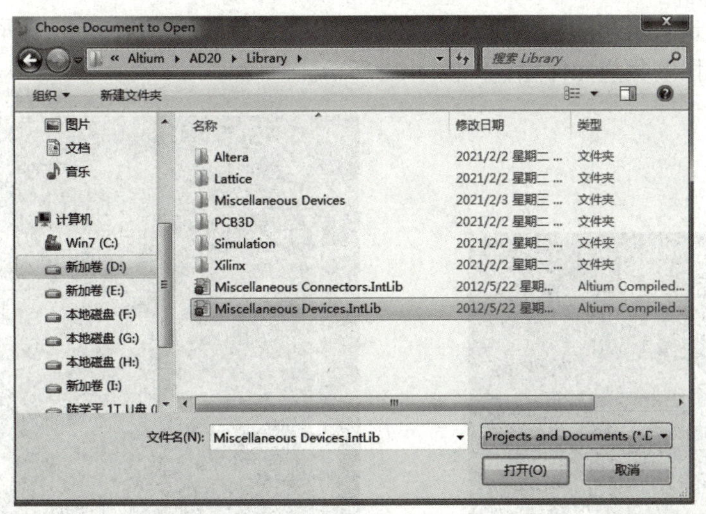

图 4-57　打开集成元件库

（2）找到集成元件库后，单击打开，会弹出一个对话框，如图 4-58 所示。

（3）单击“解压源文件”按钮，打开两个库文件，一个是原理图库，另一个是 PCB 封装库，如图 4-59 所示。

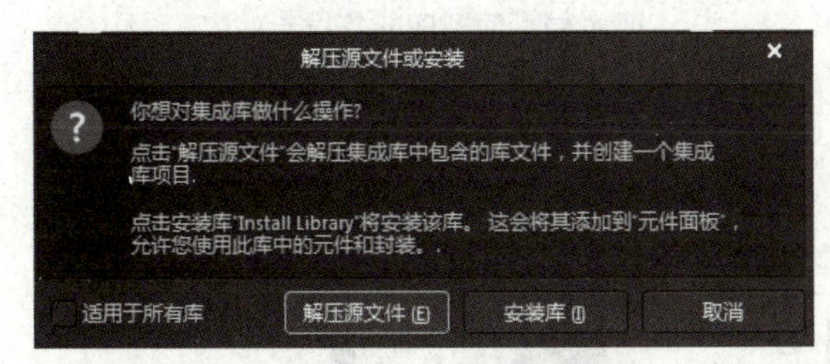

图 4-58　打开的对话框

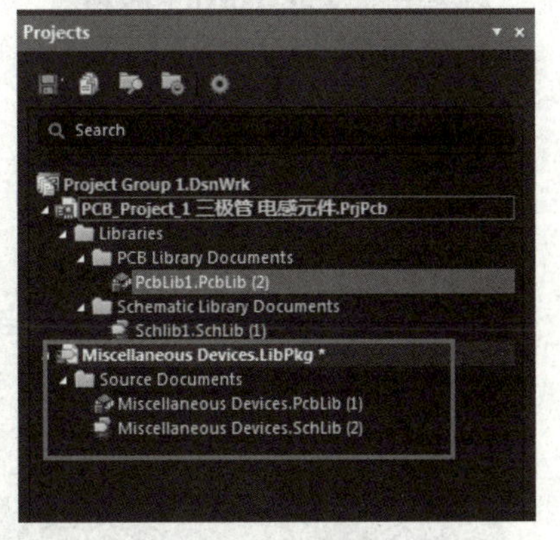

图 4-59　打开的库文件

（4）双击原理图库，打开后的界面如图 4-60 所示。

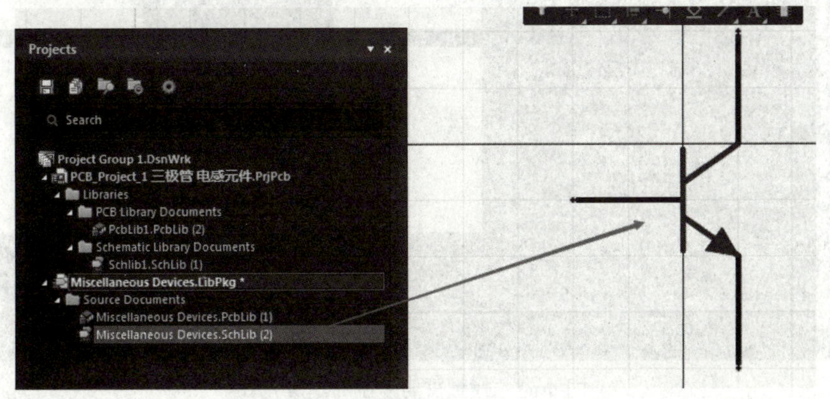

图 4-60　原理图库的界面

（5）单击右下角的切换面板，选择 SCH Library 命令，如图 4-61 所示，会显示所有的原理图的集成元件库，如图 4-62 所示。

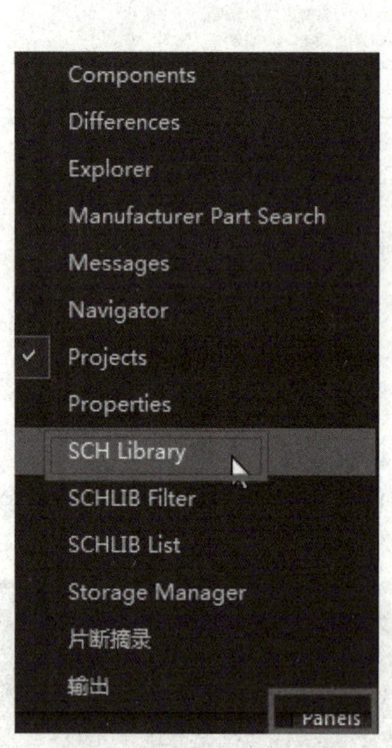

图 4-61　原理图库中的元件

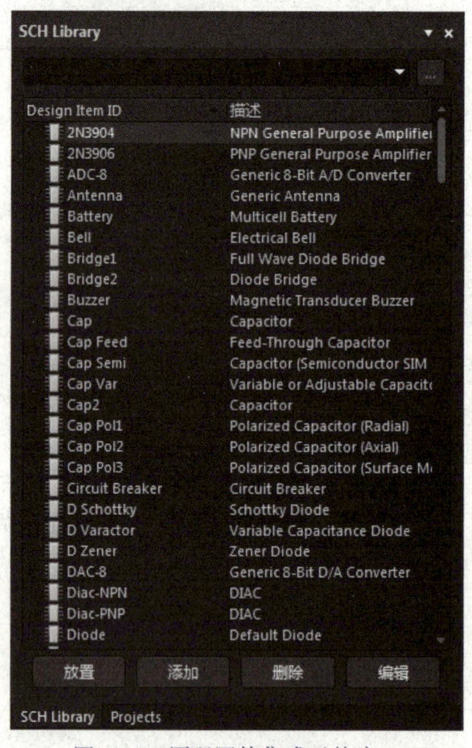

图 4-62　原理图的集成元件库

2．复制集成元件并粘贴到自己的库中

（1）找到需要复制的集成元件，如图 4-63 所示。

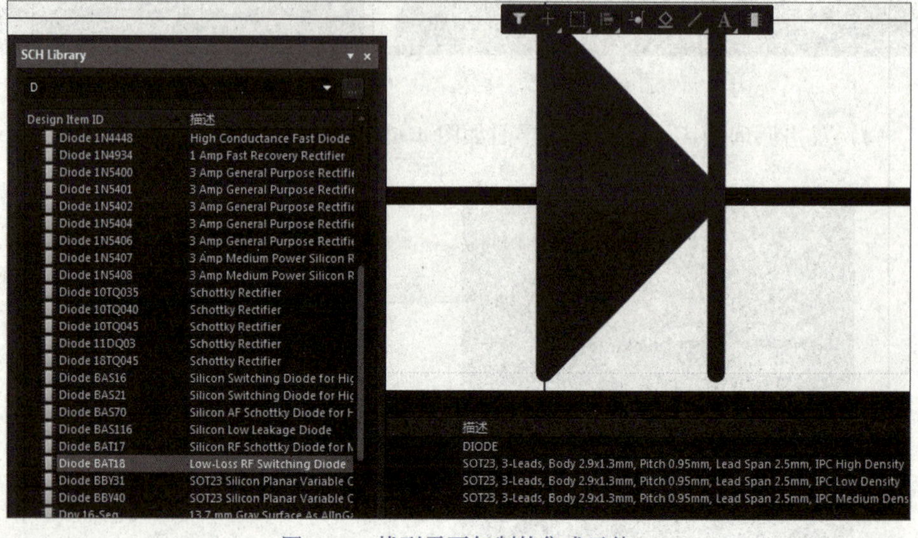

图 4-63　找到需要复制的集成元件

学习笔记

（2）选择从库中复制出来，如图4-64所示。

（3）粘贴到自己的库中，如图4-65所示。

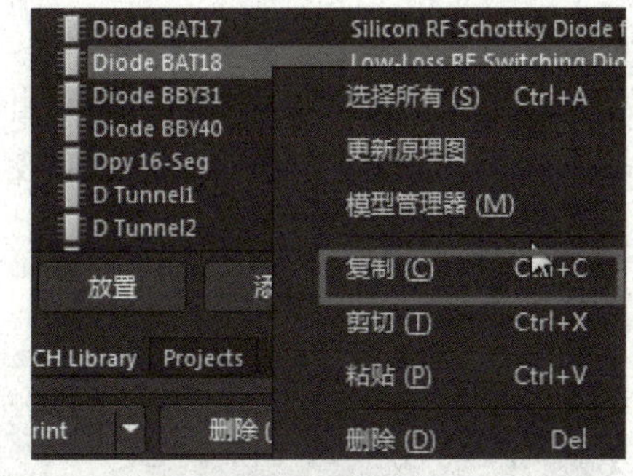

图4-64　复制库元件

3. 修改元件

若想把它修改为发光二极管。具体操作步骤如下：

（1）单击多边形绘图工具，按【Tab】键后，修改多边形参数，如图4-66所示。

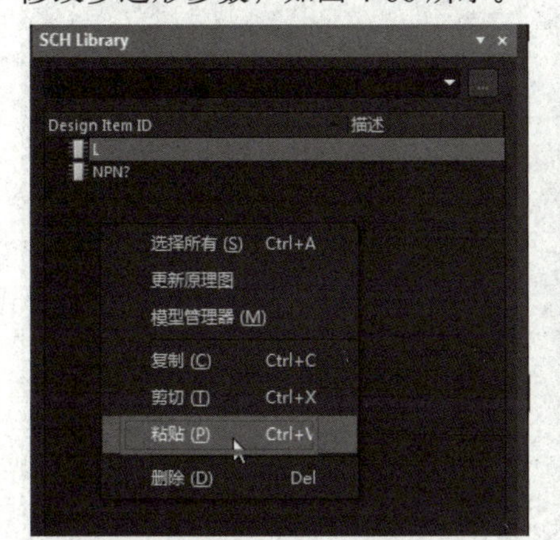

图4-65　粘贴到自己的库中

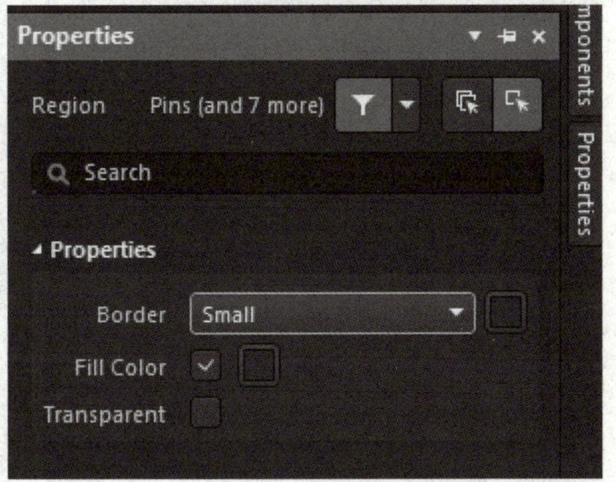

图4-66　修改多边形参数

（2）给这个发光二极管画箭头，如图4-67所示。

（3）然后画一根走线，如图4-68所示。

（4）按同样的方法绘制第二个箭头和走线，绘制完成的发光二极管如图4-69所示。

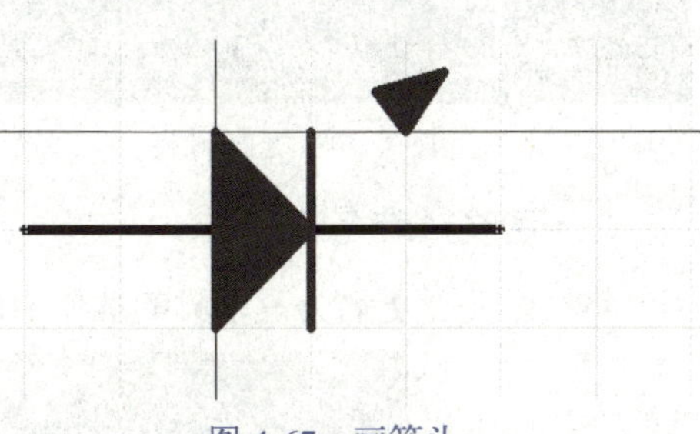

图4-67　画箭头

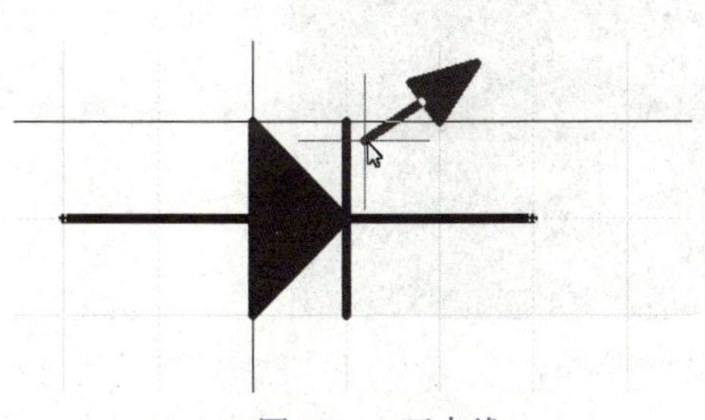

图4-68　画走线

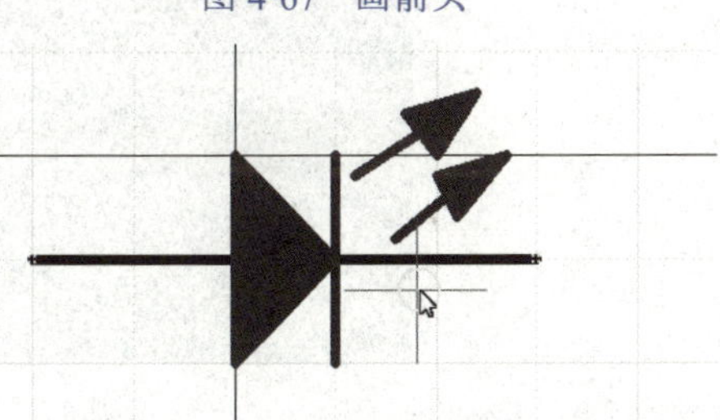

图4-69　绘制完成的发光二极管

二、修改集成元件库的封装

微课：扫描学一学修改集成元件库的封装。

修改集成元件库的封装

修改PCB封装的操作步骤如下：

1. 复制粘贴封装

(1) 先将集成库中的封装复制出来，如图 4-70 所示。

(2) 粘贴到自己的库中进行修改，如图 4-71 所示。

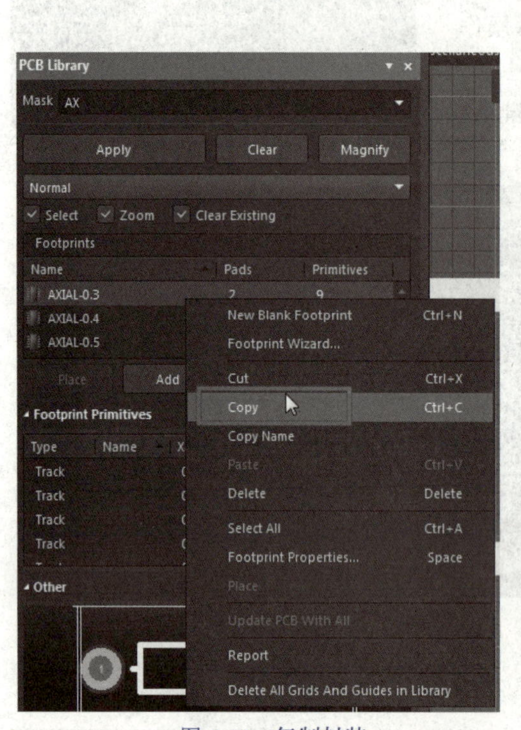

图 4-70 复制封装

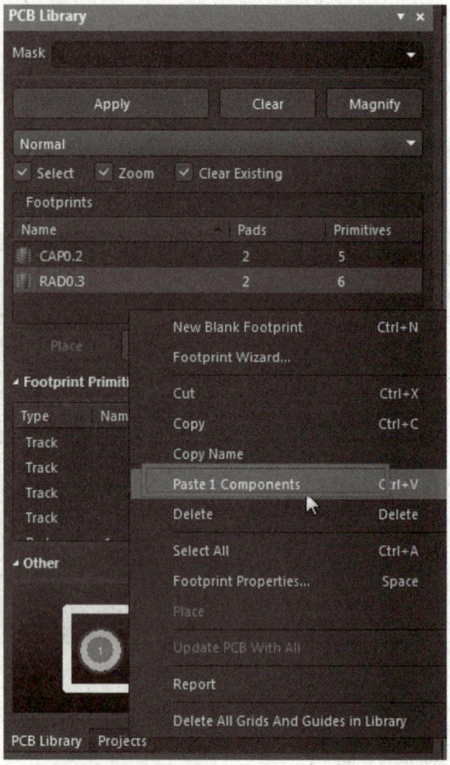

图 4-71 粘贴到自己的库中

2. 更改封装名称

将这个元件更名为三个脚的插座 HEAD3，如图 4-72 所示。

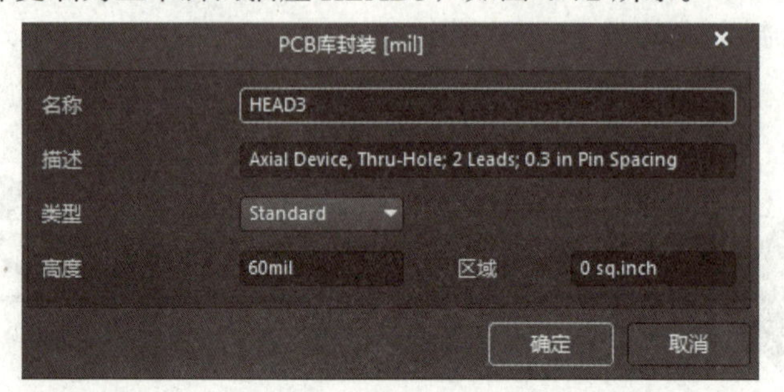

图 4-72 更改封装名称

3. 修改引脚参数

(1) 三脚插座的每个脚间隔 100 mil，将焊盘 2 拖到中间的 0，0 中心位置，并修改参数，如图 4-73 所示。

(2) 修改焊盘 1 的参数，位置设置 X 值为 100 mil，Y 值为 0 mil，如图 4-74 所示。

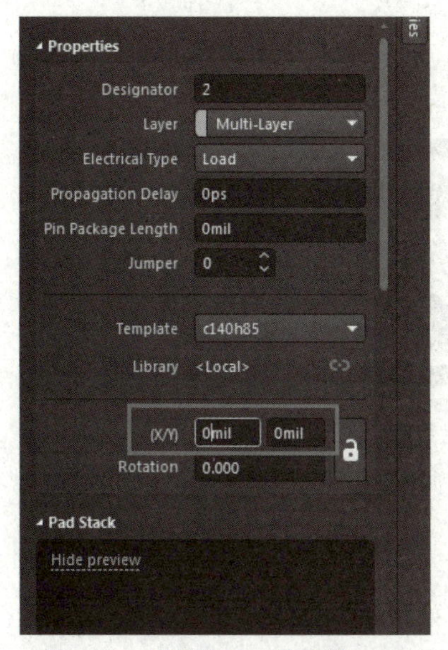

图 4-73　设置焊盘 2 的参数

图 4-74　设置焊盘 1 的参数

学习笔记

（3）再放焊盘 3，位置设置 X 值为 -100 mil，Y 值为 0 mil，如图 4-75 所示。

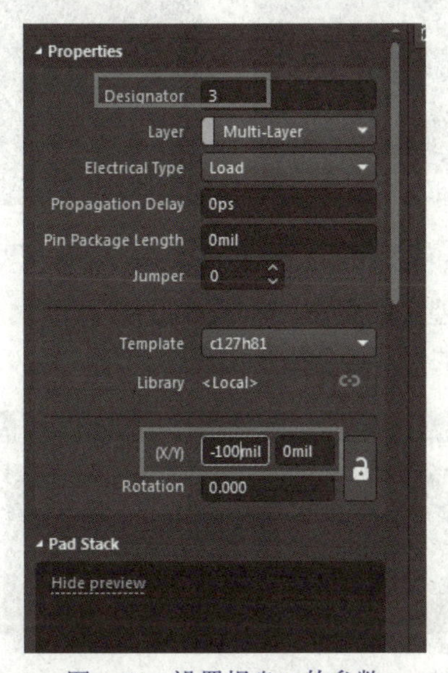

图 4-75　设置焊盘 3 的参数

（4）此时的效果如图 4-76 所示。

图 4-76　此时的效果

4．调整走线

调整走线的位置，如图 4-77 所示。

图 4-77 调整走线的位置

5．测量距离

（1）测量焊盘 2、焊盘 3 的距离，如图 4-78 所示。

（2）距离显示为 100 mil，这是正确的，如图 4-79 所示。

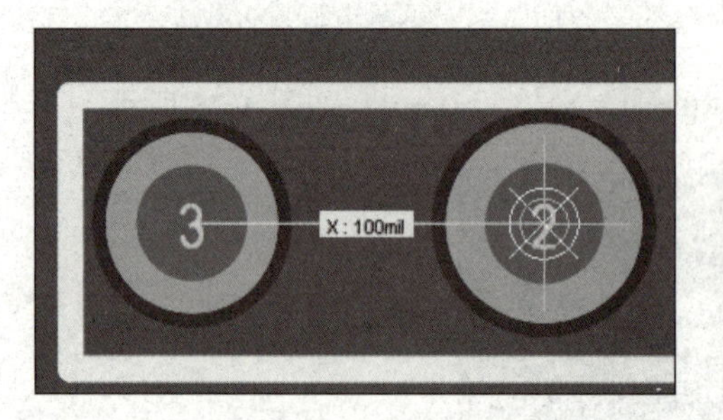

图 4-78 测量焊盘 2、焊盘 3 的距离

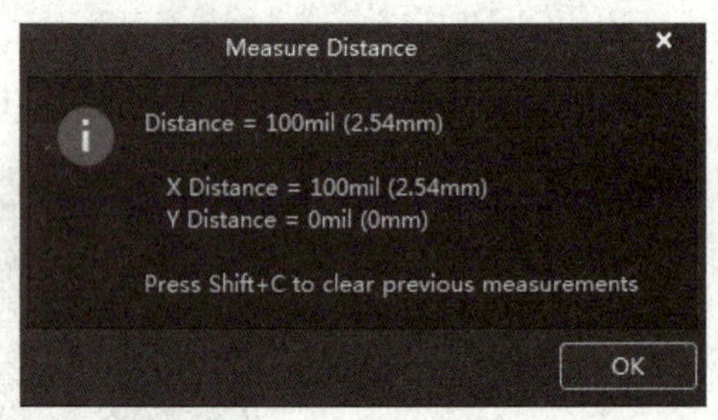

图 4-79 焊盘距离显示

（3）测量焊盘 2、焊盘 1 的距离，如图 4-80 所示。

到此为止，HEAD3 的封装已经修改完成。

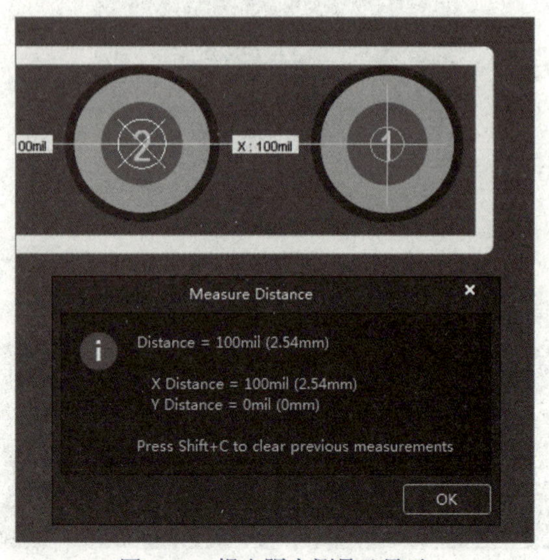

图 4-80 焊盘距离测量及显示

任务 3　自己制作集成元件库

学习笔记

任务分析

本项目前面的两个任务中介绍了全新制作元件和修改方法制作元件，所制作的元件都不是集成元件。集成元件是指原理图元件给它增加封装，在使用原理图元件时，这个元件是有封装的。下面具体介绍。

相关知识

集成元件库的制作方法如下：

（1）建立集成库的工程。

（2）增加一个原理图库文件。

（3）增加一个 PCB 封装库文件。

（4）绘制原理图元件。

（5）绘制或者查找封装库元件。

（6）在模式管理器中给原理图元件增加封装。

测验

测试一下自己学习的效果。

（1）如何建立集成元件库文件？

（2）如何绘制原理图库文件？

（3）如何增加 PCB 封装库文件？

（4）如何在模式管理器中给原理图元件增加封装？

（5）如何保存集成元件库文件？

（6）如何在原理图中调用自己的集成元件库文件？

学习笔记

集成元件库制作

一、建立集成库

微课：扫描学一学集成元件库制作。

（1）先新建一个集成库工程，如图 4-81 所示。

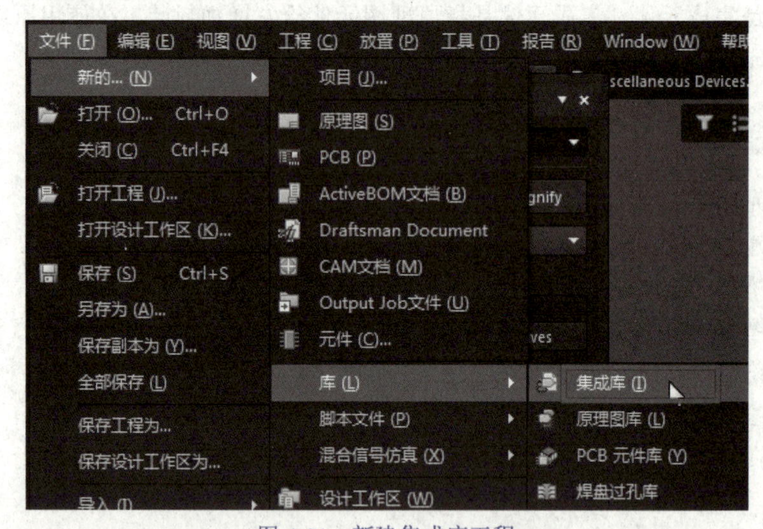

图 4-81 新建集成库工程

（2）在这个集成库中添加一个新的原理图库，如图 4-82 所示。

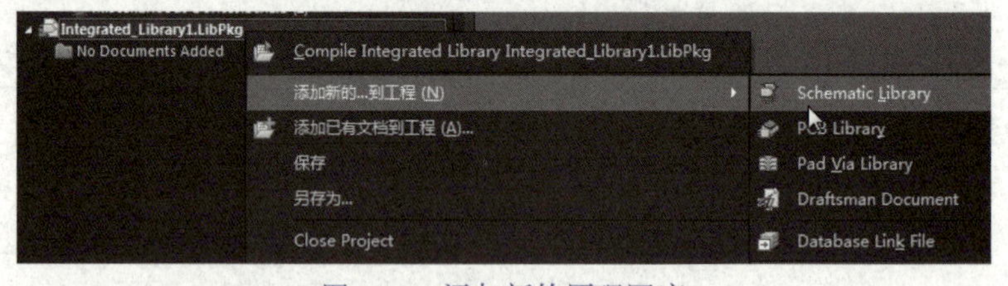

图 4-82 添加新的原理图库

（3）再添加一个新的 PCB 库，如图 4-83 所示。

图 4-83 添加新的 PCB 库

二、绘制原理图元件库的元件

下面绘制一个 555 的元件，绘制方法前面的任务中曾经介绍过，这里只简单提及一下。

学习笔记

（1）新建一个元件，并命名为 555。

（2）先放置一个方框，如图 4-84 所示。

（3）放置并设置引脚：

①引脚的设置中，除了 GND 和 VCC 的电气类型是 power，其他的都是 passive。

②放置第 1 引脚～第 8 引脚，放置后的效果，如图 4-85 所示。

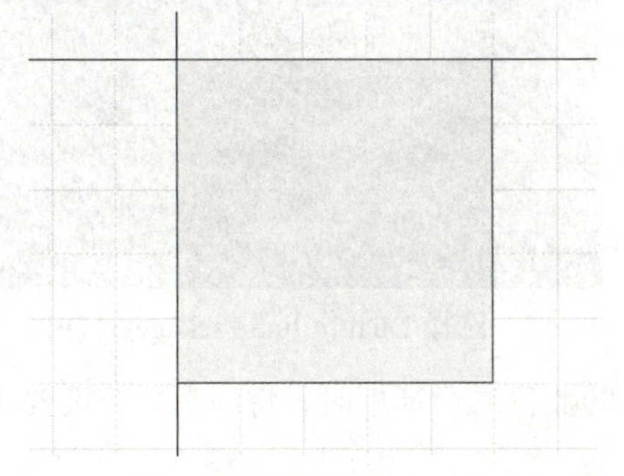

图 4-84　放置方框

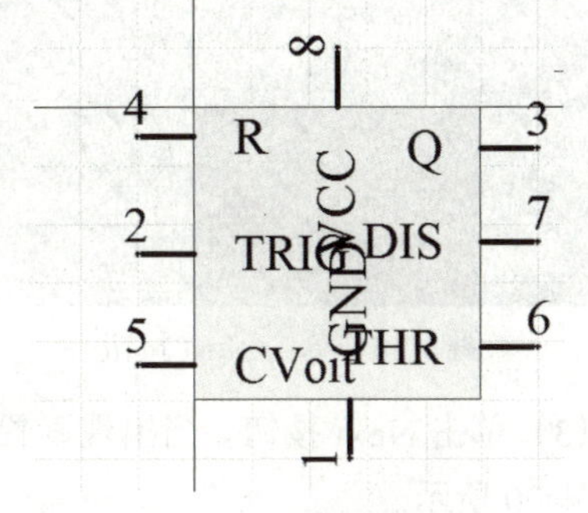

图 4-85　放置引脚后的效果

（4）元件画完后，保存这个元件库，如图 4-86 所示。

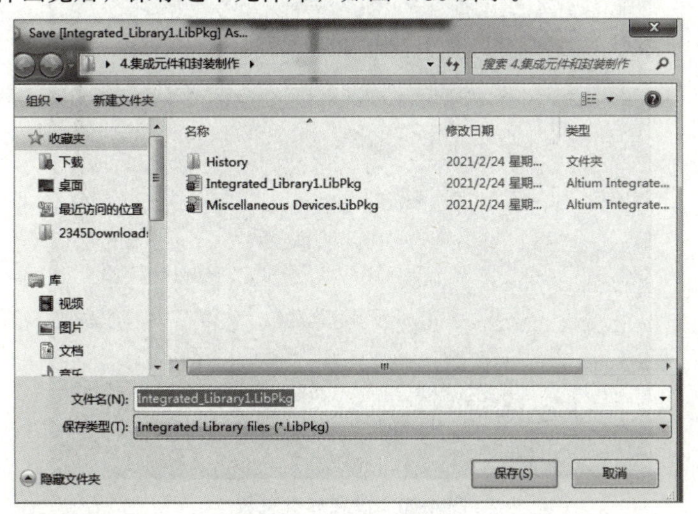

图 4-86　保存元件库

三、绘制 DIP 的封装

下面做一个 DIP8 的封装。

（1）通过元器件向导来完成 DIP8 的制作。切换到 PCB 元件库窗口中，选择“工具”|“元器件向导”命令，如图 4-87 所示。

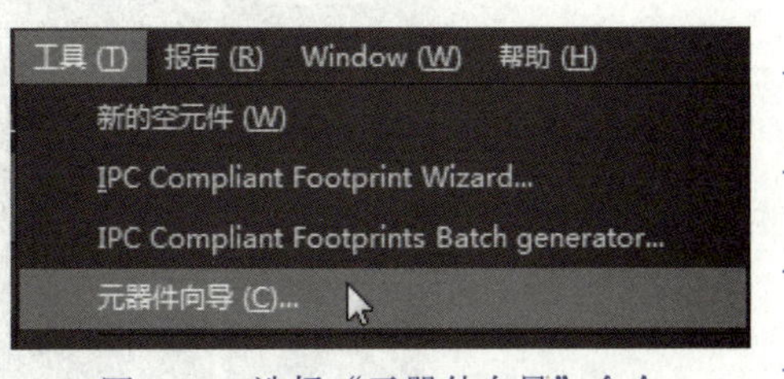

图 4-87　选择“元器件向导”命令

（2）弹出一个对话框，如图 4-88 所示，单击 Next 按钮，选择 Dual In-line Packages（DIP）选项，如图 4-89 所示。

学习笔记

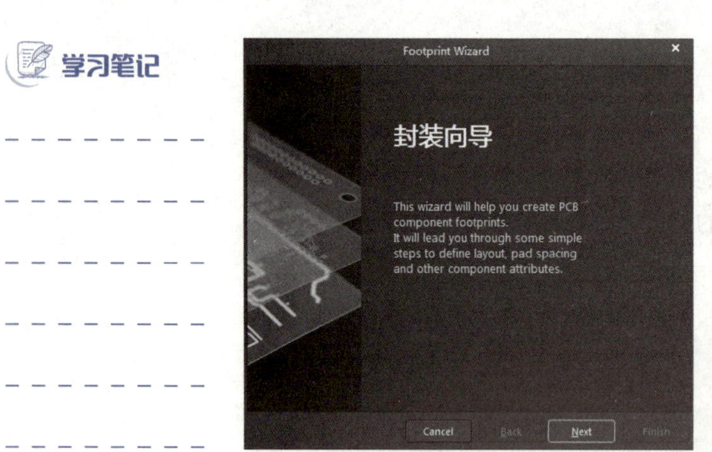

图 4-88　单击 Next 按钮

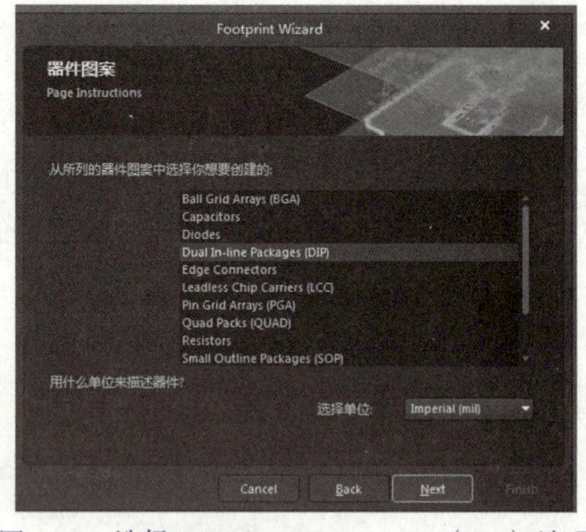

图 4-89　选择 Dual In-line Packages（DIP）选项

（3）单击 Next 按钮，当出现设置焊盘的数目的对话框时，将焊盘总数设置为 8，如图 4-90 所示。

图 4-90　设置焊盘总数

（4）单击 Next 按钮，再继续单击 Finish 按钮，最后制作的 DIP 封装如图 4-91 所示。

图 4-91　最后制作的 DIP 封装

（5）将这个元件保存到集成库中，如图 4-92 所示。

学习笔记

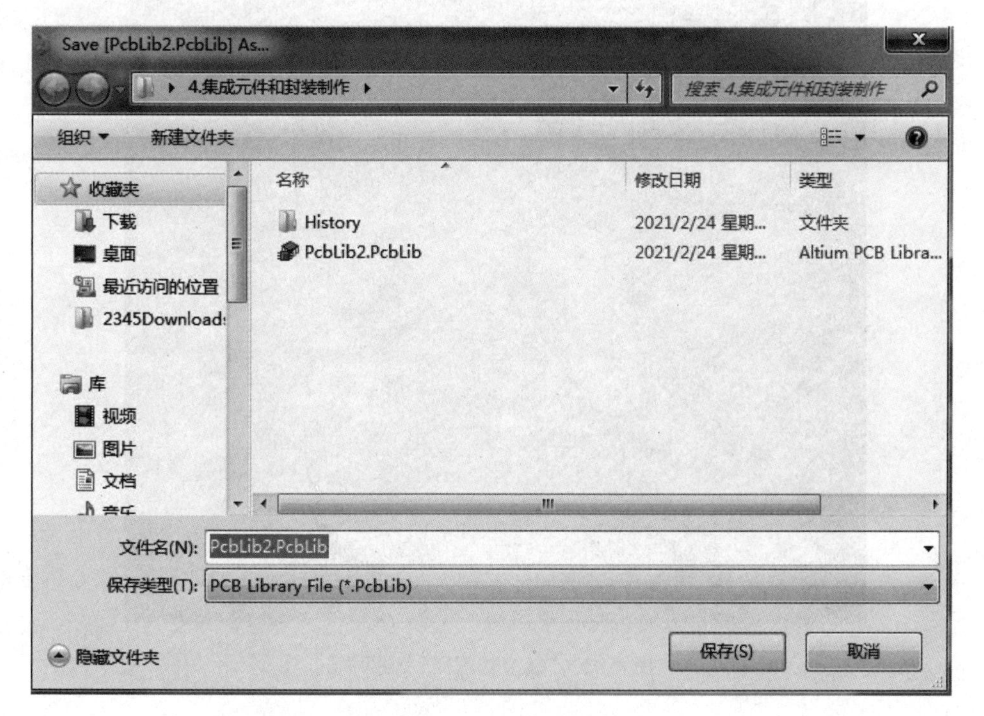

图 4-92　保存元件

四、给原理图元件增加封装

切换到集成库中，给原理图元件增加封装。

（1）选择图 4-93 所示的“模型管理器”命令。

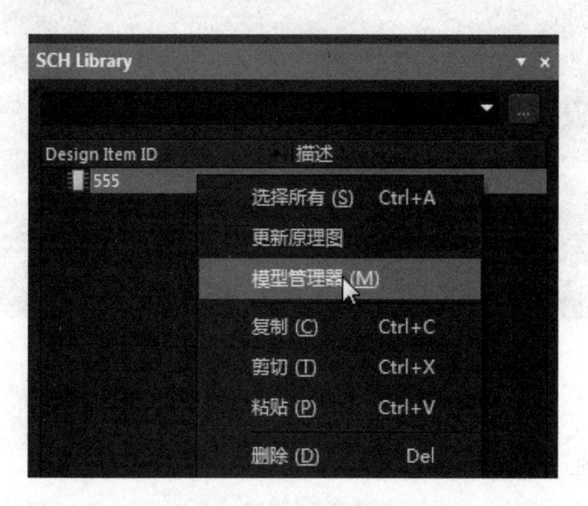

图 4-93　选择“模型管理器”命令

（2）在图 4-94 中，选择 555，再单击 Add Footprint 按钮，如图 4-95 所示。

学习笔记

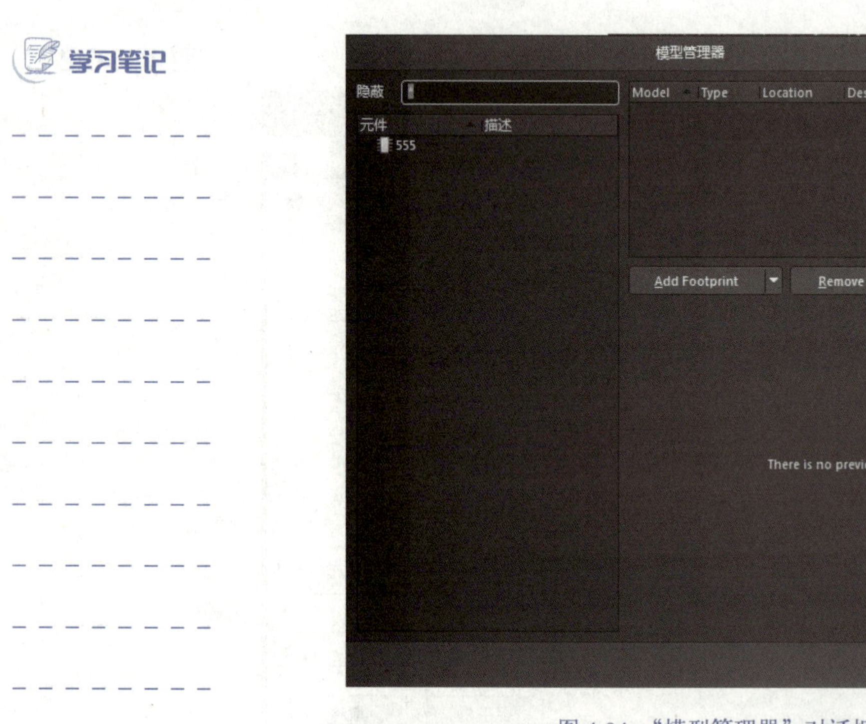

图 4-94 “模型管理器”对话框

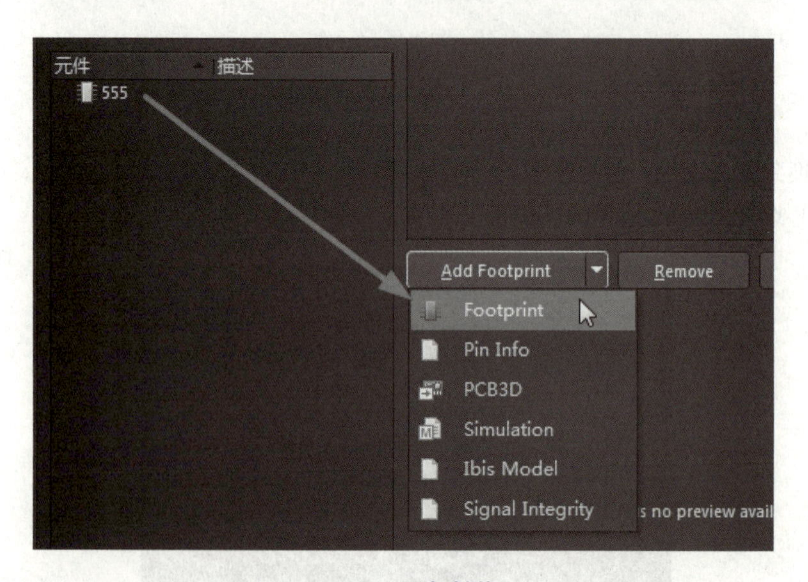

图 4-95 添加封装

（3）出现“PCB 模型”对话框，如图 4-96 所示。通过“浏览”按钮直接查找刚才画好的封装元件，如图 4-97 所示。

（4）单击“确定”按钮，封装就添加好了。此时的“模型管理器”对话框，如图 4-98 所示。

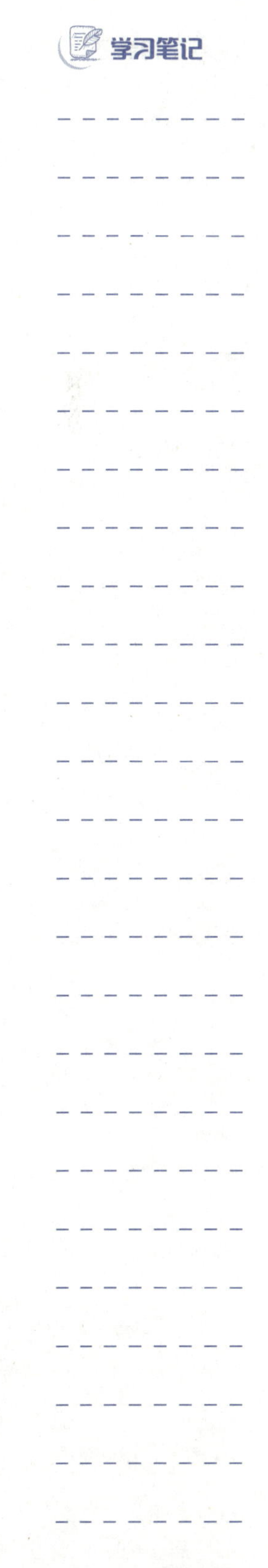

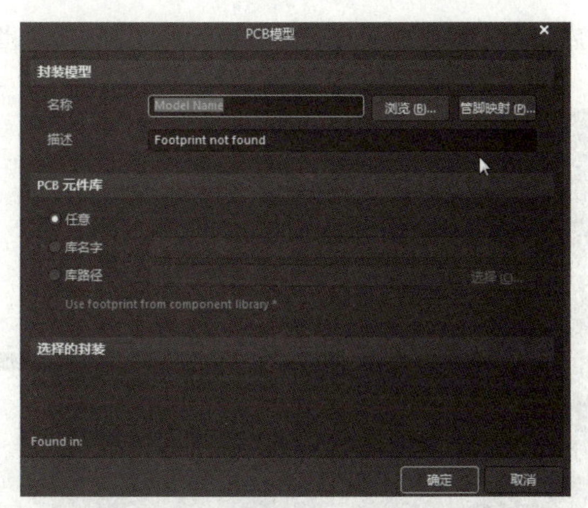

图 4-96　“PCB 模型”对话框

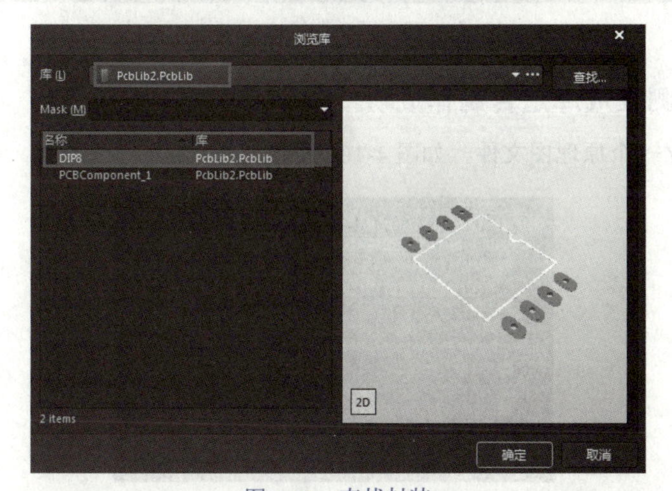

图 4-97　查找封装

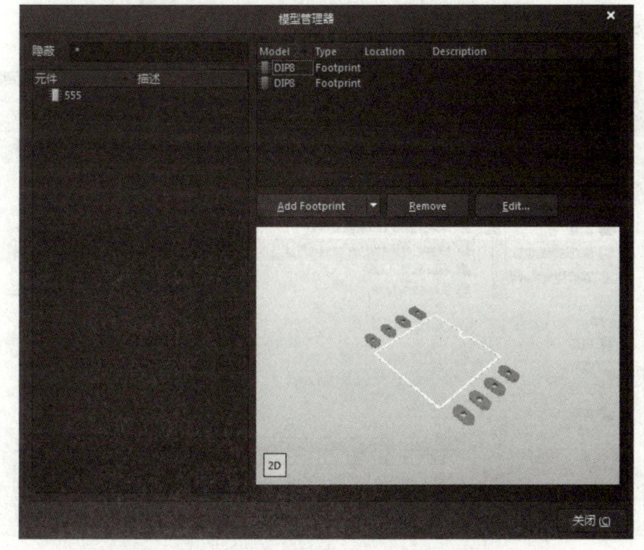

图 4-98　封装添加好后的“模型管理器”对话框

（5）再把集成库保存，就完成了这个集成库元件的制作，如图 4-99 所示。

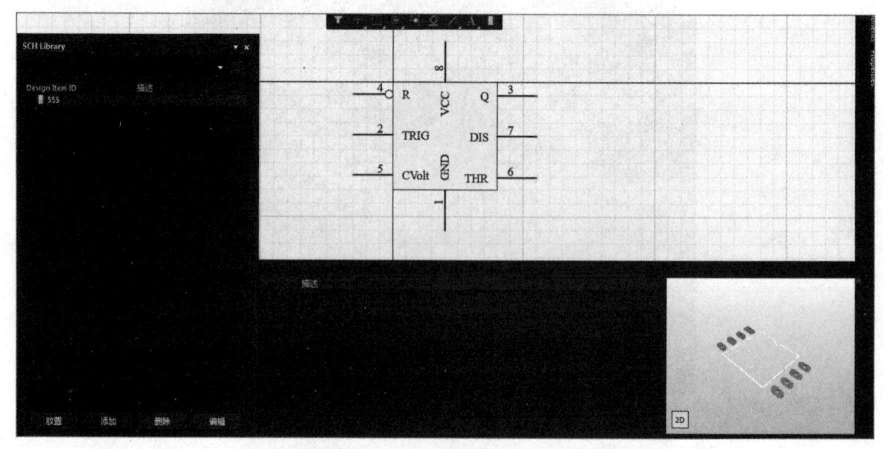

图 4-99　完成的集成库元件

五、检测集成库是否制作成功

（1）建立一个原理图文件，如图 4-100 所示。

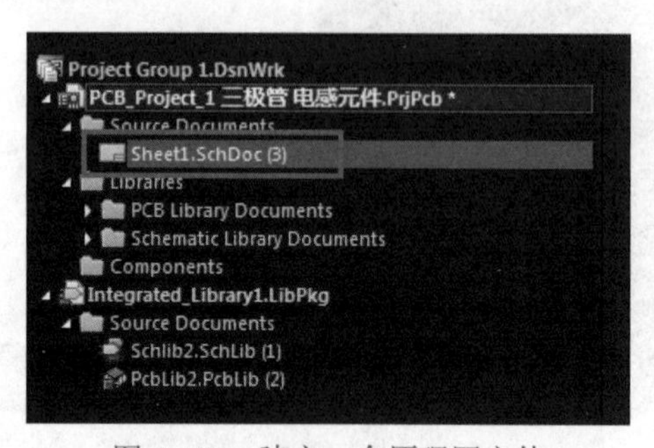

图 4-100　建立一个原理图文件

（2）选择安装集成库，如图 4-101 所示。

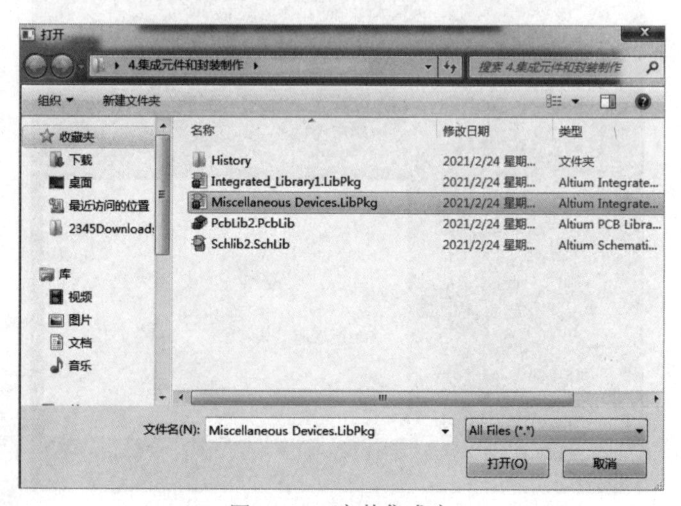

图 4-101　安装集成库

（3）提示不能打开，如图 4-102 所示。

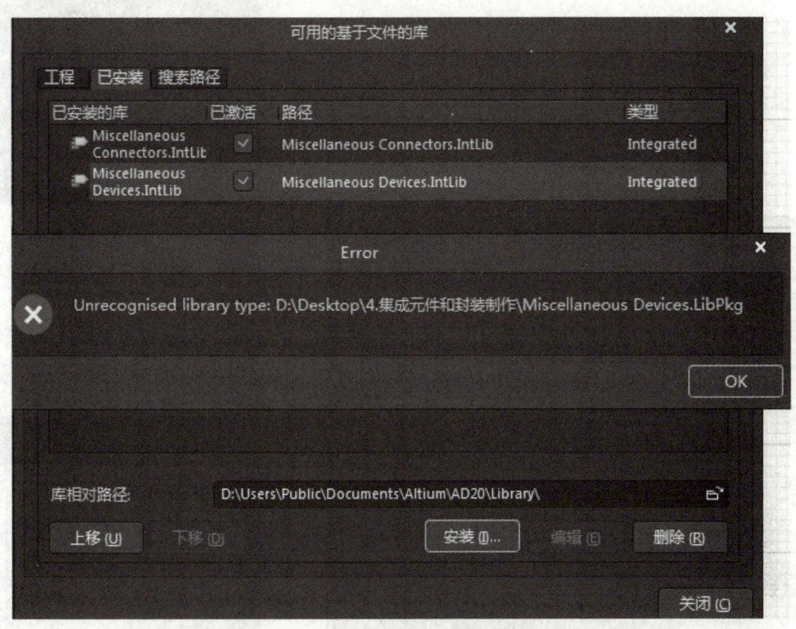

图 4-102　提示不能打开

（4）安装集成库中的原理图库和 PCB 库，如图 4-103 所示。

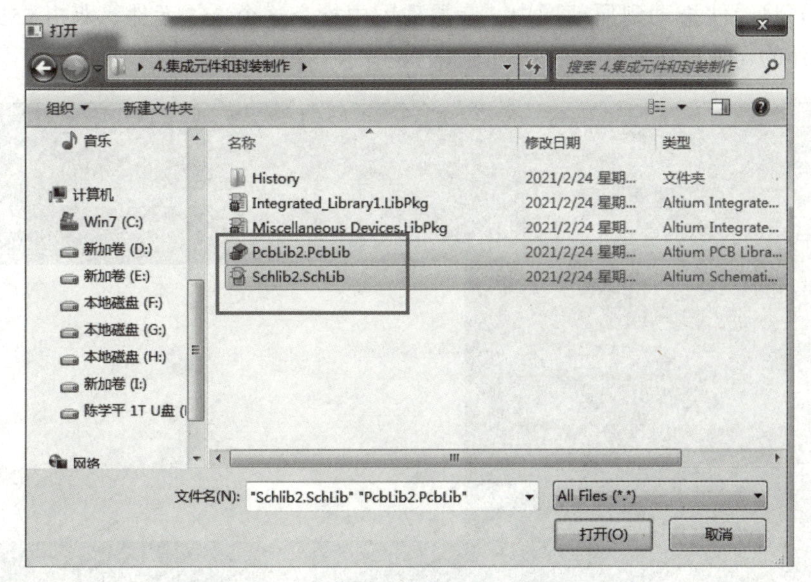

图 4-103　安装集成库中的原理图库和 PCB 库

（5）库文件安装成功，如图 4-104 所示。

（6）开始测试自己画的元件。打开库面板，查看做的集成库，发现这个 555 元件已经有了封装，如图 4-105 所示。

学习笔记

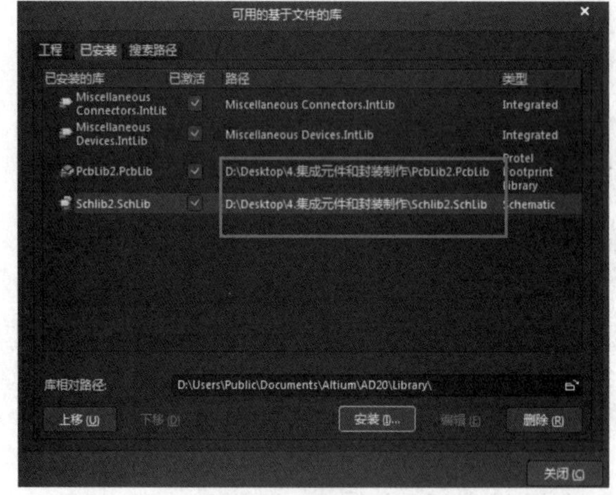

图 4-104 库文件安装成功

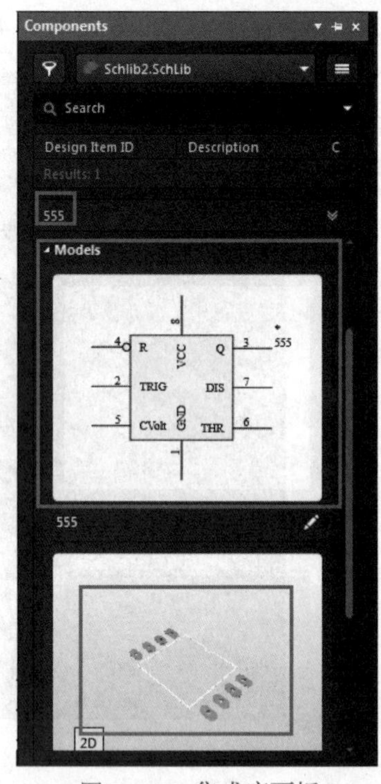

图 4-105 集成库面板

（7）将元件拖动到原理图中，在原理图中检查这个555元件，双击555元件，查看元件的封装，还是存在的，如图4-106所示。

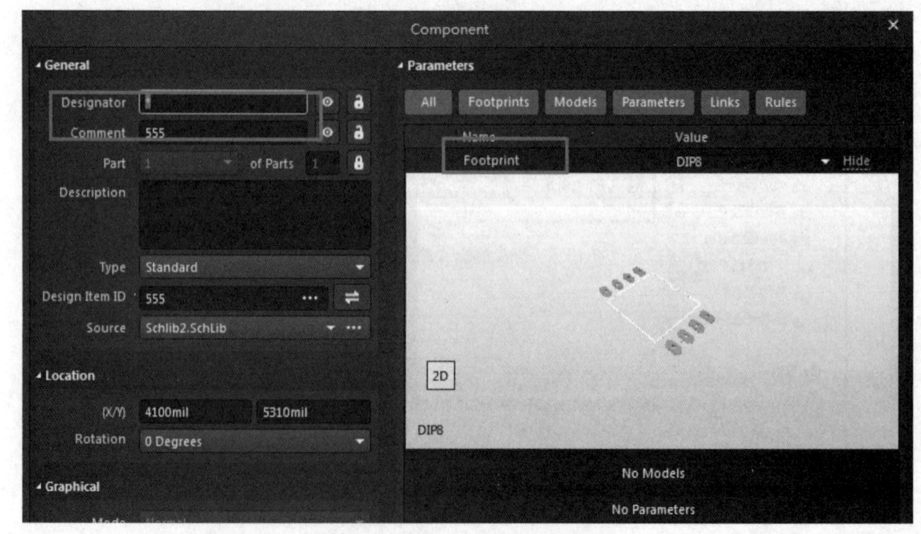

图 4-106 再次检查元件的封装

此时，说明这个集成元件库制作成功了。

（本项目中所有操作可以参考录制的上机视频。）

拓展阅读

与祖国同行，科技创新托举强国梦

项目4考核评价标准

项目自测题

学习笔记

1. 元件制作的方法有哪些？
2. 能不能在集成库中直接修改元件？
3. 集成库元件制作后，如何安装使用？
4. 上机操作：将本项目中的所有任务进行上机操作练习。
5. 原理图元件与 PCB 元件的制作。

（1）原理图元件的制作。具体如下：

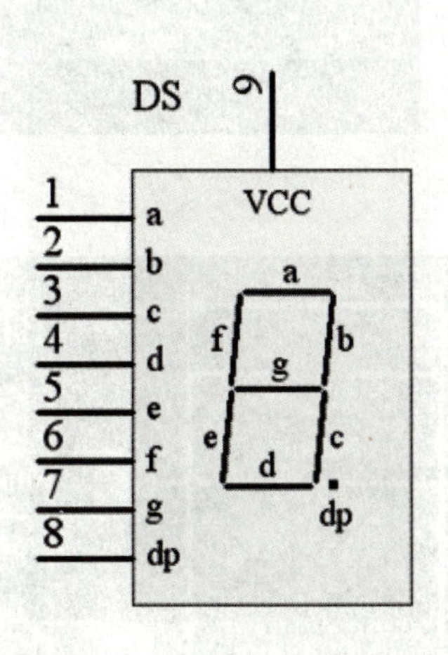

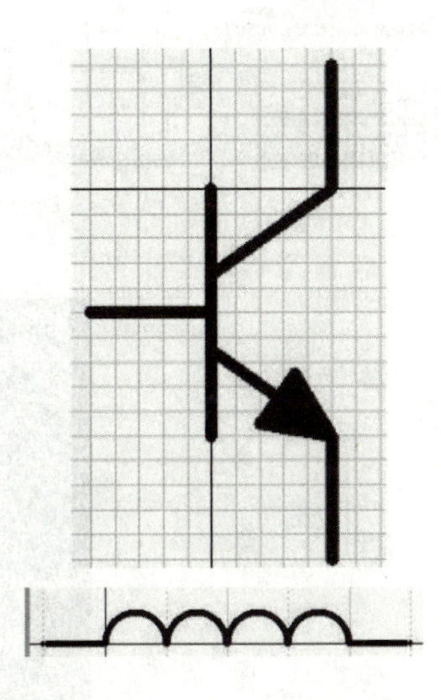

36 PC5
35 PC6
34 PC4
33 VSS
32 VDD
31 P35
30 P45
29 P87
28 P37
27 VDD
26 P86
25 PC3
37 DPLUS
38 DMINUS
39 VDDP
40 VSSP
41 FILTER
42 VSSP
43 VDDP
44 PC6
45 XTAL1
46 XTAL2
47 X_CSO
48 PC7
24 PC2
23 PA_WE
22 P30
21 P47
20 P14
19 P46
18 X_WRN
17 X_RDN
16 PC1
15 X_A1
14 X_A0
13 P32
1 VCCF
2 VSSNSSF
3 RST
4 VCCF
5 VSSF
6 TM1
7 TM2
8 P84
9 X_INTRQ
10 PCO
11 P85
12 P31

（2）PCB 元件的制作。具体如下：

PCB 封装库制作：

学习笔记

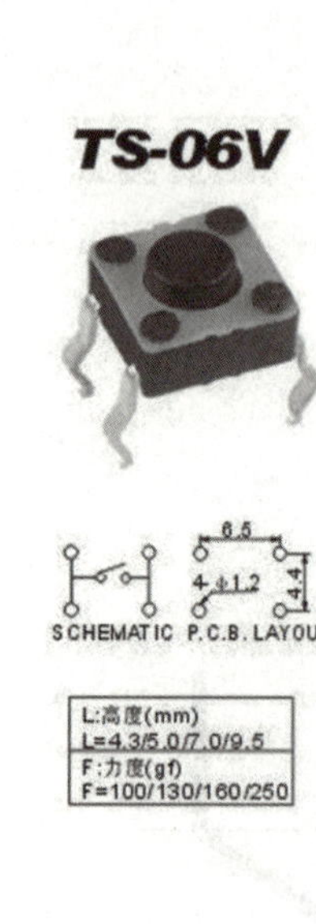
TS-06V
SCHEMATIC
P.C.B. LAYOUT
L:高度(mm)
L=4.3/5.0/7.0/9.5
F:力度(gf)
F=100/130/160/250

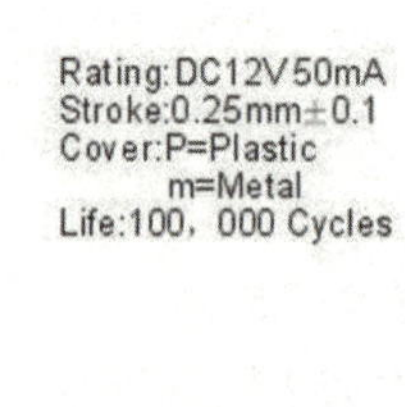
Rating:DC12V50mA
Stroke:0.25mm±0.1
Cover:P=Plastic
m=Metal
Life:100，000 Cycles

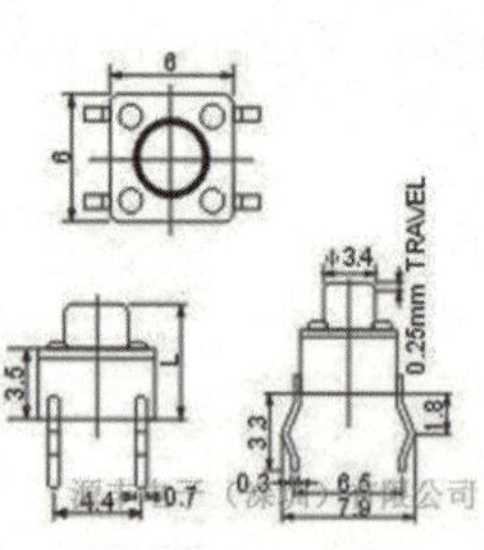
0.25mm TRAVEL

按键开关

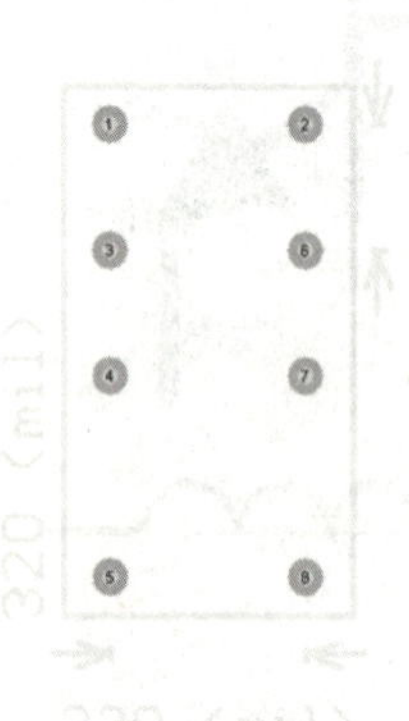
320（mil）

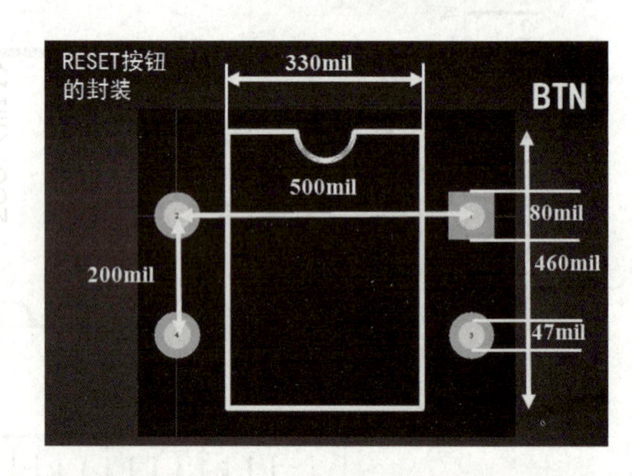
RESET按钮
的封装
330mil
BTN
500mil
80mil
460mil
200mil
47mil

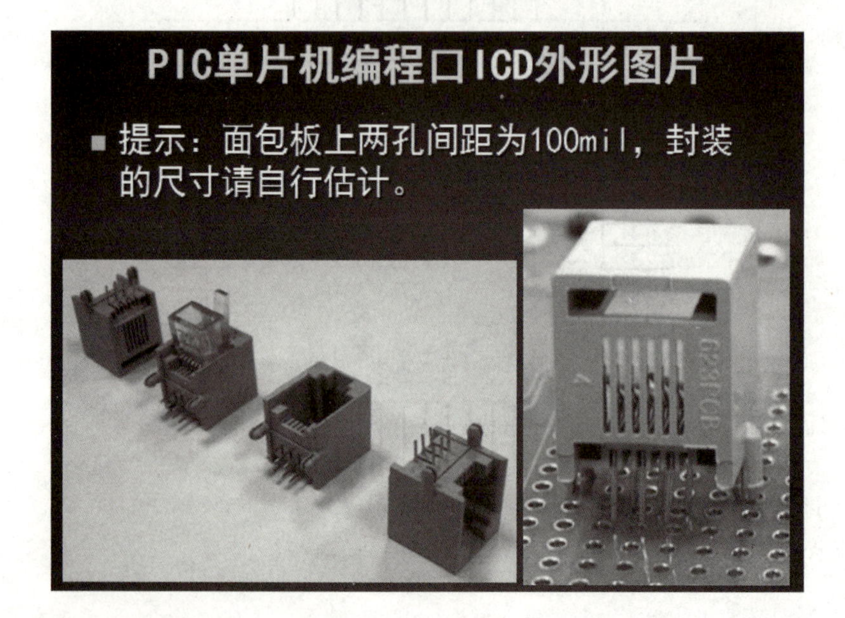
PIC单片机编程口ICD外形图片
提示：面包板上两孔间距为100mil，封装的尺寸请自行估计。

学习笔记

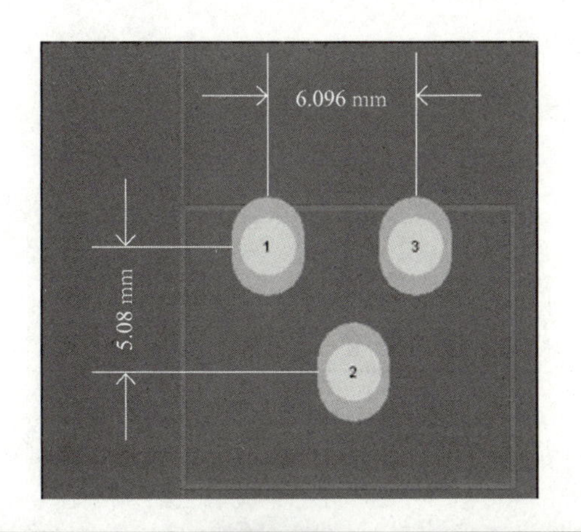

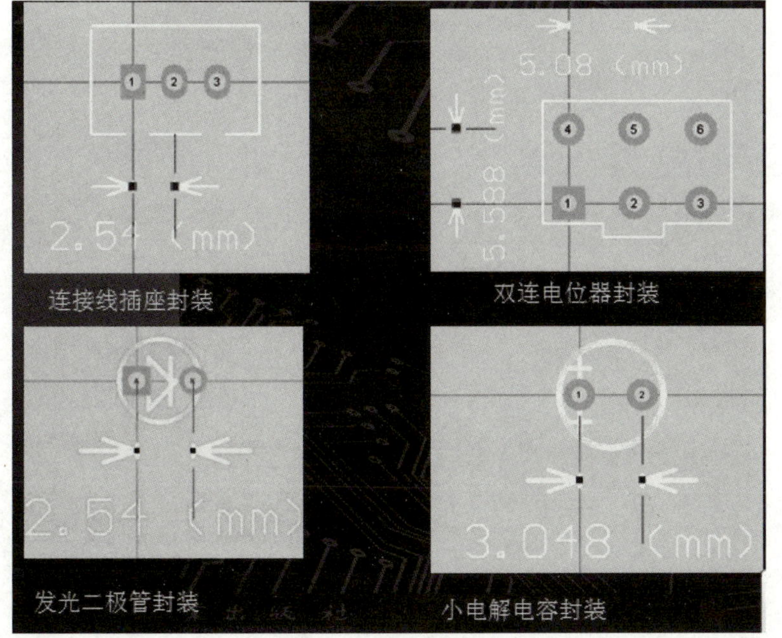

图中有四个封装，要注意的是，不能在一个封装窗口中，画四个元件，只能一个窗口画一个元件。这四个元件要建立四个新器件进行绘制。

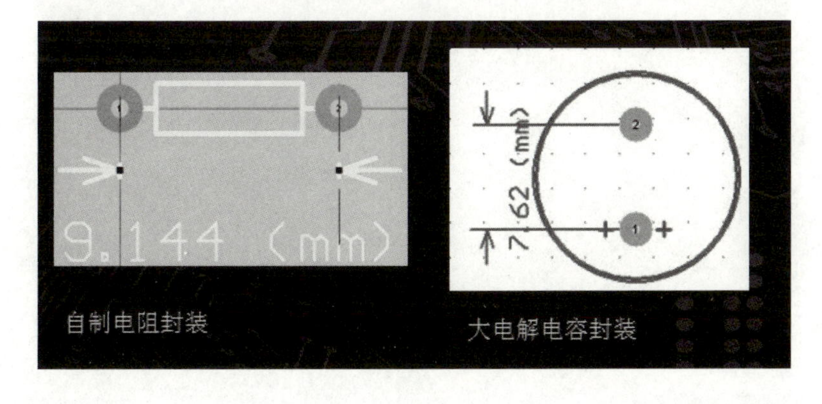

学习笔记

项目 5

心形灯电路制作

学习笔记

项目描述

本项目将详细介绍心形灯电路中的元件和封装制作，集成库元件的复制，心形灯电路原理图的制作，心形灯 PCB 板子形状的绘制，PCB 的制作。

知识能力目标

- 掌握原理图文件的创建方法。
- 掌握原理图元件及封装元件的绘制方法。
- 掌握通过向导绘制元件封装的技巧。
- 掌握 PCB 板子形状绘制、PCB 布线的方法。

素质目标

- 学习心形灯的绘制，培养学生的劳动精神，培养美学知识，PCB 板的形状需要设计美观。

任务 1 心形灯的元件和封装制作

任务分析

在本任务中将介绍心形灯的原理图元件的制作和 PCB 元件的制作，其中有些知识我们在前面的项目中曾经介绍过，此处就不再重复介绍了。

相关知识

微课：扫描学一学心形灯项目简介。

心形灯项目简介

心形灯原理图元件的制作方法与前面介绍的元件制作方法相同，读者可以按照前面介绍的方法来制作。在任务实施中将介绍具体步骤。

心形灯封装元件制作方法与前面的介绍也是类似的，读者可以参考任务实施中的介绍来操作。

学习笔记

测验

测试一下自己学习的效果。

（1）心形灯电路原理图有哪些元件？

（2）心形灯电路中可以直接在集成原理图库复制的元件是哪几个？

（3）在制作心形灯电路时，USB 接口的封装如何绘制？请写出具体的步骤。

任务实施

一、心形灯的元件制作

微课：扫描学一学心形灯元件制作。

心形灯元件制作

在心形灯电路需要的元件中，发现有几个元件需要自己制作，有几个元件需要复制、粘贴，具体如下。

1. 单片机元件

首先制作的元件是单片机元件。

（1）按图 5-1 所示绘制方框，然后放置引脚，在放置引脚的过程中进行引脚的编辑。

引脚	名称	名称	引脚
1	P1.0	VCC	40
2	P1.1	P0.0	39
3	P1.2	P0.1	38
4	P1.3	P0.2	37
5	P1.4	P0.3	36
6	P1.5	P0.4	35
7	P1.6	P0.5	34
8	P1.7	P0.6	33
9	RST	P0.7	32
10	P3.0/RXD	$\overline{EA}$/VPP	31
11	P3.1/TXD	ALE/$\overline{PROG}$	30
12	P3.2/$\overline{INT0}$	$\overline{PSEN}$	29
13	P3.3/INT1	P2.7	28
14	P3.4/T0	P2.6	27
15	P3.5/T1	P2.5	26
16	P3.6/$\overline{WR}$	P2.4	25
17	P3.7/$\overline{RD}$	P2.3	24
18	XTAL2	P2.2	23
19	XTAL1	P2.1	22
20	GND	P2.0	21

图 5-1　单片机元件

（2）放置引脚。如图 5-2 示是第 1 引脚的属性设置对话框。

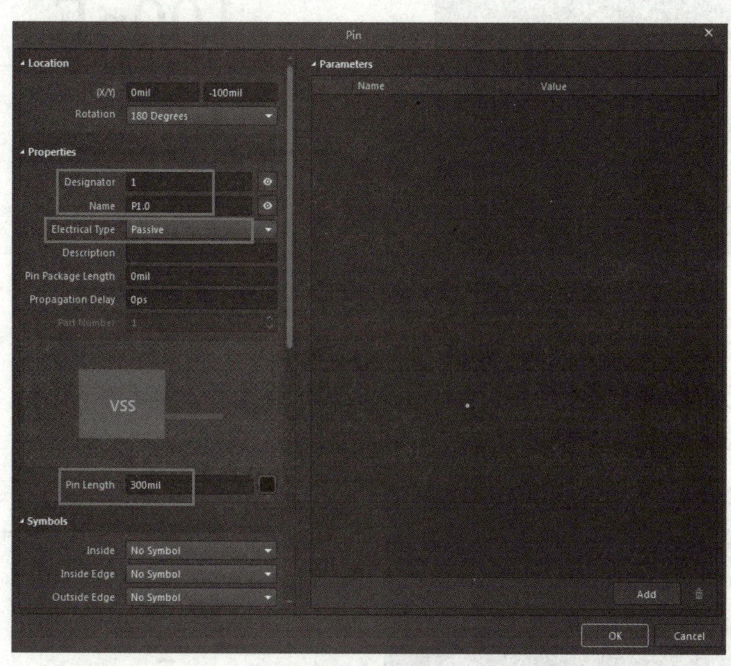

图 5-2　第 1 脚的属性设置

（3）显示名字上出现横线的引脚设置如图 5-3 所示。如设置 P3.2/I\N\T\0\。

图 5-3　第 12 引脚的设置

2. 电容元件

这个电容元件是可以在集成库中复制的，不需要自己绘制，如图 5-4 所示。

学习笔记

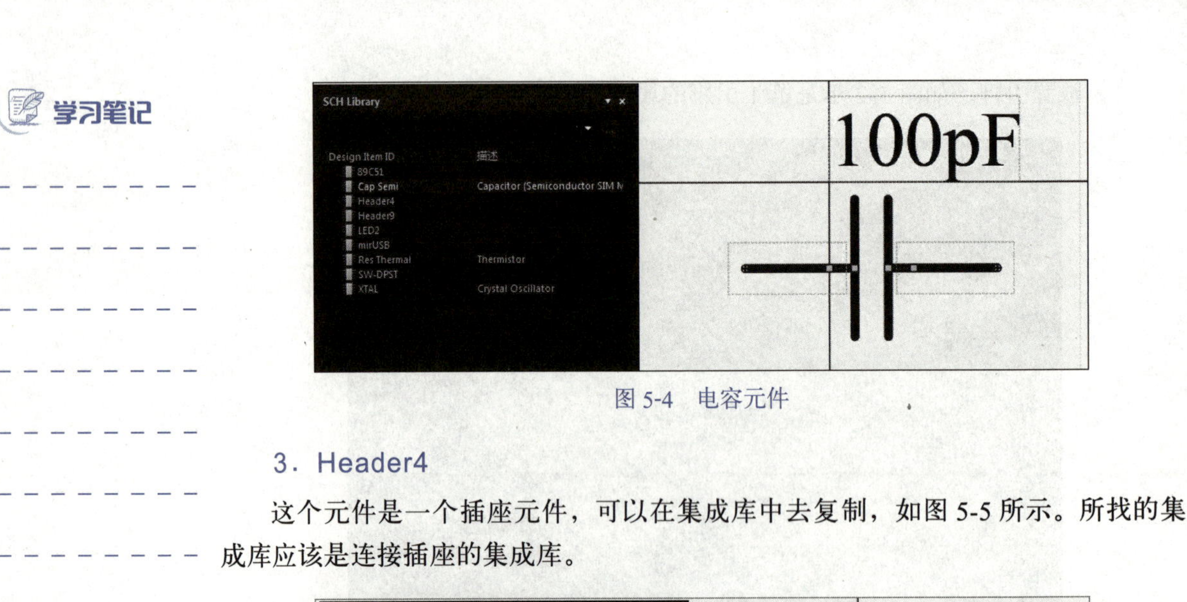

图 5-4　电容元件

3．Header4

这个元件是一个插座元件，可以在集成库中去复制，如图 5-5 所示。所找的集成库应该是连接插座的集成库。

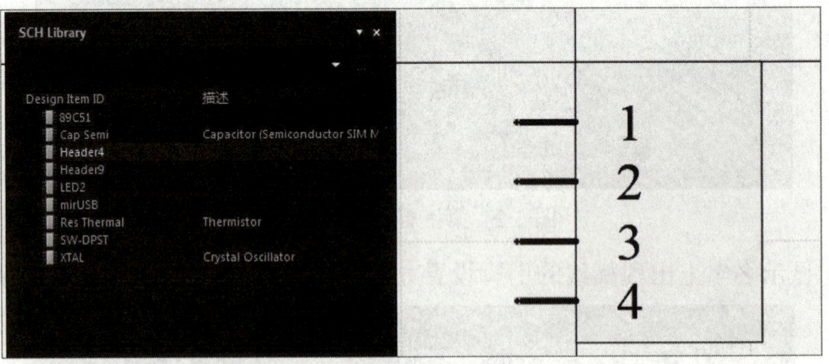

图 5-5　Header4 元件

4．Header9

这个元件是一个插座元件，可以在集成库中去复制，如图 5-6 所示。所找的集成库应该是连接插座的集成库。

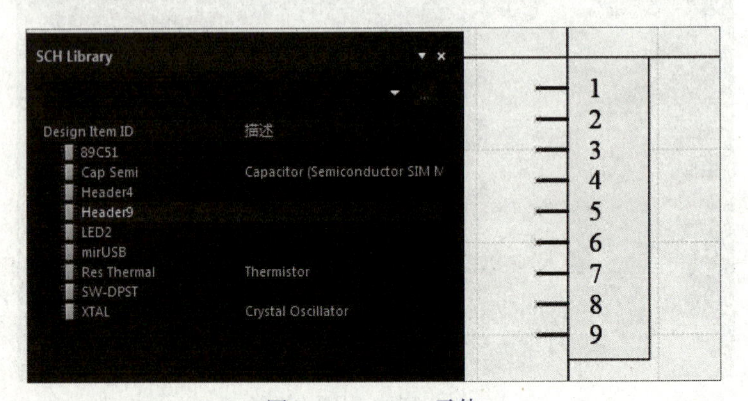

图 5-6　Header9 元件

5．LED 发光二极管

这个元件可以自己绘制。先放置一个方框，然后再放置两个引脚，如图 5-7 所示。

学习笔记

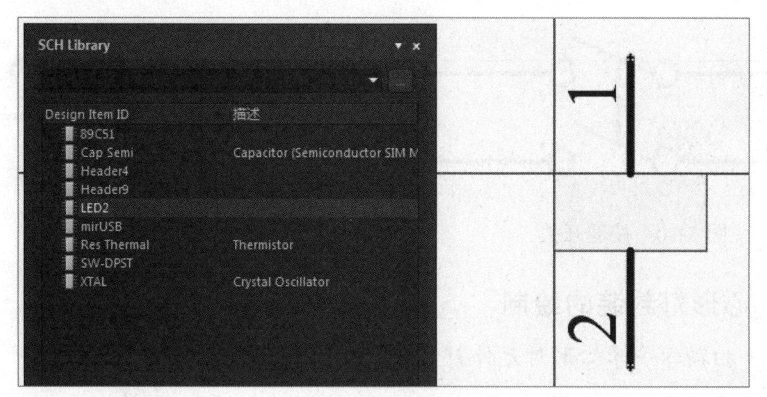

图 5-7　二极管的绘制

6．USB 元件

需要先绘制方框，然后放置 6 个引脚，如图 5-8 所示。

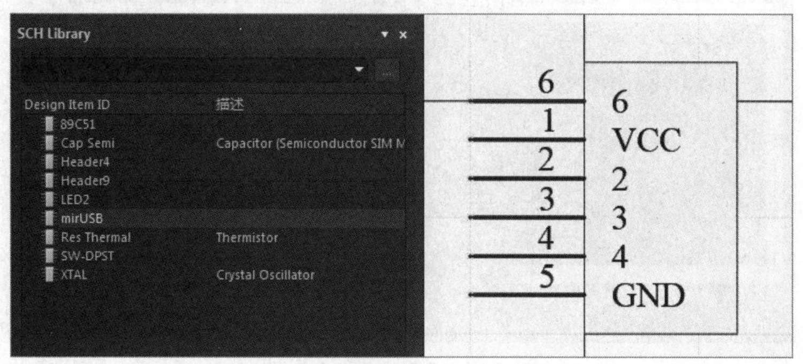

图 5-8　USB 元件

7．电阻元件

这个电阻元件不需要自己绘制，可以在集成电阻库中复制，如图 5-9 所示。

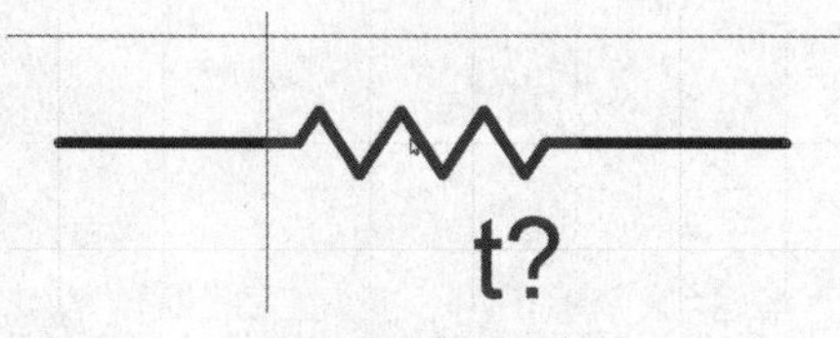

图 5-9　电阻元件

8．开关元件

这个元件可以在集成库中复制，集成库是电阻库，元件的名称是 SW-PB，如图 5-10 所示。

9．晶振

XTAL 是晶振元件，也可以在集成库中复制，如图 5-11 所示。

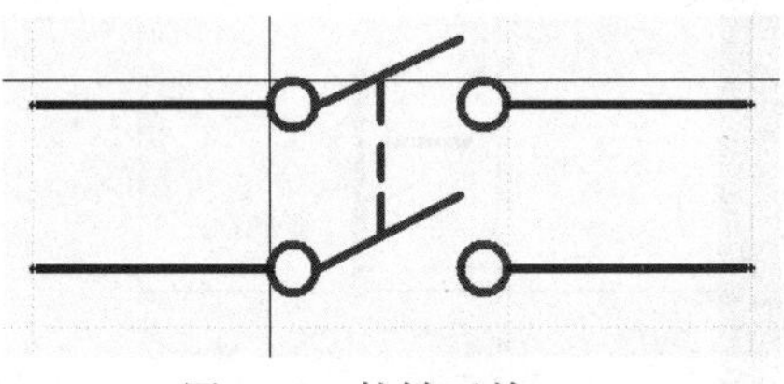

图 5-10　按键开关

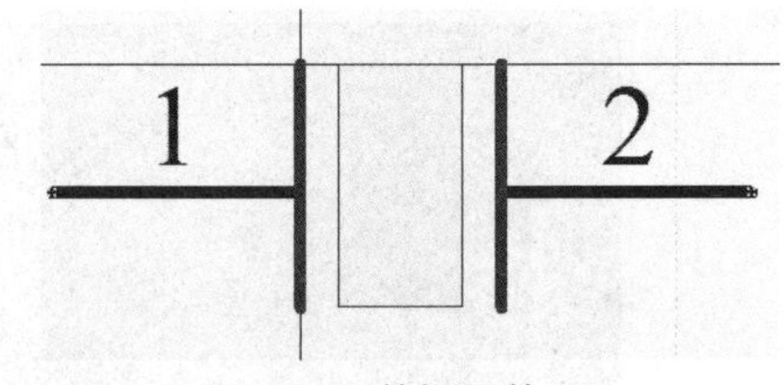

图 5-11　晶振元件

二、心形灯封装的绘制

心形灯元件封装

微课：扫描学一学心形灯元件封装。

1．3.2×1.6×1.1 元件

（1）这个是二极管元件，如图 5-12 所示。

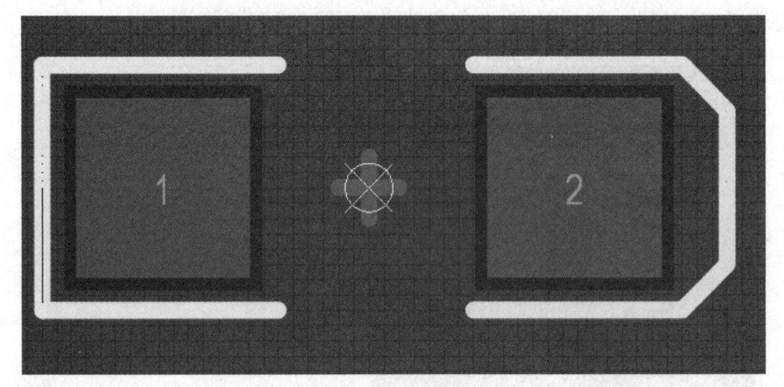

图 5-12　3.2×1.6×1.1 元件

（2）测量一下元件的焊盘距离如图 5-13 所示。

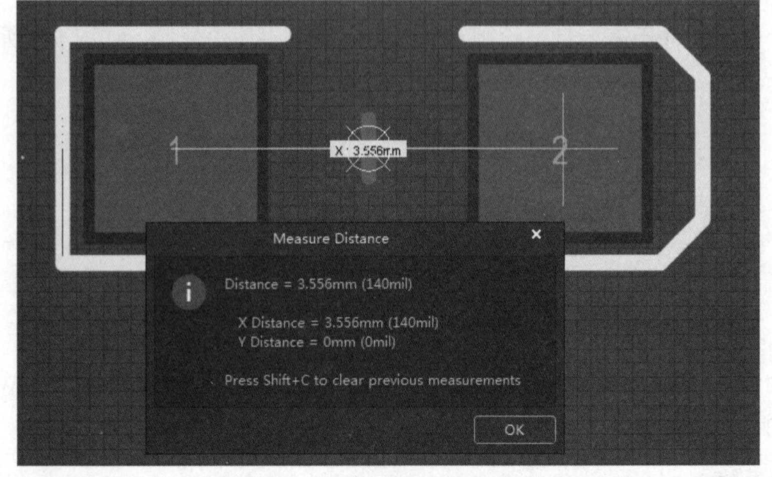

图 5-13　测量元件的焊盘距离

（3）焊盘 1 的设置如图 5-14 所示。

学习笔记

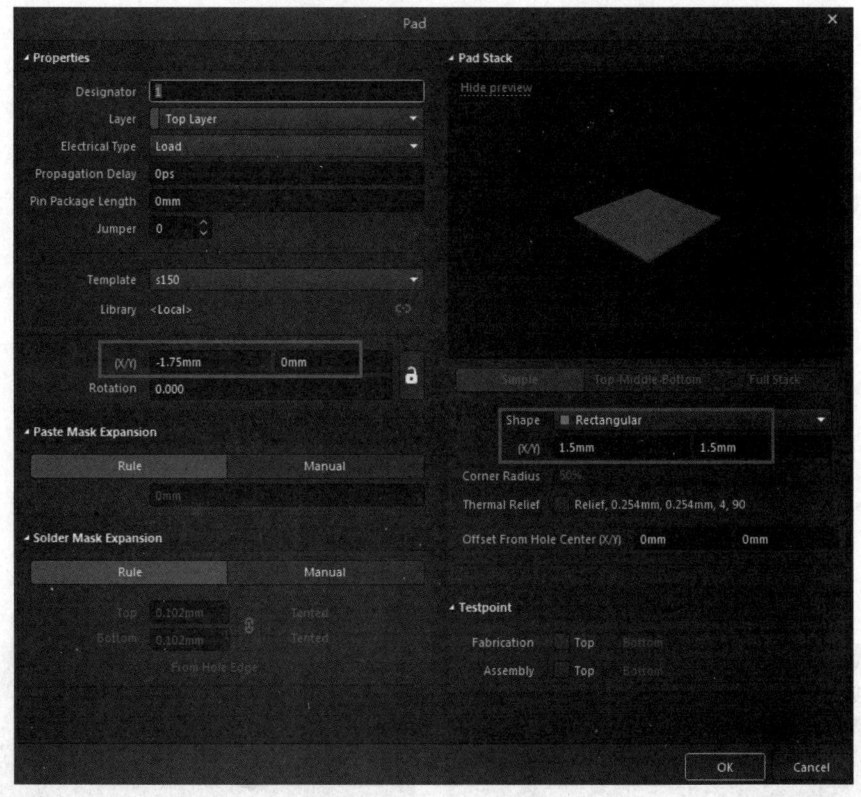

图 5-14　焊盘 1 的设置

（4）焊盘 2 的设置类似，只是元件位置中的 X 改为 1.75 mm，Designator 为 2。

2．6-0805_N

这个元件也可以在集成库中复制，如图 5-15 所示。

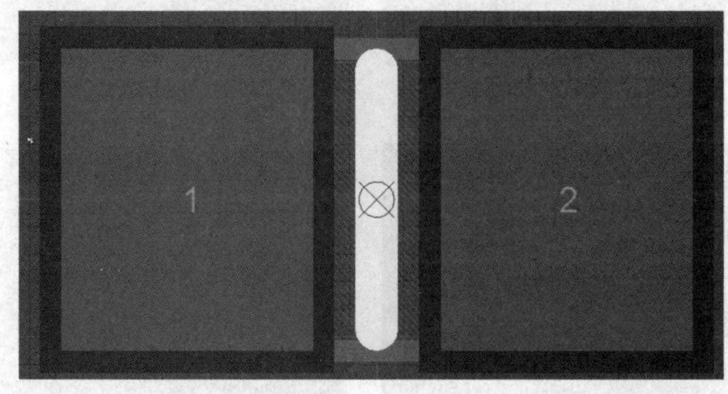

图 5-15　6-0805_N 元件

3．C1206

这个元件也可以在集成库中复制，如图 5-16 所示。

4．DIP40 元件

这个元件可以通过向导来制作。重要的步骤如图 5-17 ～图 5-22 所示。

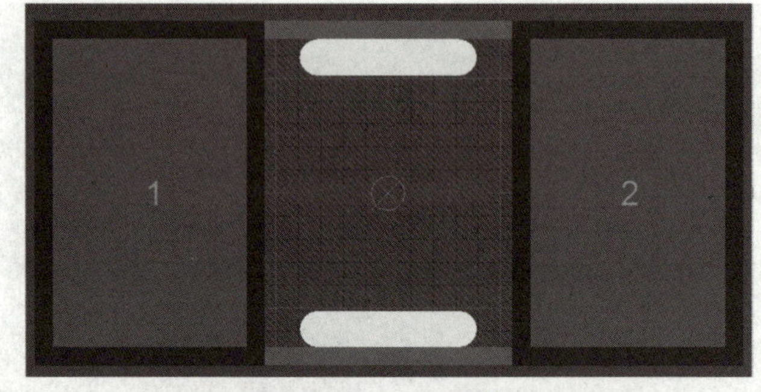

图 5-16　C1206 元件

图 5-17　选择“元器件向导”命令

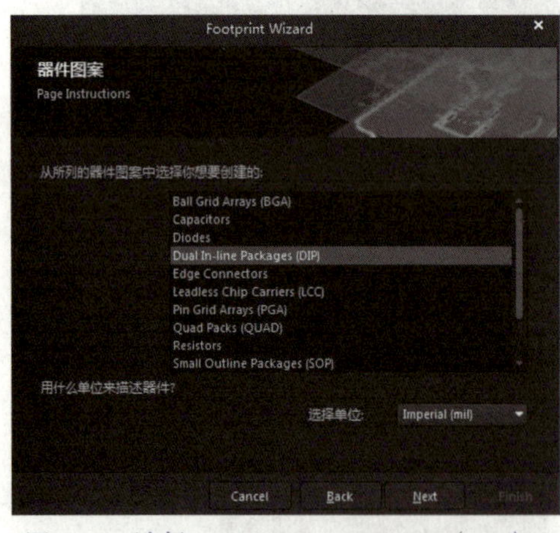

图 5-18　选择 Dual In-line Packages（DIP）

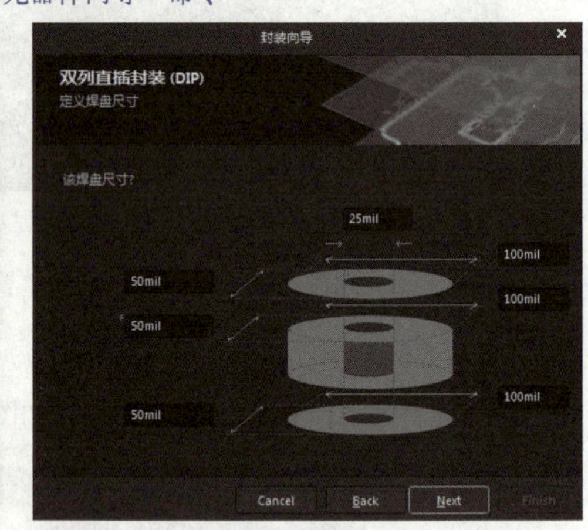

图 5-19　设置焊盘的尺寸

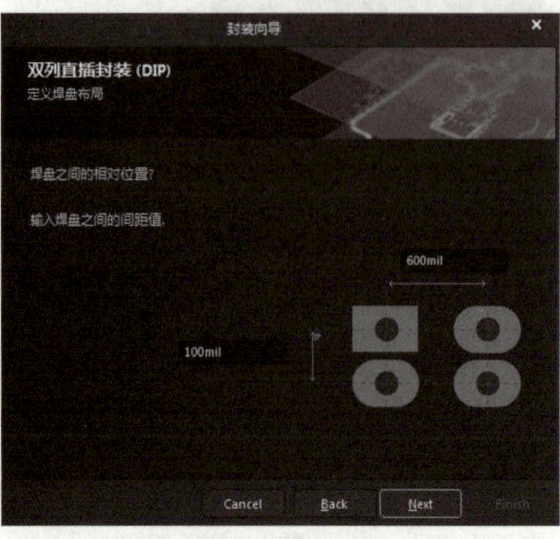

图 5-20　设置焊盘的距离

图 5-21　设置焊盘的总数

学习笔记

5．DPST-4

这个元件是按键的封装，查看元件外形并测量距离。

测量一下焊盘距离，先测量焊盘 1 和焊盘 2 的距离，如图 5-23 所示。再测量焊盘 1 和焊盘 4 的距离，如图 5-24 所示。

图 5-22　DIP40 封装

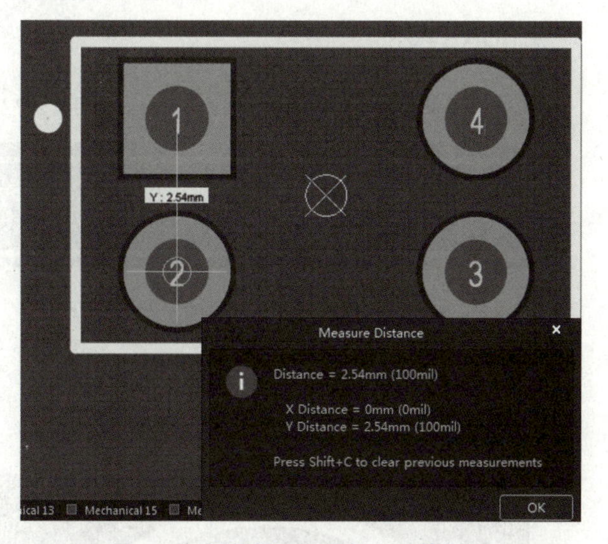

图 5-23　测量焊盘 1 和焊盘 2 的距离

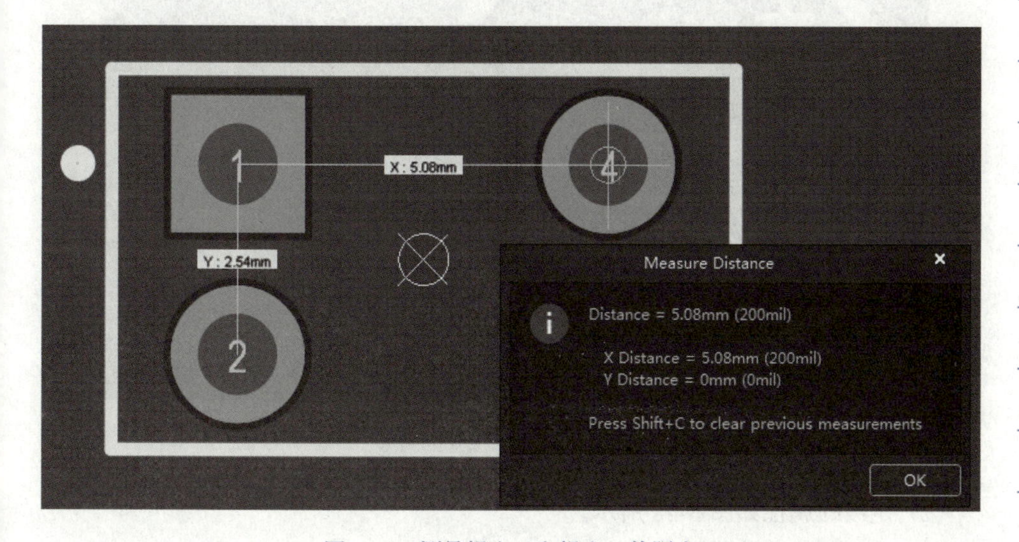

图 5-24　测量焊盘 1 和焊盘 4 的距离

学习笔记

6．HDR1X4

这个四脚插座可以在集成库中复制，如图 5-25 所示。

图 5-25　HDR1X4

7．HDR1X9

这个九脚插座可以在集成库中复制，如图 5-26 所示。

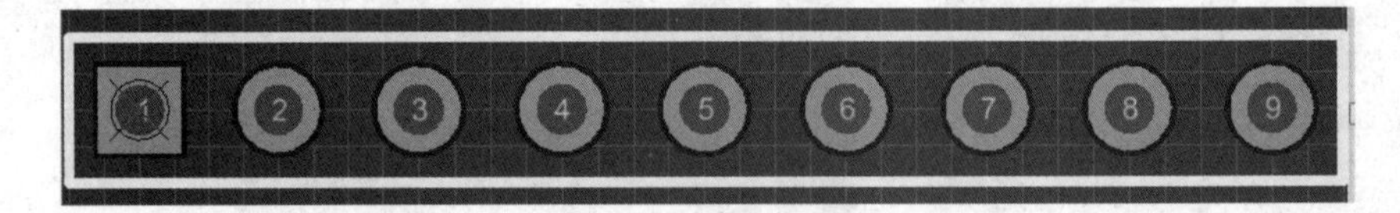

图 5-26　HDR1X9

8．LED3 元件

（1）这个是发光二极管的封装，需要自己绘制，效果如图 5-27 所示。

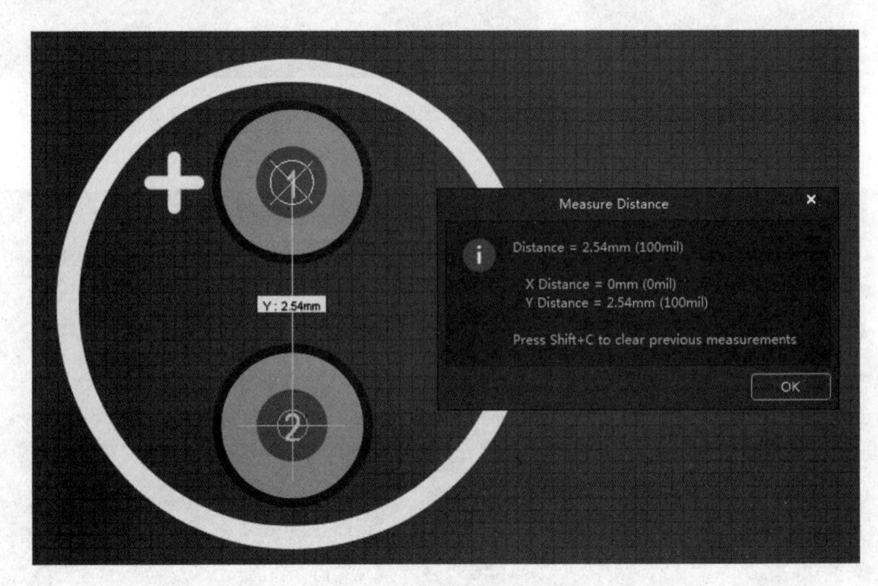

图 5-27　发光二极管的封装

（2）走线的属性如图 5-28 所示。

（3）焊盘 1 的属性设置，如图 5-29 所示。

学习笔记

图 5-28　走线的属性

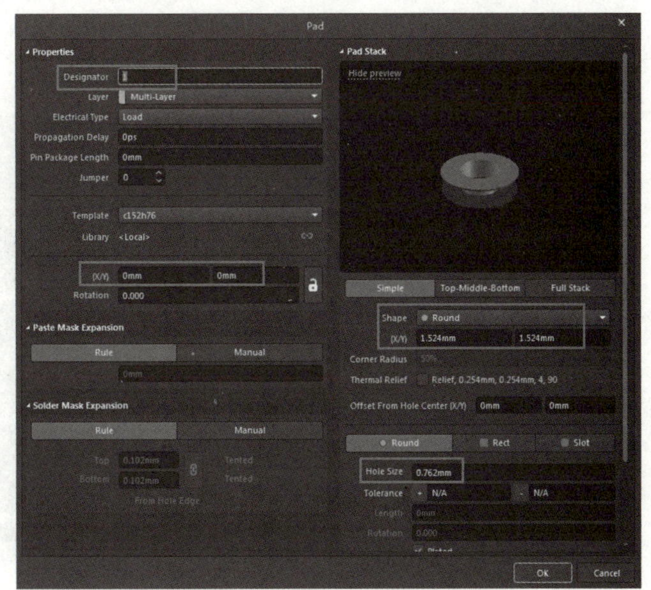

图 5-29　焊盘 1 的属性设置

（4）焊盘 2 的属性设置，如图 5-30 所示。

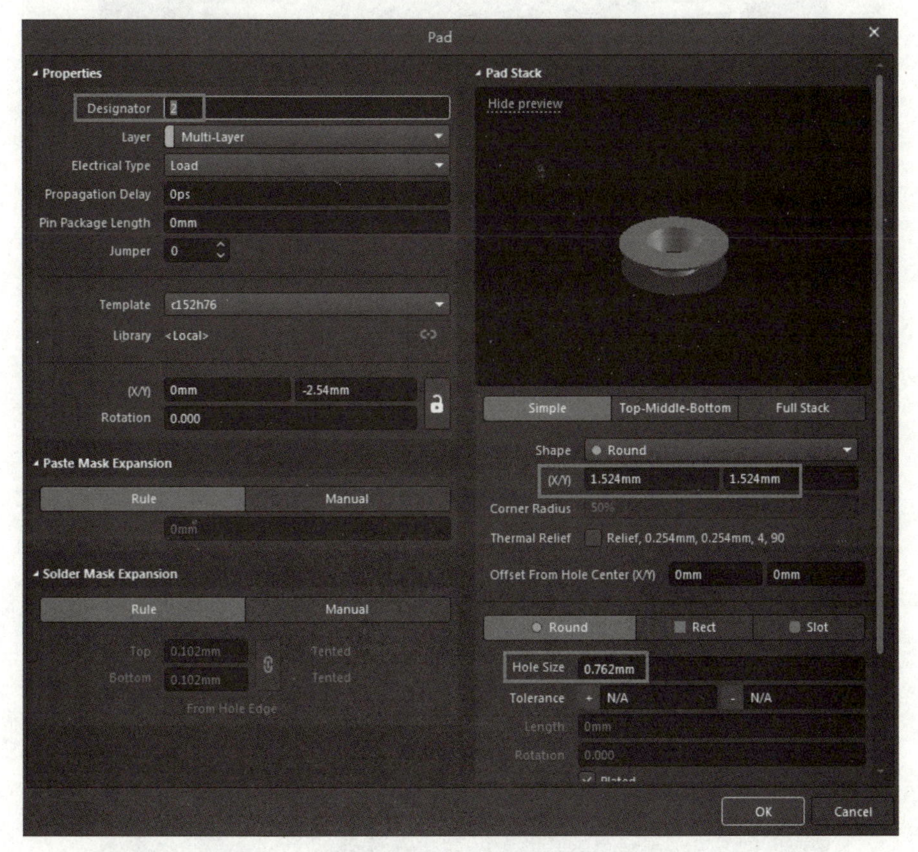

图 5-30　第二个焊盘的属性

9．USB元件

USB封装如图5-31所示。

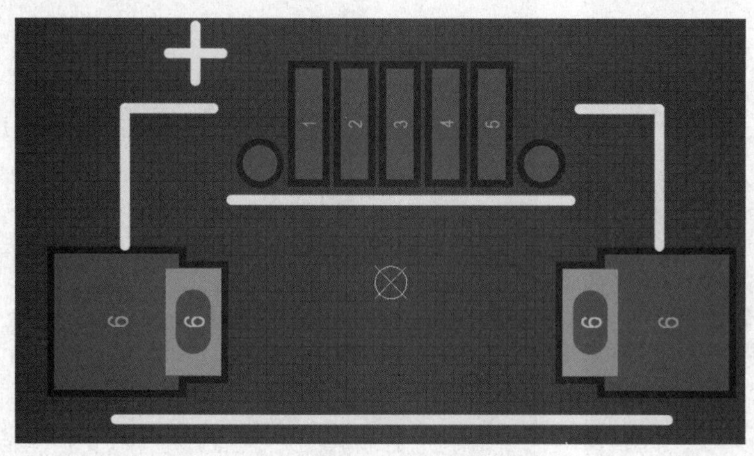

图5-31　USB的封装

下面介绍一下焊盘的距离和焊盘的大小。

(1) 测量大焊盘6-6的距离如图5-32所示。

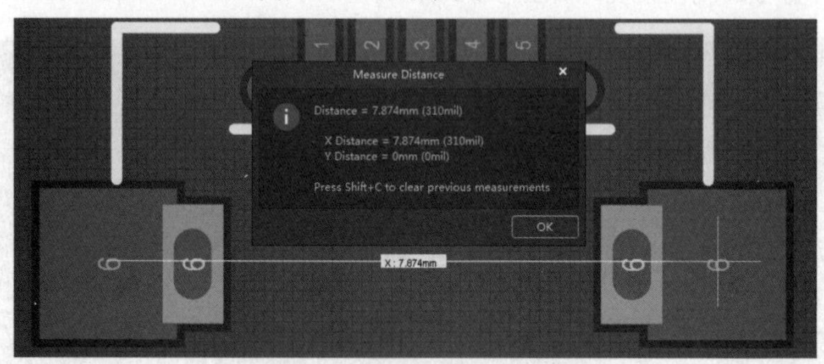

图5-32　测量大焊盘6-6的距离

(2) 测量第二个小焊盘6-6的距离如图5-33所示。

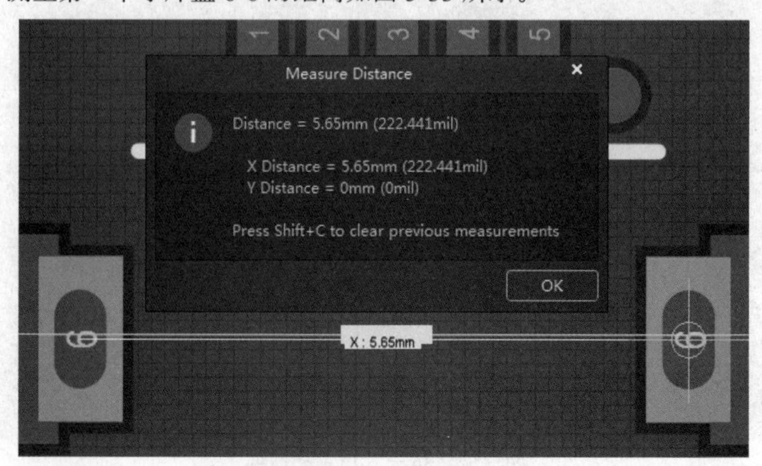

图5-33　测量第二个小焊盘6-6的距离

（3）大焊盘 6 的属性设置如图 5-34 所示。

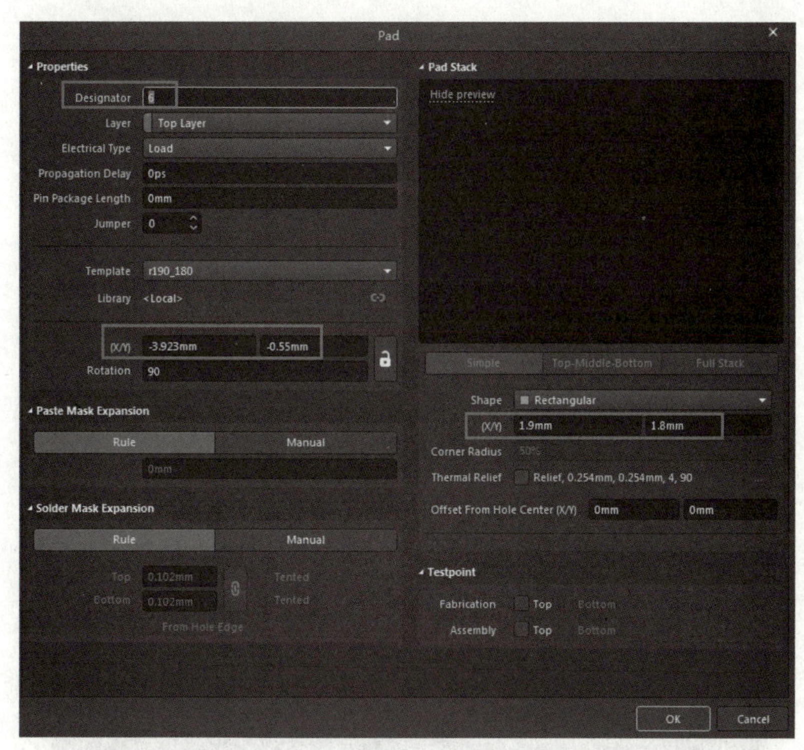

图 5-34　大焊盘 6 的属性设置

（4）第二个小焊盘 6 的属性设置如图 5-35 所示。

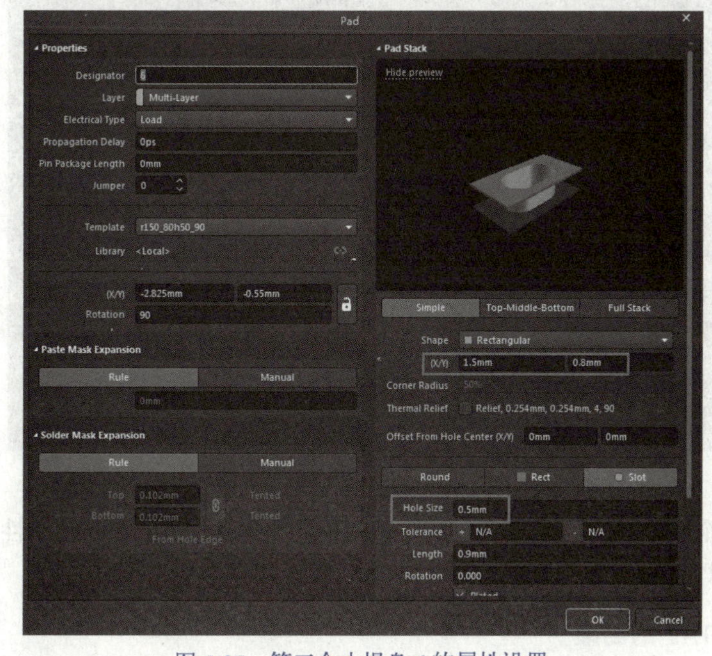

图 5-35　第二个小焊盘 6 的属性设置

学习笔记

（5）测量 USB 引脚的距离，如图 5-36 所示。

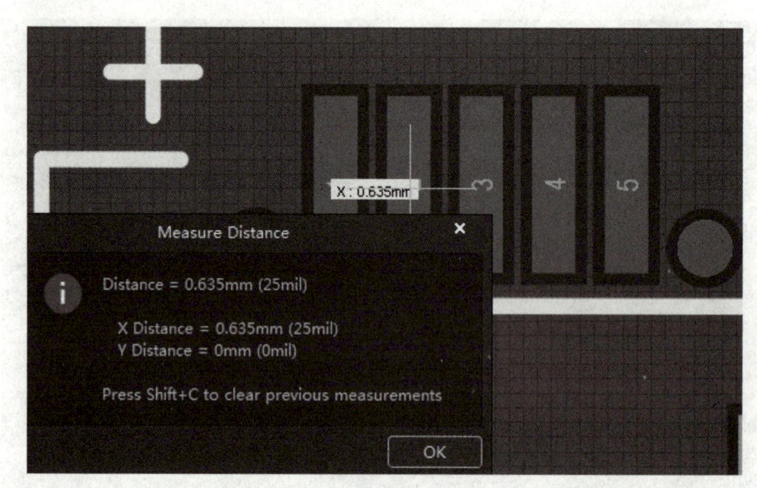

图 5-36　测量 USB 引脚的距离

（6）每个焊盘的距离是 25 mil。

第一个小焊盘的属性设置如图 5-37 所示。

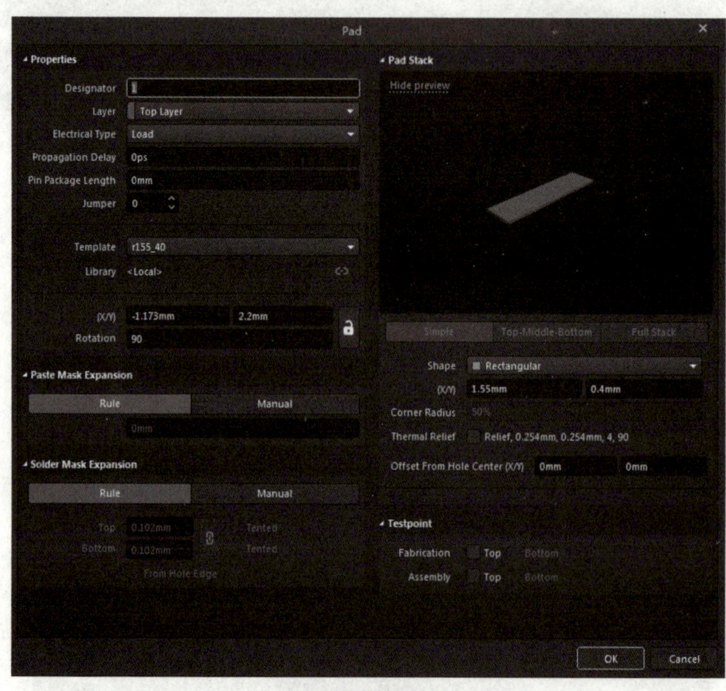

图 5-37　第一个小焊盘的属性设置

后面几个小焊盘的设置改变的只是 X 的值，和焊盘的标识，其他属性没有改变。中间第三个焊盘的 X 值为 0 mil，Y 值为 85 mil，如图 5-38 所示。

10．XTAL 的封装

这是晶振元件，它的封装如图 5-39 所示。

学习笔记

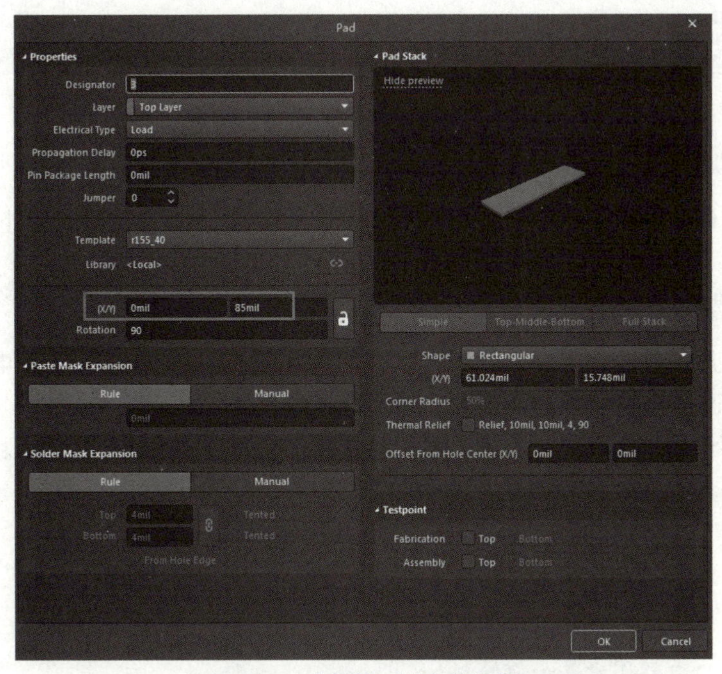

图 5-38　中间第 3 焊盘的设置

图 5-39　XTAL 的封装

测量焊盘的距离为 200 mil，如图 5-40 所示。

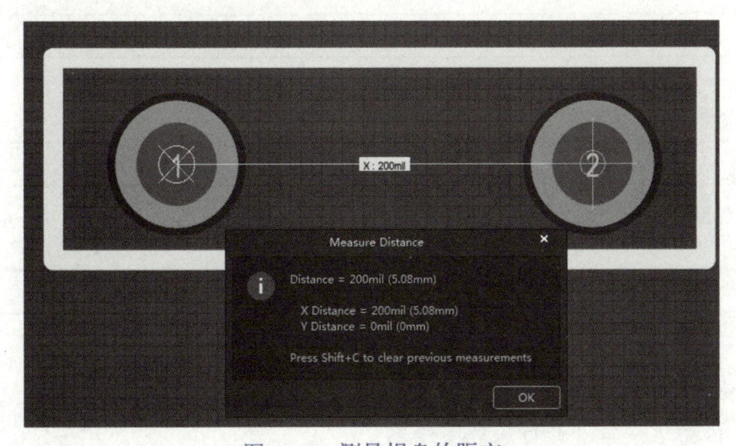

图 5-40　测量焊盘的距离

学习笔记

任务2 心形灯原理图和PCB的制作

任务分析

在这个任务中将介绍心形灯原理图和PCB的制作，学习心形灯板子外形的绘制。

相关知识

心形灯原理图制作中电阻看不到标识，只是没有显示出来。在放置电阻时，一定要添加标识。另外，原理图中的导线用得不是很多，用了很多网络标号，放置网络标号时要注意出现红叉。另外，要注意发光二极管用的是圆形的封装。具体的操作方法在任务实施中详细介绍。

测验

测试一下自己学习的效果。

（1）LED电路图元件如何绘制？

____

____

（2）如何放置网络标号？

____

____

（3）在原理图中，相同的网络标号代表什么意义？

____

____

（4）如何绘制心形PCB的形状，请具体描述步骤。

____

____

（5）原理图如何更新到PCB？

____

____

（6）如何给PCB加上泪滴和覆铜？

____

____

心形灯原理图绘制

任务实施

微课：扫描学一学心形灯原理图绘制。

一、心形灯原理图制作

学习笔记

1. 原理图的简介

心形灯的原理图如图 5-41 所示。清晰的原理图可以参考视频。

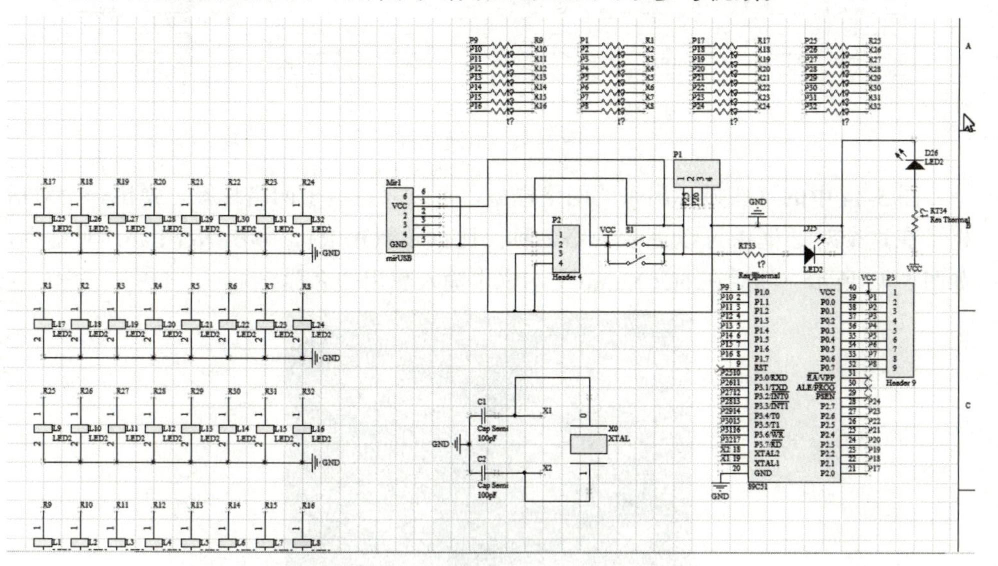

图 5-41　心形灯的原理图

图 5-41 中用单片机来控制二极管的发光，如流水灯一样。

这些每个带两个引脚的原理图元件 LED2 都是发光二极管，它的封装都是用 LED 标识的，都可以用 RB0.1 的封装来制作，如图 5-42 所示。

图 5-42　LED 封装

图 5-43 中这些发光二极管的元件名称可以命名。如图中 LED2，L25，其中的 L25 是网络标识，LED2 是说明文字。网络标识一定不能省略。

每个发光二极管的上端没有直接连接导线，而是通过标示 R17 ~ R24 来表示的。这些标识不是一般的元件说明文字，而是网络标号，网络标号是有电气特性的，同一个网络标号，表明这两个点是相连接的。而二极管的下端是接地，接的是电源端口 GND。

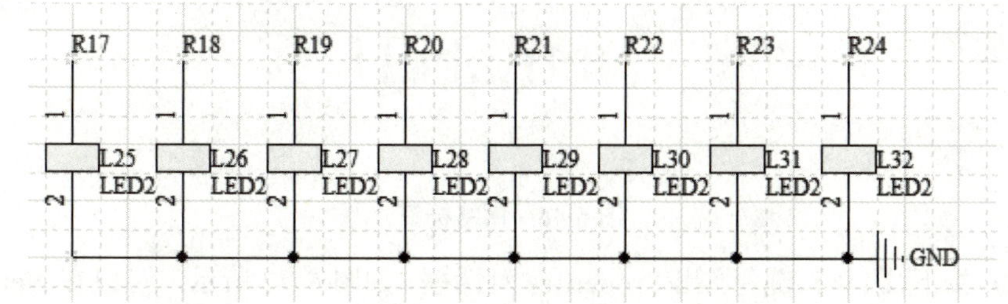

图 5-43　发光二极管部分

图 5-44 是原理图中的电阻部分，这些电阻两端是标识，是网络标号，通过网络标签来放置。电阻本身的标识没有显示出来，但是每个电阻都是有标识的，一定不要认为没有标识。比如看这里面的 R1 ~ R8 相连接的电阻，它的网络标识是

学习笔记

RT1 ~ RT8，这是电阻本身的标识，其他的类似。

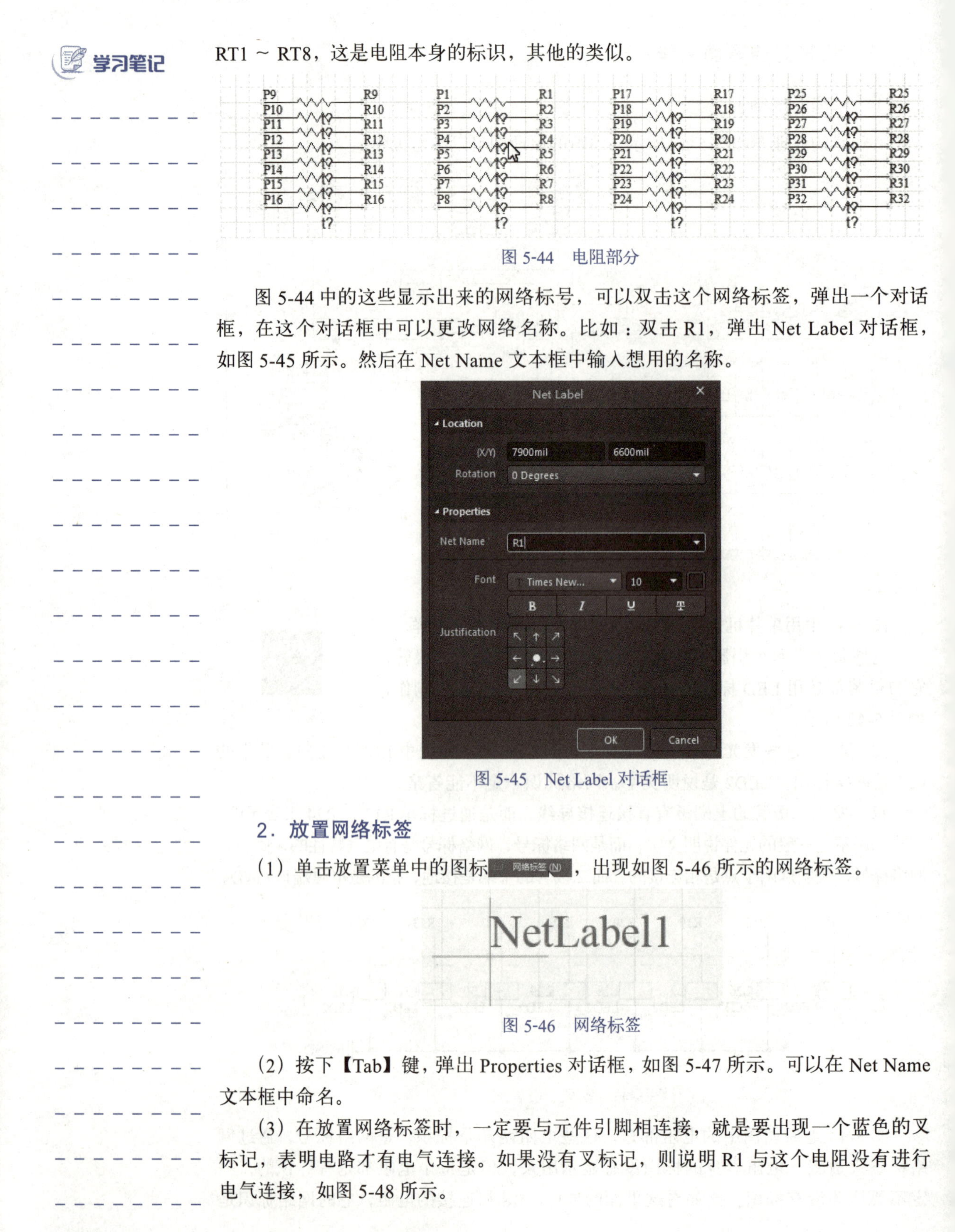

图 5-44　电阻部分

图 5-44 中的这些显示出来的网络标号，可以双击这个网络标签，弹出一个对话框，在这个对话框中可以更改网络名称。比如：双击 R1，弹出 Net Label 对话框，如图 5-45 所示。然后在 Net Name 文本框中输入想用的名称。

图 5-45　Net Label 对话框

2．放置网络标签

（1）单击放置菜单中的图标 网络标签(N)，出现如图 5-46 所示的网络标签。

图 5-46　网络标签

（2）按下【Tab】键，弹出 Properties 对话框，如图 5-47 所示。可以在 Net Name 文本框中命名。

（3）在放置网络标签时，一定要与元件引脚相连接，就是要出现一个蓝色的叉标记，表明电路才有电气连接。如果没有叉标记，则说明 R1 与这个电阻没有进行电气连接，如图 5-48 所示。

学习笔记

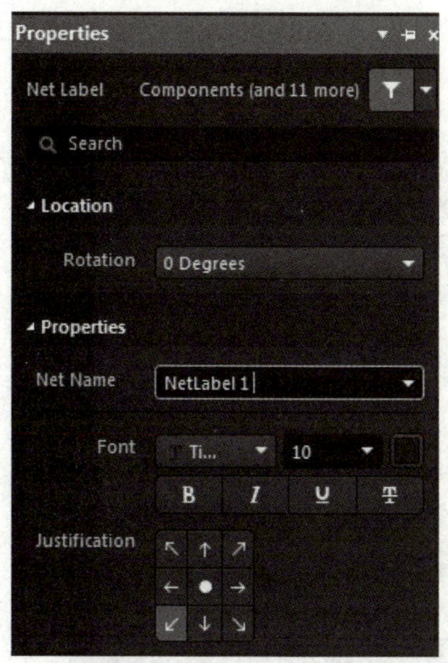

图 5-47　Properties 对话框

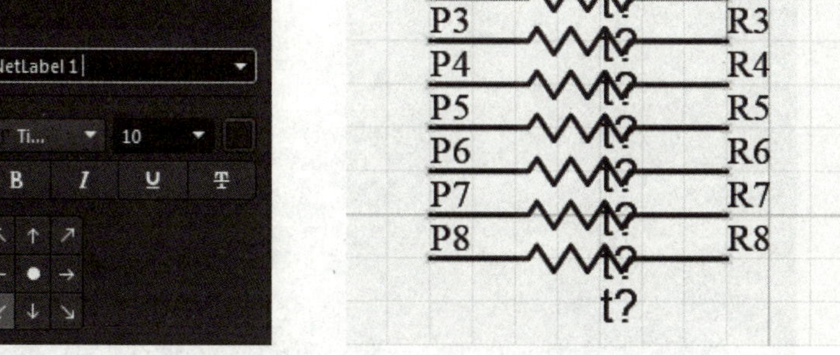

图 5-48　放置网络标签

（4）看一下单片机引出脚，如单片机的 P1 ~ P8 与电阻的 P1 ~ P8 本来是需要一个一个画连接线段的，但是这样整个原理图将有非常多的连线，看起来不简洁，比较凌乱，于是可以通过放置网络标签来进行连接，如图 5-49 所示。

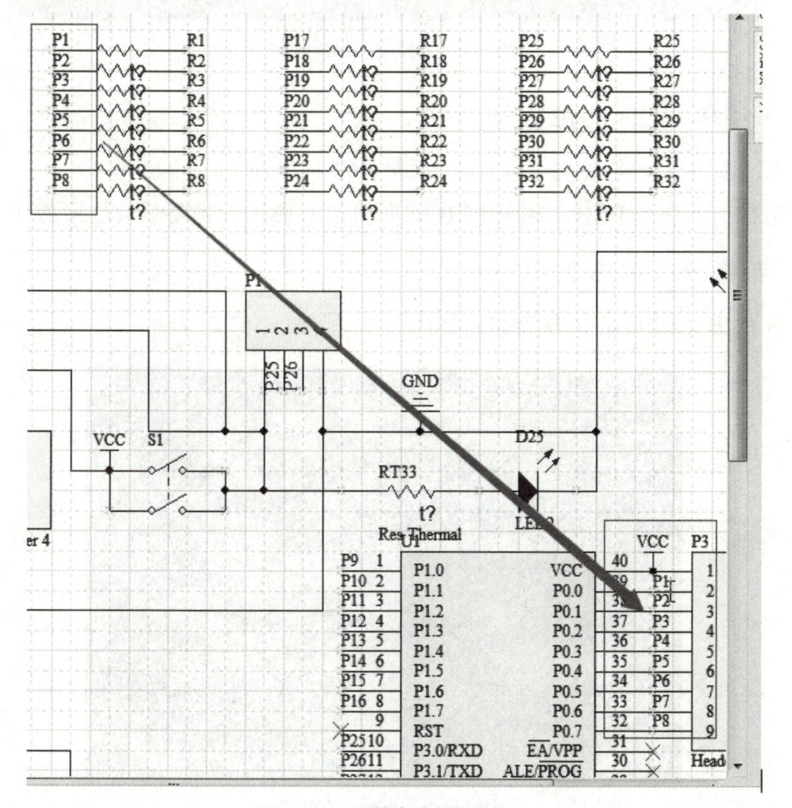

图 5-49　网络标号的连接

（5）给电阻增加网络标识。双击查看一下电阻，从 RT1 ~ RT32，将电阻进行网络标识，全部命名，如图 5-50 所示。

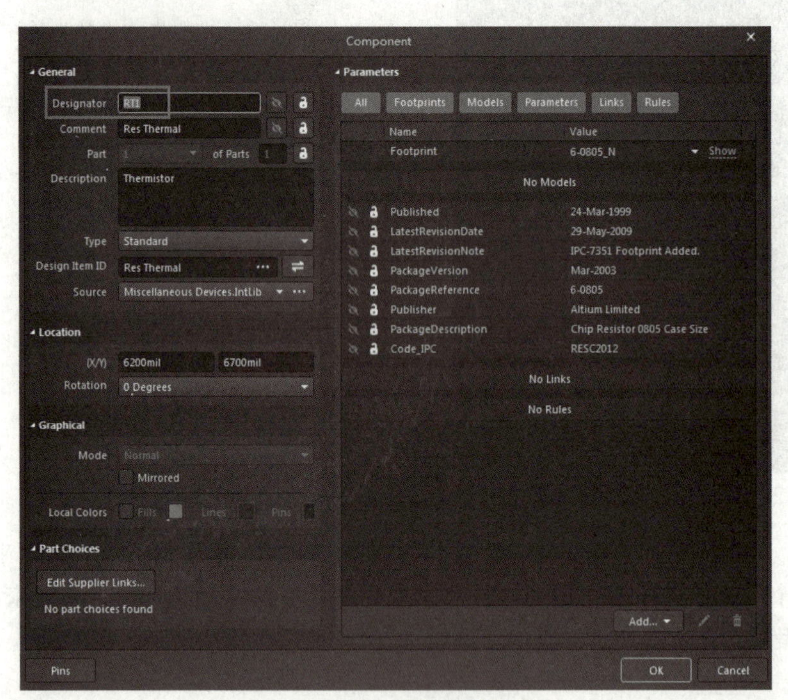

图 5-50　电阻增加网络标识

二、绘制 PCB 心形板子

心形灯PCB板子形状绘制

微课：扫描学一学绘制心形灯 PCB 板子形状绘制。

首先看一下这个 PCB，这个 PCB 的形状是心形，首先要学会心形板子的绘制。

1. 新建一个 PCB 文件

普通 PCB 的外形是长方形的，如图 5-51 所示。

图 5-51　PCB 的外形

学习笔记

2．绘制心形板子

（1）切换到 Keep-Out Layer（禁止布线层），如图 5-52 所示。

选择禁止布线层的原因是，所有的元件连接线路将在这个封闭图形内部进行布线，封闭图形外的元件则不会布线，将以飞线形式存在。

（2）在这个层次开始画走线和扇形，特别注意要绘制成一个封闭图形。

（3）绘制一个扇形。可以双击该扇形设置此扇形的半径，同时通过用鼠标左键选择两端点调整扇形的形状，如图 5-53 所示。

图 5-52 切换到 Keep-Out Layer

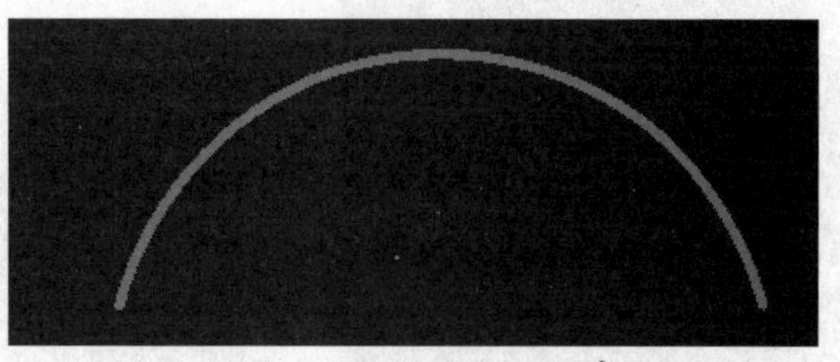

图 5-53 绘制扇形

（4）选择扇形，选择“编辑”｜“拷贝”命令，然后选择“粘贴”命令，出现一个同样大小的扇形，如图 5-54 所示。

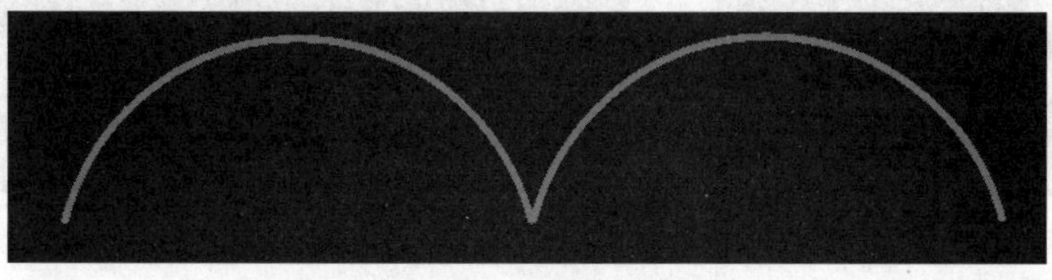

图 5-54 粘贴扇形

（5）绘制另一个扇形，也可以将该扇形复制、粘贴为一个新的扇形，然后调整半径和形状，如图 5-55 所示。

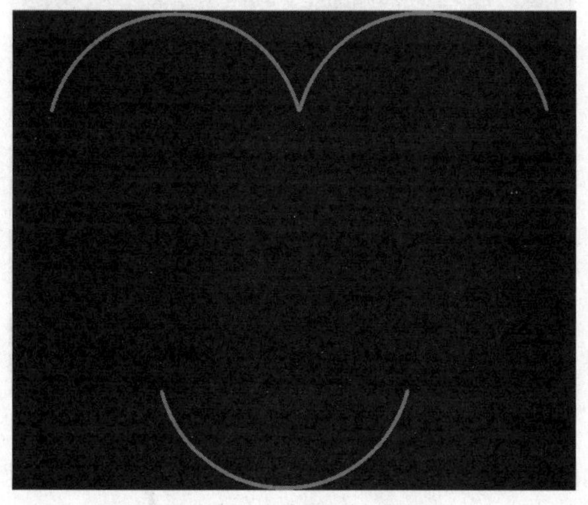

图 5-55 绘制另一个扇形

学习笔记

（6）调整下面一个扇形的大小和形状，如图 5-56 所示。

（7）调整后的形状如图 5-57 所示。

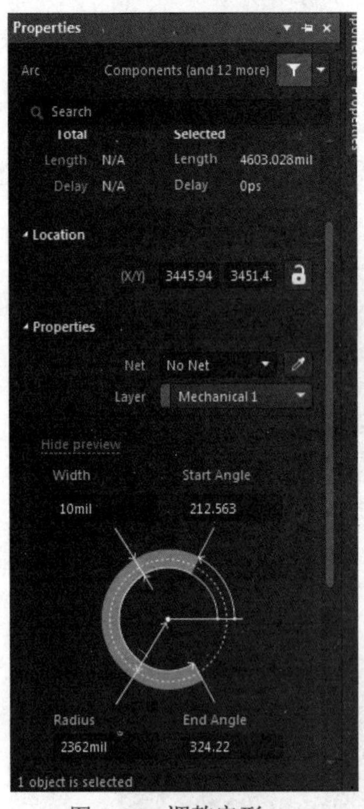

图 5-56　调整扇形

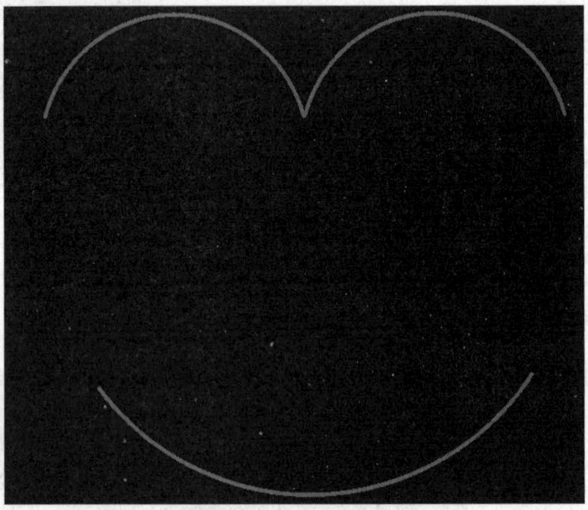

图 5-57　调整后的形状

（8）绘制两边的走线，完成一个封闭图形，如图 5-58 所示。

图 5-58　绘制完的图形

（9）按住【Shift】键，一个一个单击走线和扇形，或者按键盘上的【Ctrl+A】组合键，如图 5-59 所示。

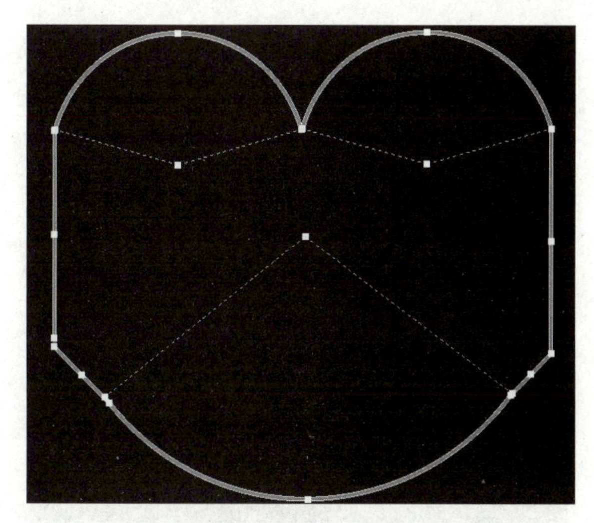

图 5-59　选择全部走线

（10）选择“设计”｜“板子形状”｜“按照选择对象定义”命令，如图 5-60 所示。

图 5-60　按照选择对象定义

（11）执行该命令后，弹出图 5-61 所示对话框。

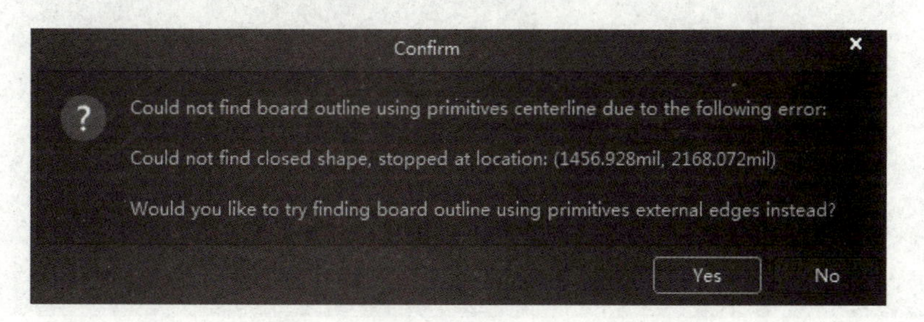

图 5-61　Confirm 对话框

（12）单击 Yes 按钮后的结果如图 5-62 所示。

从图 5-62 中可以看出，已经绘制了需要的心形电路板。特别注意，一定要绘制成一个封闭图形，否则想要的 PCB 形状是制作不成功的。

图 5-62　单击 Yes 按钮后的结果

三、原理图更新到 PCB

微课：扫描一学心形灯原理图更新到 PCB。

心形灯原理图更新到PCB

1．检查原理图的元件封装（对于没有的封装需要自己绘制或修改封装）

2．封装无误后，更新到 PCB

（1）选择“设计”｜Update PCB Document PCB1.PcbDoc 命令，弹出“工程变更指令”对话框，如图 5-63 所示。

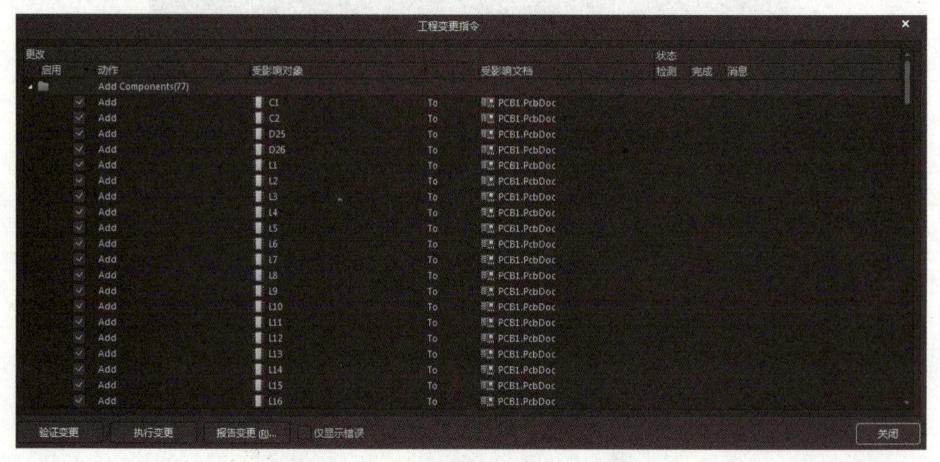

图 5-63　“工程变更指令”对话框

（2）在这个对话框中先单击“验证变更”按钮，状态栏中的检测，如图 5-64 所示。

（3）单击“执行变更”按钮，状态栏中的完成，打上了绿色的勾；如果出现红色的，则需要检查错误，如图 5-65 所示。

学习笔记

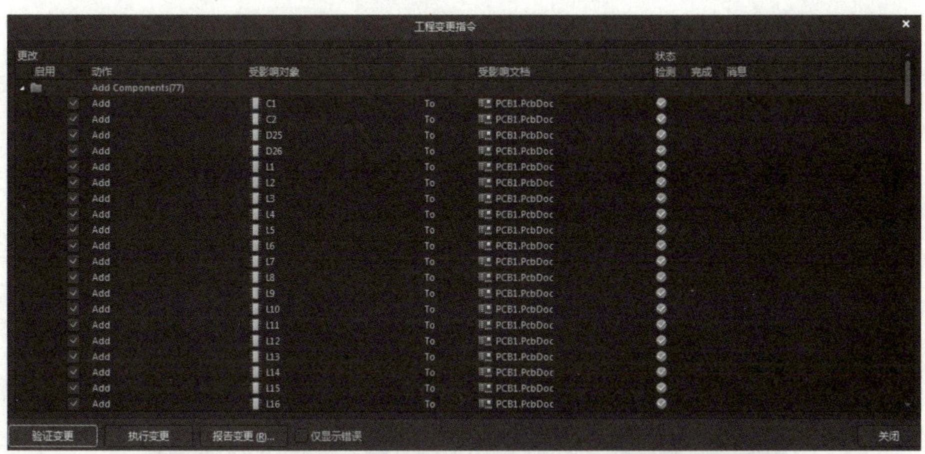

图 5-64　验证变更

图 5-65　执行变更

（4）单击“关闭”按钮后，元件已经在 PCB 中显示出来了，如图 5-66 所示。

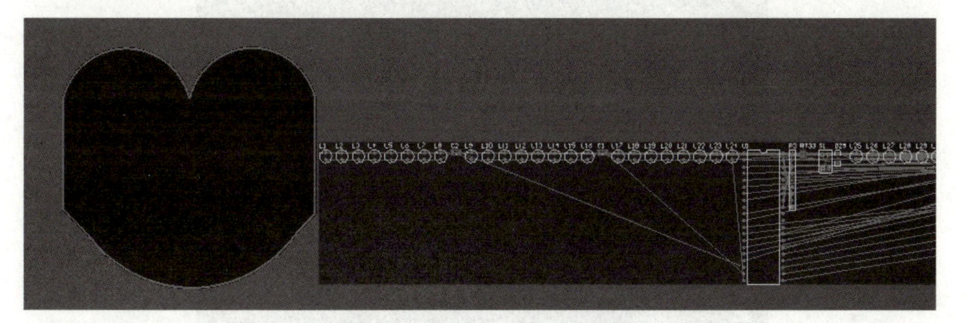

图 5-66　元件出现在 PCB 中

四、PCB 的布局布线

微课：扫描学一学心形灯 PCB 布局及改错。

心形灯PCB布局及改错

学习笔记

1．先删除红色区域

删除红色底纹，然后将元件拖动到禁止布线层所封闭的图形内，如图5-67所示。

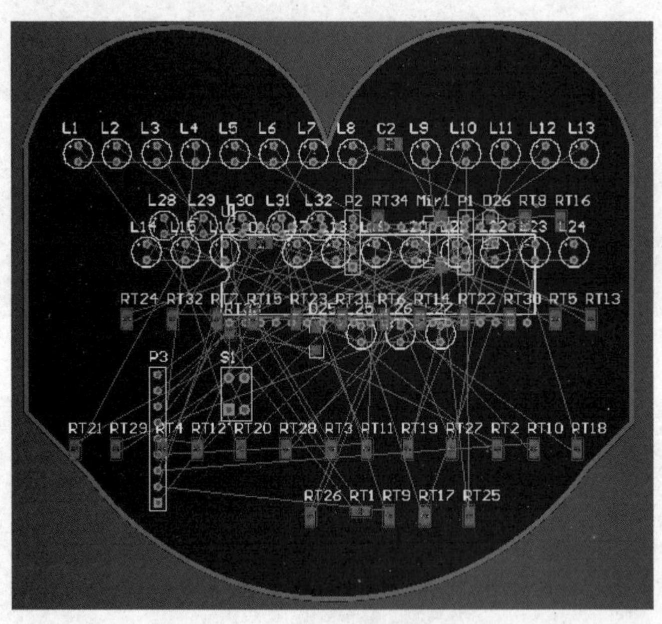

图5-67 元件拖动到布线区域

2．元件的布局

（1）选择“工具”｜“器件摆放”命令，如图5-68所示。

（2）图5-68中没有“自动布局”的选项，只有按照Room排列、在矩形区域排列等。

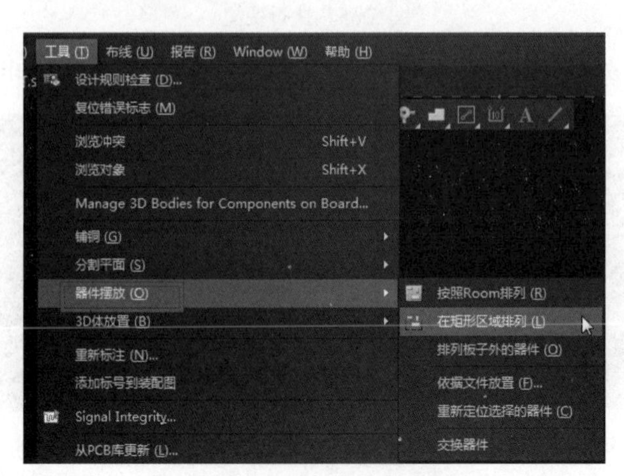

图5-68 选择“器件摆放”命令

3．元件的手动布局调整

执行“在矩形区域排列”命令后，效果并不好，还是很凌乱。需要手动调整布局。

学习笔记

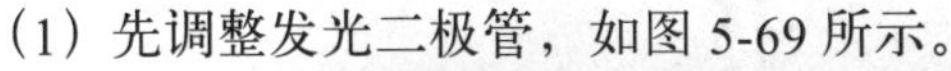

（1）先调整发光二极管，如图 5-69 所示。

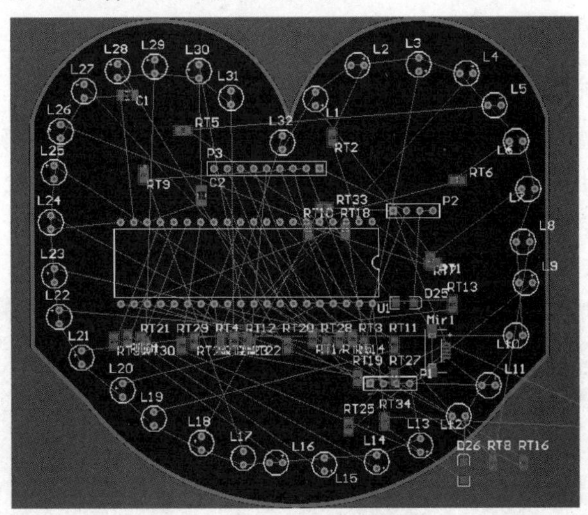

图 5-69　调整发光二极管

（2）按键盘上的【J+C】组合键，出现一个元件查找对话框，在这个对话框中查找元件，并进行拖动放置。或者可以先隐藏飞线，这样元件名称容易清楚地显示出来，不然看不见元件名称。

（3）选择“视图”｜“连接”｜“全部隐藏”命令，如图 5-70 所示，可以将飞线隐藏，布局完成后，再显示飞线即可。

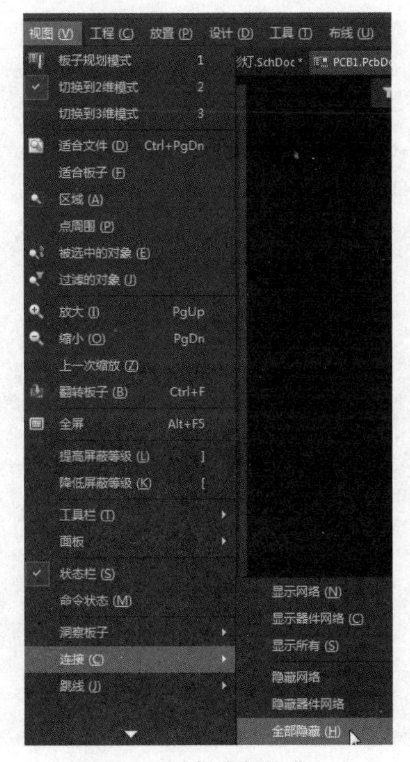

图 5-70　选择全部隐藏

学习笔记

（4）隐藏飞线的效果如图 5-71 所示。

现在可以很清楚地看见元件的名称，这样方便于拖动布局元件。

4．元件的旋转设置

（1）一般放置元件后，是 90° 旋转，如果想 30° 或 45° 旋转则需要更改参数。右击元件，在弹出的快捷菜单中选择“优先选项”命令，如图 5-72 所示。进入参数选择对话框。在这里面更改旋转的度数，如图 5-73 所示。更改这个旋转度数主要是为了后面要放置 USB 封装的元件。

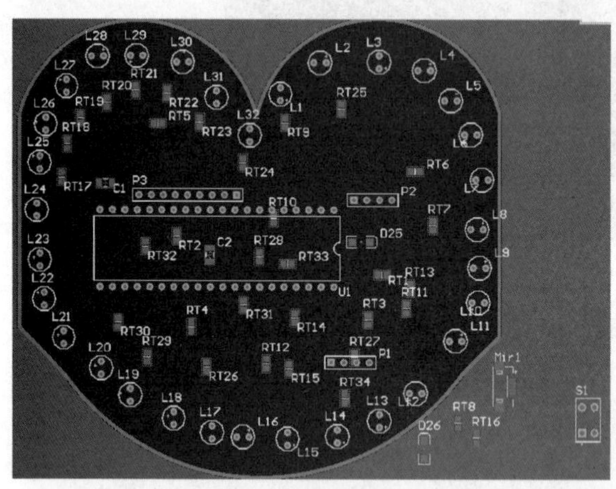

图 5-71　隐藏飞线的效果

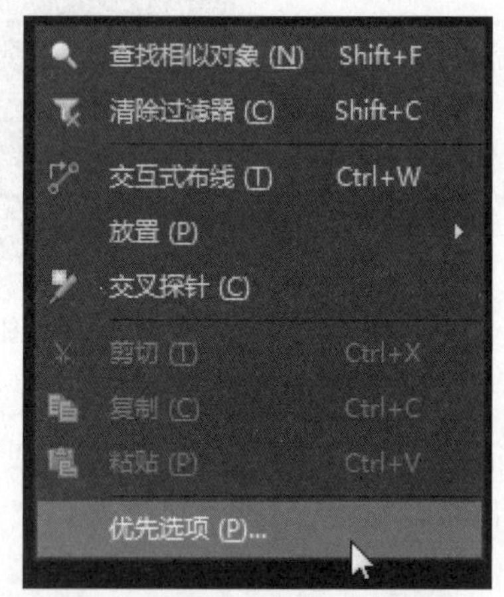

图 5-72　选择“优先选项”命令

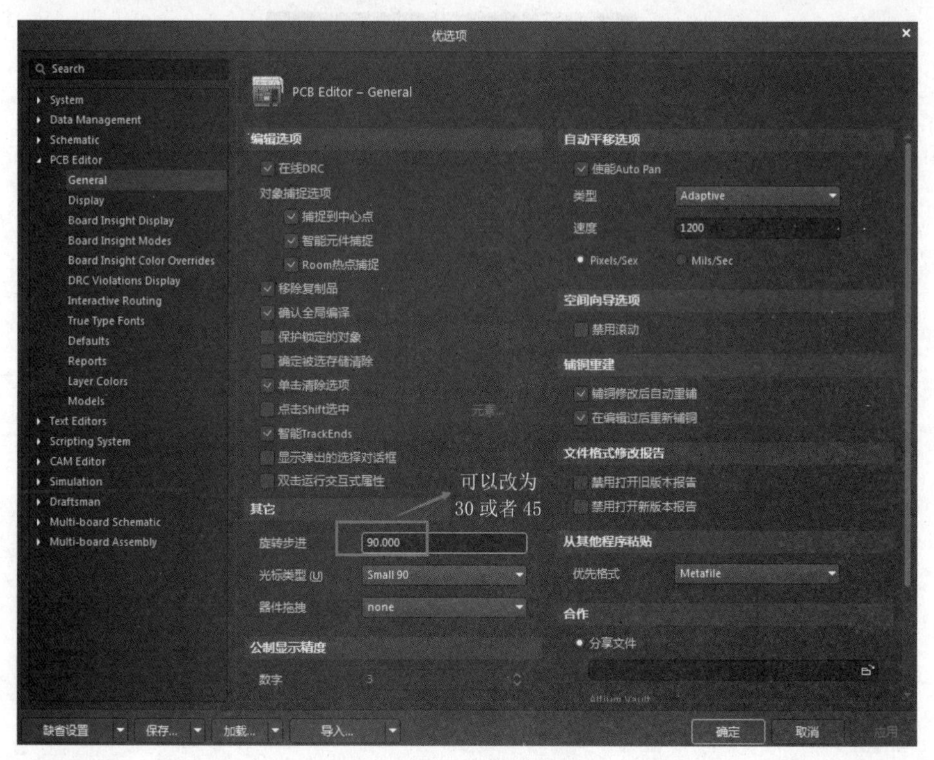

图 5-73　更改旋转度数

学习笔记

（2）元件放置后的效果如图 5-74 所示。

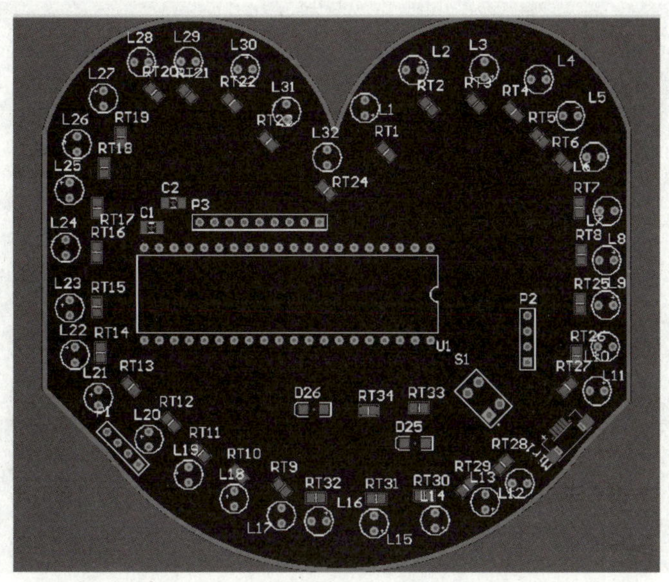

图 5-74　元件放置后的效果

5．PCB 布线规则设置

微课：扫描学一学心形灯 PCB 布线规则。

心形灯PCB布线规则

（1）选择“设计”|“规则”命令，即可打开“PCB 规则及约束编辑器”对话框。在该对话框中设置布线的最小间距，如图 5-75 所示。

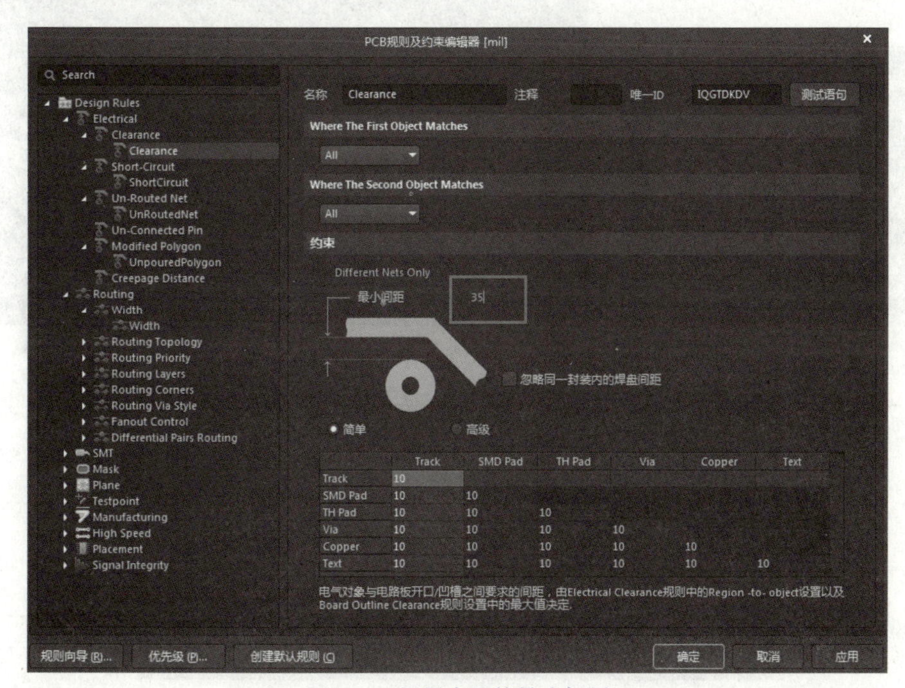

	Track	SMD Pad	TH Pad	Via	Copper	Text
Track	10					
SMD Pad	10	10				
TH Pad	10	10	10			
Via	10	10	10	10		
Copper	10	10	10	10	10	
Text	10	10	10	10	10	10

图 5-75　设置布线的最小间距

（2）设置 PCB 布线的宽度，它的默认线宽是 10 mil，如图 5-76 所示。

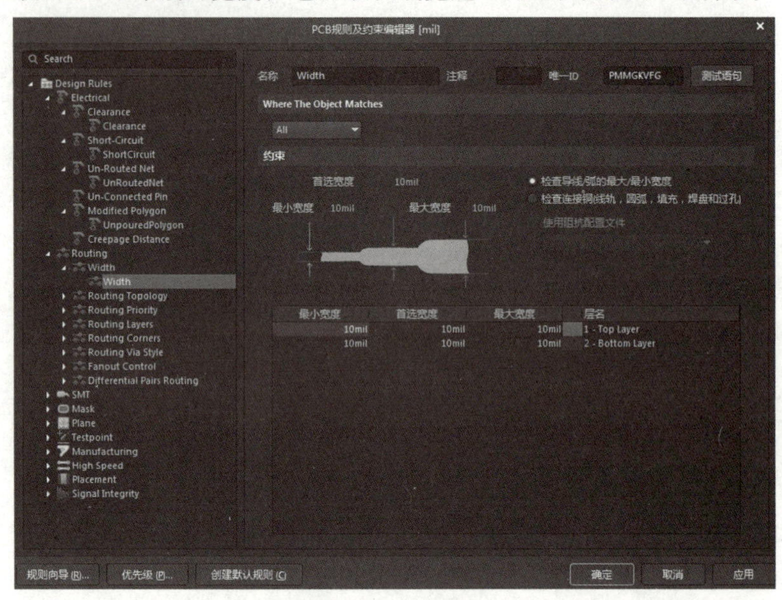

图 5-76　默认线宽

（3）修改电源和地线的宽度，建立新规则。在 Width 上面右击，在弹出的快捷菜单中选择“新规则”命令，即可建立一个新规则，如图 5-77 所示。

（4）增加 VCC 的规则，设置线宽为 40 mil，如图 5-78、图 5-79 所示。

图 5-77　建立新规则

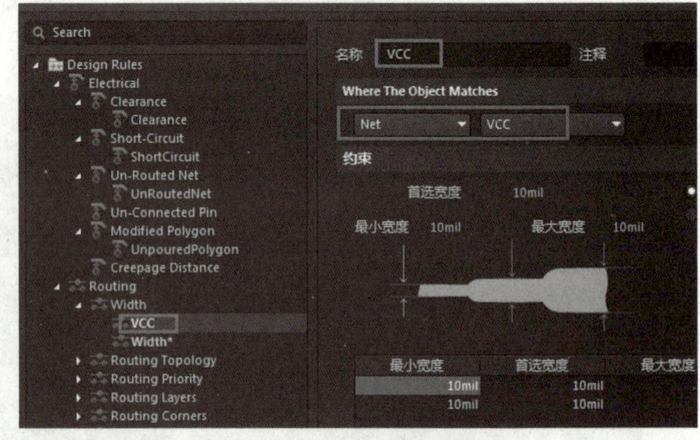

图 5-78　增加 VCC 的规则

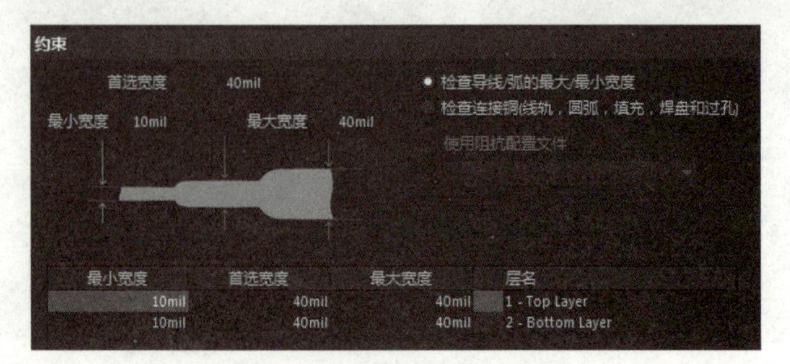

图 5-79　设置线宽为 40 mil

学习笔记

（5）增加 GND 的规则，同样设置为 40 mil，如图 5-80 所示。

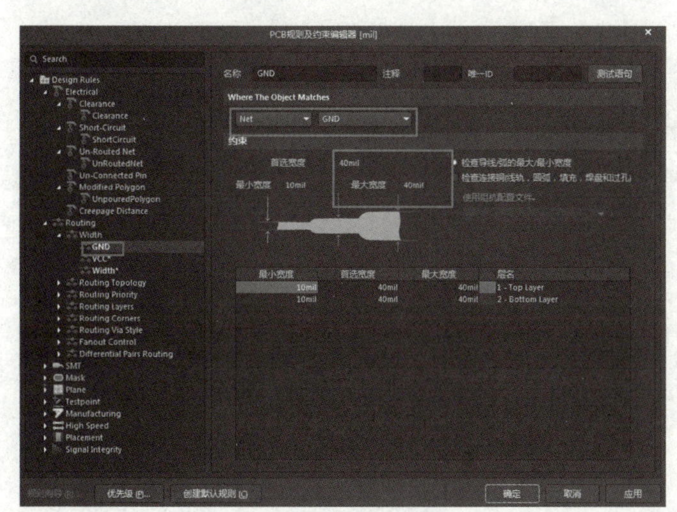

图 5-80　增加 GND 的规则

6．PCB 的布线

微课：扫描学一学心形灯 PCB 的布线。

心形灯PCB的布线

（1）选择“自动布线”|“全部”命令，弹出“Situs 布线策略”的对话框，选中“锁定已有布线”和“布线后消除冲突”复选框，再单击 Route All 按钮，则会出现自动布线的过程，如图 5-81 所示。

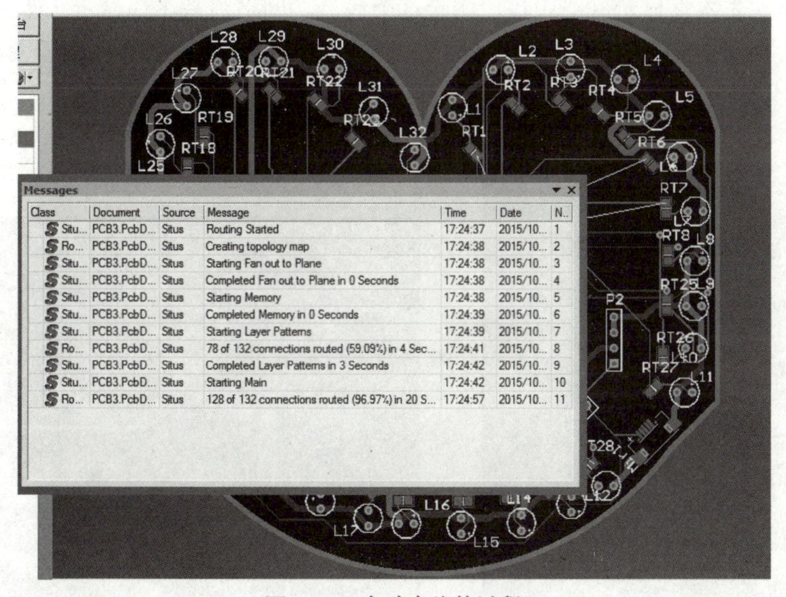

图 5-81　自动布线的过程

（2）自动布线后，需要检查一下是不是所有的元件都布线完成，是否有没有完成的元件，如果有，还需要调整元件的布局，然后再重新布线。自动布线的效果如图 5-82 所示。

学习笔记

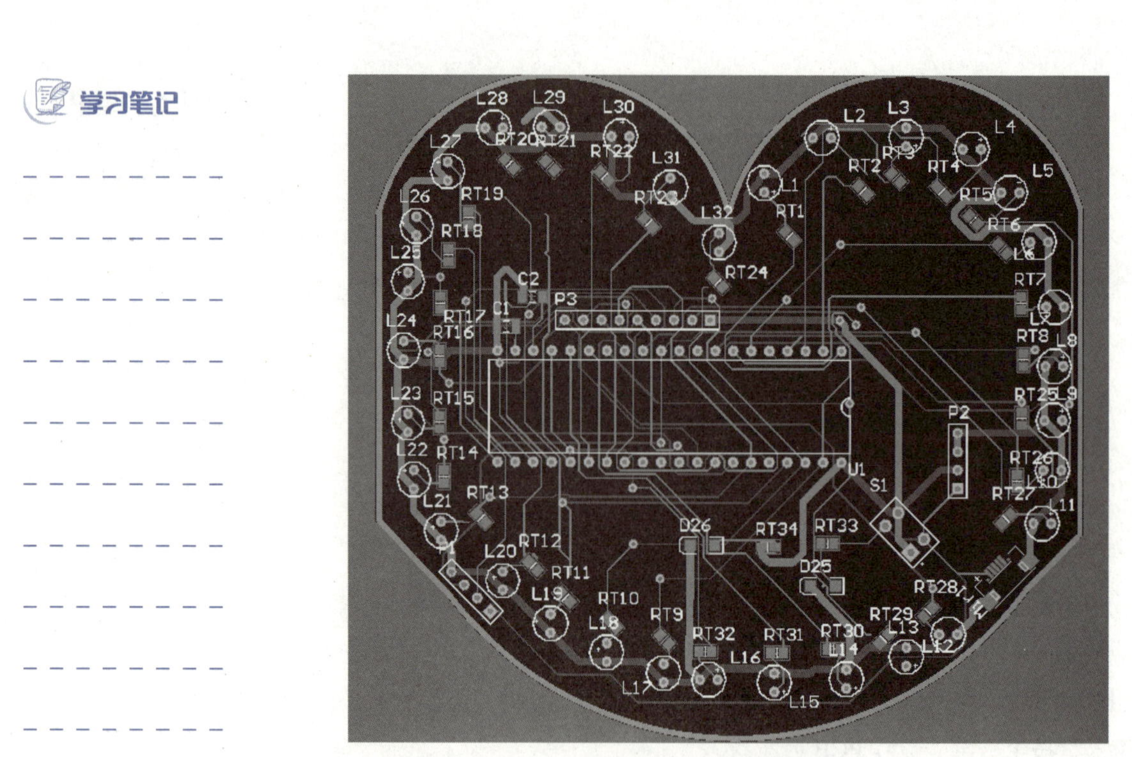

图 5-82　自动布线的效果

（3）发现有些元件的线并没有完成，还需要进行修改，C2 元件外的这根线没有布好，是异型的，需要删除重新布线，如图 5-83 所示。

（4）首先恢复显示网络飞线，删除这个线后，网络将是飞线显示，然后选择自动布线，连接。将光标移动到此飞线上，重新布线，布线的效果用圆圈圈出来了，如图 5-84 所示。

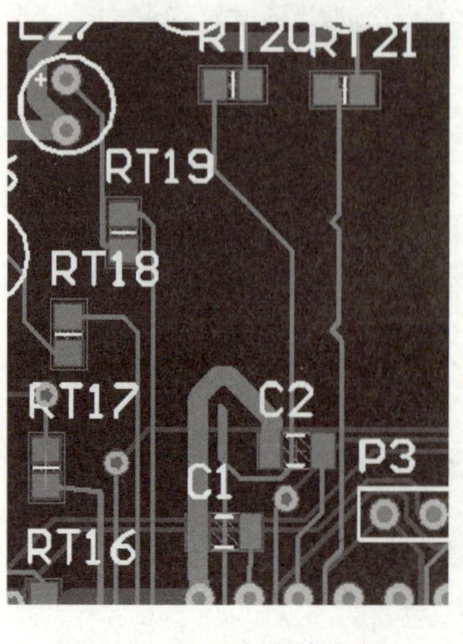

图 5-83　没有完成的布线

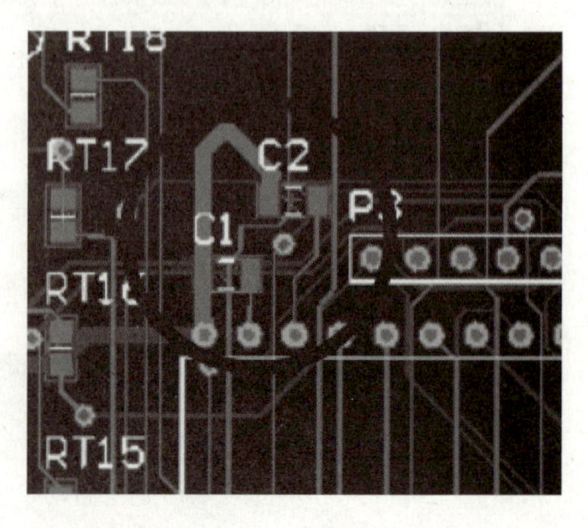

图 5-84　修改后的布线

（5）最后的布线效果如图 5-85 所示。

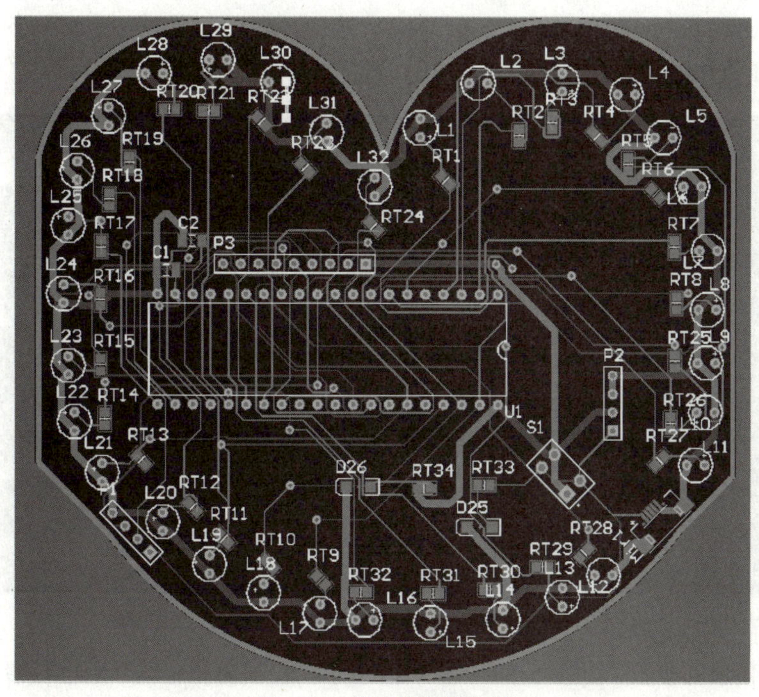

图 5-85　最后的布线效果

学习笔记

五、PCB 放置泪滴和覆铜

微课：扫描学一学心形灯 PCB 的覆铜。

心形灯PCB的覆铜

注意

微课中讲的多边形覆铜（又称“铺铜”），结果在禁止布线层外还有一些多余的铜箔，读者可以按照书中的介绍进行覆铜，这样可按照板子的形状覆铜。

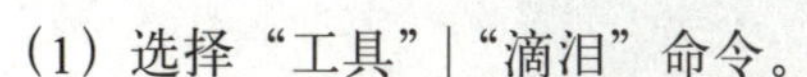

（1）选择“工具”|“滴泪”命令。

（2）出现的泪滴选项，可以保持默认。

（3）PCB 的焊盘增加了泪滴。

（4）选择“工具”|“铺铜”|“铺铜管理器”命令，如图 5-86 所示。

图 5-86　选择“铺铜管理器”命令

（5）出现 Polygon Pour Manager 窗口，选择“来自 ... 的新多边形”下面的“板外形”，如图 5-87 所示。

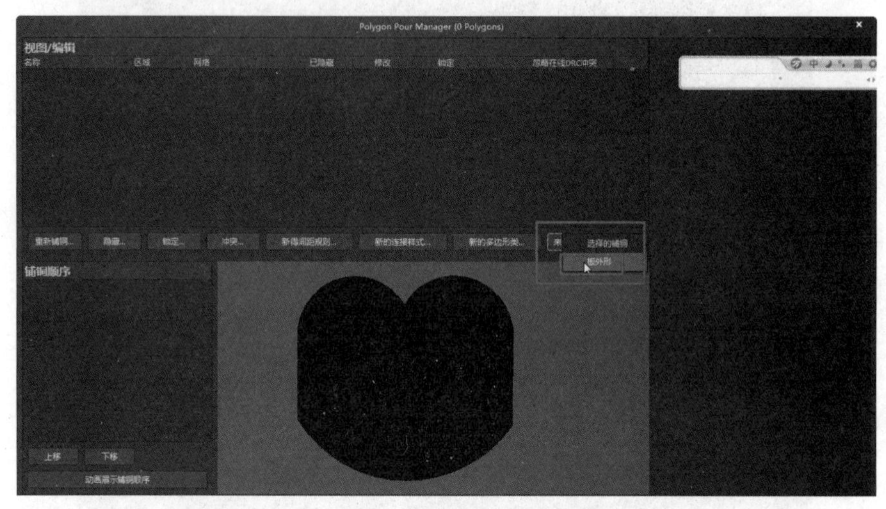

图 5-87　选择“来自 ... 的新多边形”下面的“板外形”

设置顶层的参数，如图 5-88、图 5-89 所示。在顶层和底层分别进行覆铜，然后形成如图 5-90、图 5-91 所示的效果。

图 5-88　设置顶层的参数

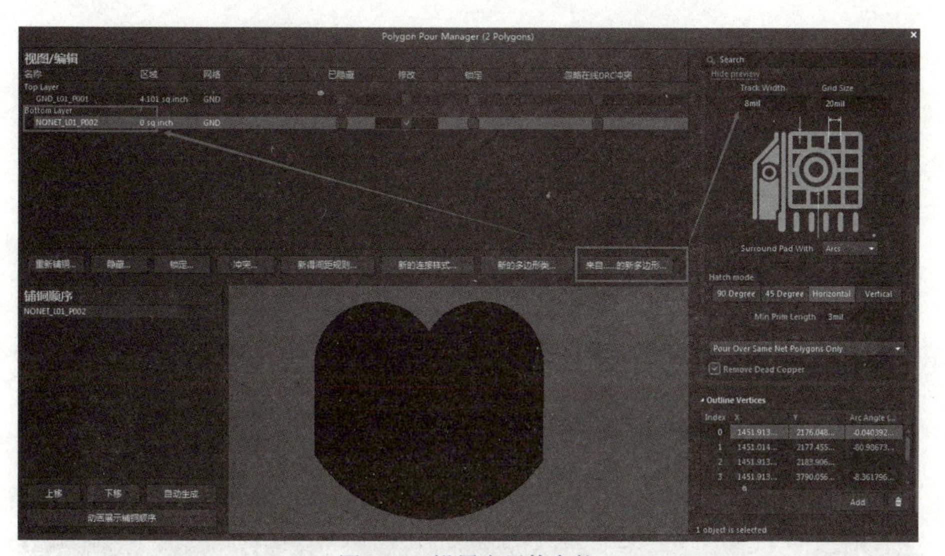

图 5-89　设置底层的参数

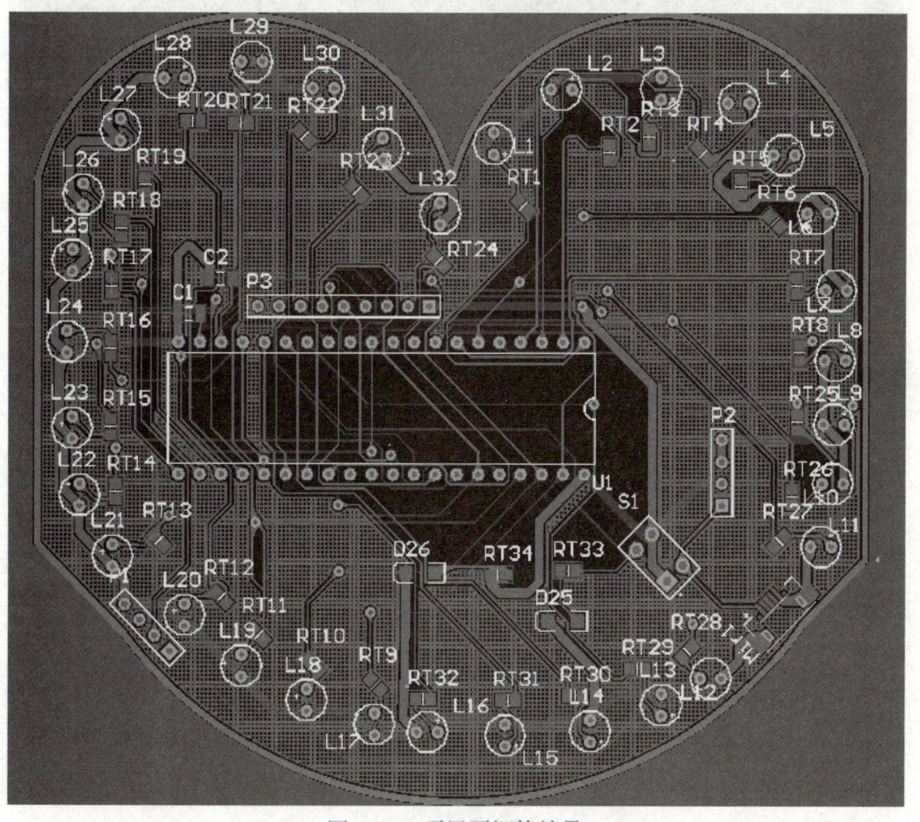

图 5-90　顶层覆铜的效果

学习笔记

学习笔记

拓展阅读

中国科学家——钱学森

项目5考核评价标准

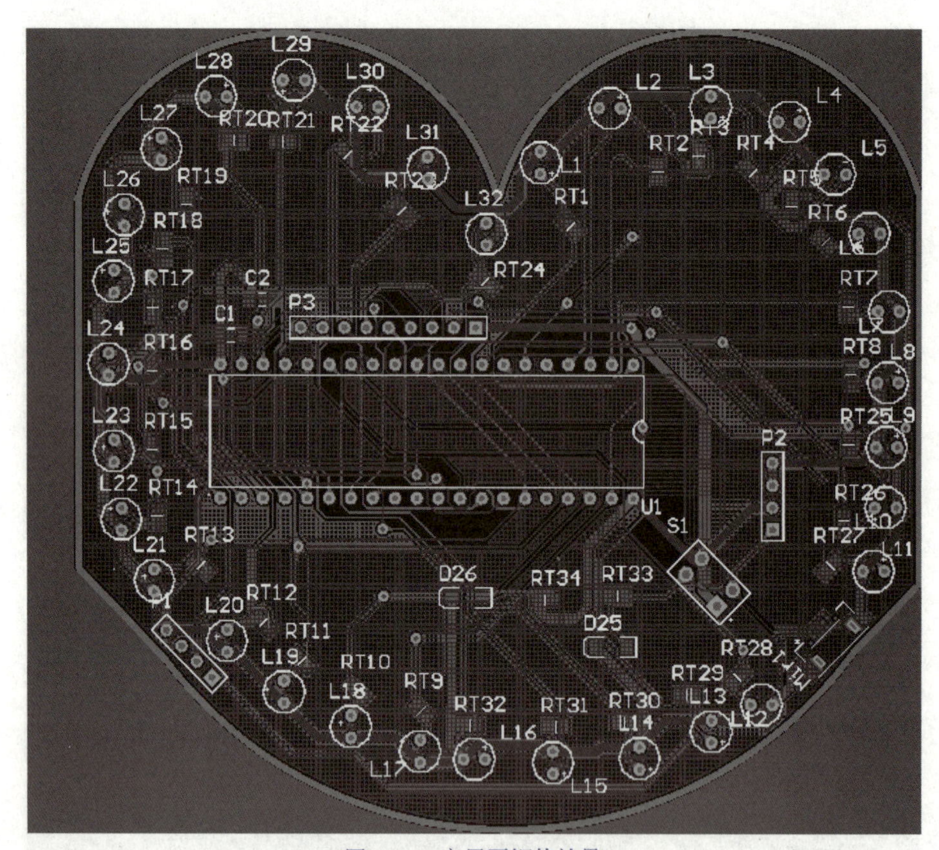

图 5-91　底层覆铜的效果

（本项目中所有操作可以参考录制的上机视频。）

项目自测题

1. 心形灯元件制作的方法有哪些？
2. 心形灯封装制作的方法有哪些？需要制作哪几个元件？
3. 如何绘制心形灯的 PCB ？
4. 上机操作：将本项目中的所有任务进行上机操作练习。

项目 6

交通信号灯的设计与制作

项目描述

本项目向读者详细介绍了交通信号灯电路中的元件和封装制作，集成库元件的复制，交通信号灯电路原理图的制作，交通信号灯 PCB 板的制作。

学习笔记

知识能力目标

- 掌握原理图文件的创建方法。
- 掌握原理图元件及封装元件的绘制方法。
- 掌握通过向导绘制元件封装的技巧。
- 掌握 PCB 板子形状绘制、PCB 布线的方法。

素质目标

• 让学生掌握交通安全的重要性，激发学生的爱国热情、家国情怀，树立大国自信及文化认同；树立“以人为本”的交通安全工作理念；通过小组实践活动，提高学生团队协作能力。

本项目详细的操作方法读者可以参考我们录制的视频来进行学习。

微课：扫描学一学交通信号灯原理图简介。

微课：扫描学一学交通信号灯 PCB 简介。

交通信号灯
原理图简介

交通信号灯
PCB简介

任务 1 交通信号灯电路原理图和 PCB 简介

任务分析

本任务中将介绍交通信号灯的原理图电路构成及控制原理，并给出交通信号灯电路图和 PCB 的效果图，其中有些知识在前面的内容中曾经介绍过，此处就不再重复介绍了。

相关知识

一、交通信号灯电路简介

先看一下这个原理图（见图 6-1），这个原理图是由一个单片机来控制的。这个

学习笔记

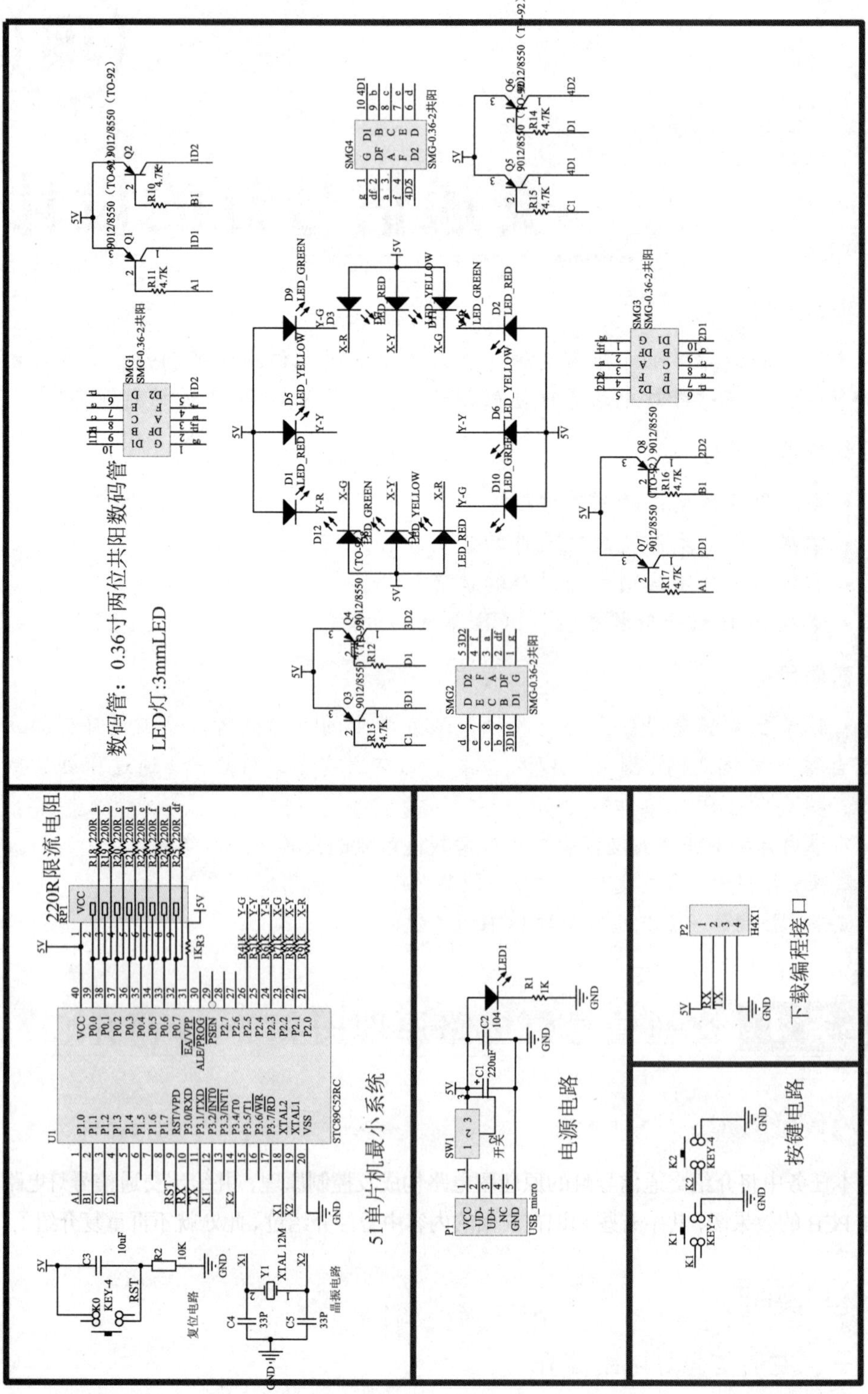

图 6-1 交通信号灯的原理图

学习笔记

交通信号灯电路分为几个区域，有电源电路、按键电路、下载编程接口、数码管电路等。单片机的 P1.0 ~ P1.3，这四个引脚就是 A1，B1，C1，D1，那么这四个脚，输出的信号控制数码管的驱动电路。A1，B1 控制 Q1，Q2，产生 1D1，1D2 信号，1D1，1D2 信号再去控制 SMG1 这个数码管。同时，P0.0 ~ P0.7 输出 a、b、c、d、e、f、g、df 信号控制 SMG1 数码管的时间显示。同时，从单片机的 P2.0 ~ P2.5 输出信号控制红灯、绿灯、黄灯的发光二极管显示，实现红绿灯的效果。其他的 SMG2 数码管、SMG3 数码管、SMG4 数码管控制原理相同，不再叙述。

另外，注意这个原理图的元件，有排电阻 RP1，有按键开关 K0、K1、K2。为了保持电路简洁，很少用导线连接原理图，大部分是通过网络标号来连接电路的。

二、交通信号灯 PCB 简介

交通信号灯 PCB 布局布线如图 6-2、图 6-3 所示。

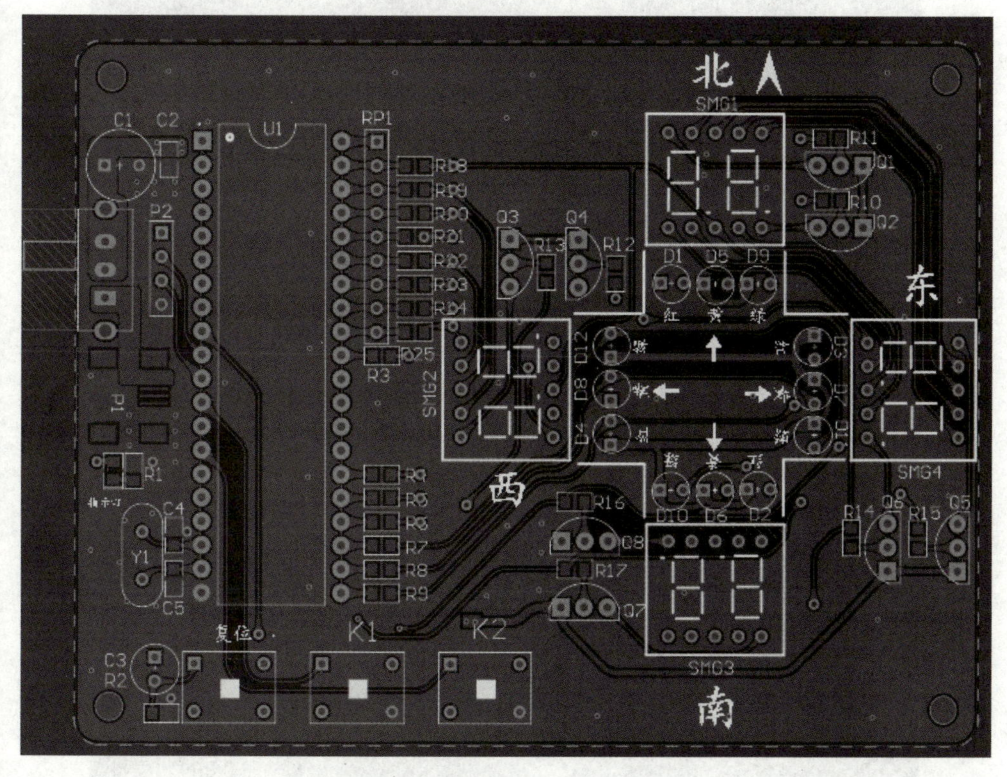

图 6-2　顶层 PCB 布局布线

这个 PCB 的长为 3 700 mil，宽为 2 760 mil，四周有一个小圆弧，设置如图 6-4 所示。

学习笔记

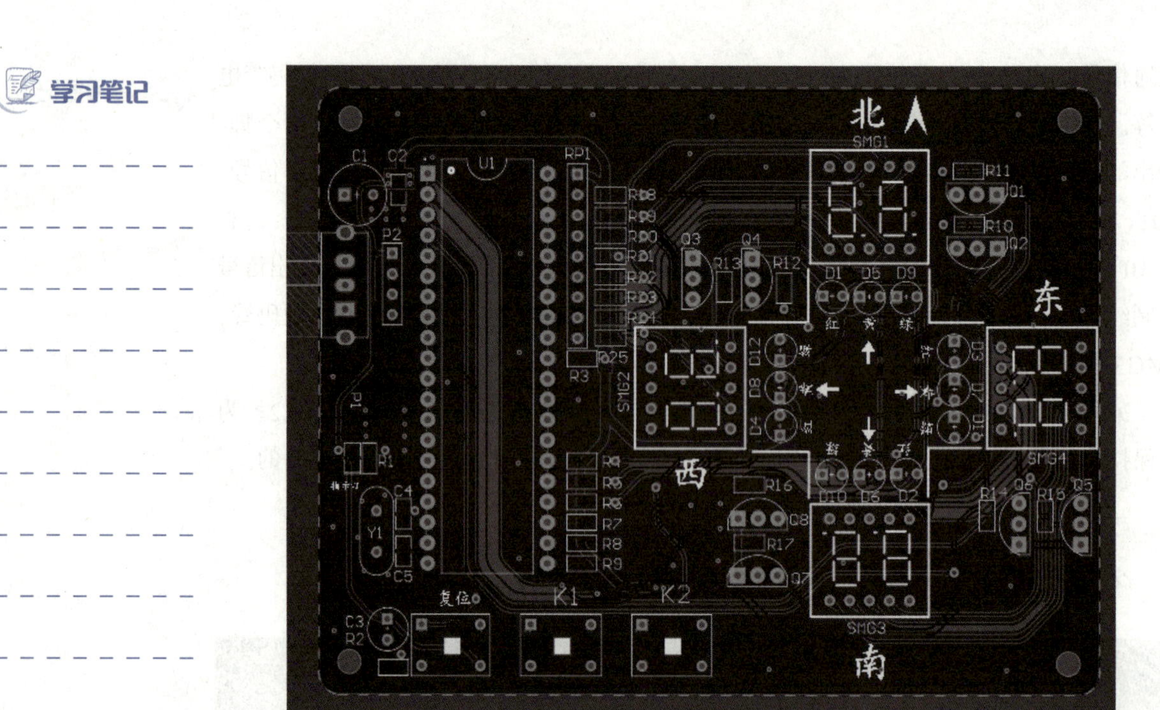

图 6-3　底层 PCB 布局布线

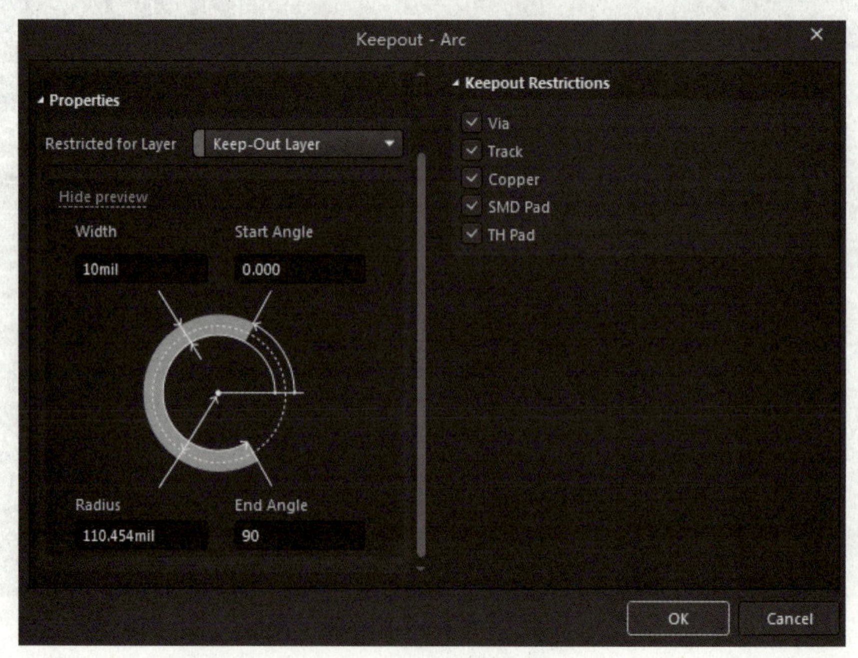

图 6-4　边框的小圆弧

在禁止布线层绘制 PCB 板子形状后，按前面介绍的方法切板，可以定义出板子的形状。这个板子，全部是采用 3D 元件的封装来设计的。3D 元件的封装可以自己做，也可以在网上查找，特别是可以在网上找一些 3D 元件的模型，然后，自己增加 3D 封装。PCB 的 3D 板子效果图如图 6-5 所示。

学习笔记

图 6-5　PCB 的 3D 板子效果图

要实现这个布局的板子，自动布线后，必须手动调整布线，才能达到较美观的效果。

测验

测试一下自己学习的效果。

（1）简要介绍交通信号灯电路的控制原理。

（2）简要介绍交通信号灯电路的原理图的区域分析。

（3）简要介绍交通信号灯电路的 PCB 的效果。

任务实施

（1）按微课介绍理解原理图的组成部分。

（2）理解 PCB 的组成，PCB 制作的一些技巧，查找一些 3D 模型，思考 3D 模板如何应用到普通电子元件的封装中。

任务 2　交通信号灯的原理图元件和封装元件制作

任务分析

本任务中将介绍交通信号灯的原理图元件的制作和封装元件的制作，其中有些知识在前面的内容中曾经介绍过，此处就不再重复介绍了。

相关知识

交通信号灯原理图元件的制作方法与前面介绍的元件制作方法相同，读者可以

学习笔记

按照前面介绍的方法来制作元件。后面在任务实施中将介绍具体步骤。

交通信号灯封装元件制作方法与前面的介绍也是类似的，读者可以参考后面的任务实施来操作。

测验

测试一下自己学习的效果。

（1）交通信号灯电路原理图有哪些元件？

（2）交通信号灯电路中可以在直接在集成原理图库复制的元件是哪几个？

（3）SMG-0.36 元件如何绘制？

（4）89C52 元件如何绘制？

（5）89C52 元件引脚上有横线的，如何绘制？

（6）三极管的引脚说明是如何隐藏的？

（7）交通信号灯电路涉及的封装有哪些？

（8）如何测试封装元件的焊盘的引脚距离？以测试一个电容引脚距离进行说明。

（9）LED-BLUE、LED-RED 的焊盘属性如何设置？即如何设置焊盘的走线、标识？

（10）如何绘制 SMG-0.36 共阳元件的封装？

（11）具体描述绘制 USB 接口封装的步骤及方法。

学习笔记

微课：扫描学一学交通信号灯原理图元件的制作。

交通信号灯原理图元件的制作

一、交通信号灯原理图元件制作

首先了解交通信号灯原理图的元件，如图 6-6 所示。

这些元件有些需要自己绘制，有些可以在集成库中复制、粘贴。在下面的内容中将进行具体介绍。

1．SMG-0.36-2 共阳元件

（1）图 6-7 中数码管四周的边框由矩形框绘制完成。1，2，3，4，5，6，7，8，9，10 分别代表引脚。

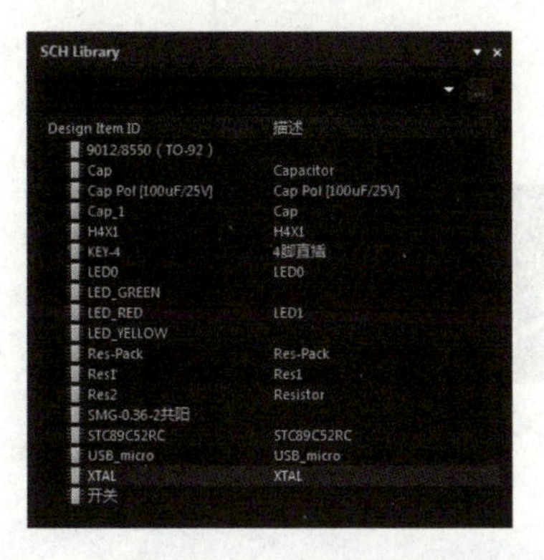

图 6-6　交通信号灯原理图中的元件

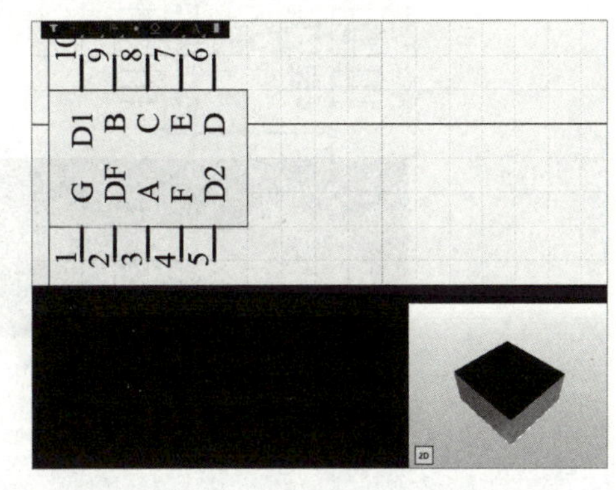

图 6-7　数码管

（2）可以通过方框工具来放置这个长方形的方框。

（3）方框绘制完成后，可以按图中的显示放置引脚。图中引脚的数字是标识，那些字母是显示的名称。可以在放置引脚的过程中按键盘上的【Tab】键设置引脚的属性，也可以放置后，双击引脚来更改属性，如图 6-8 所示是第 1 个引脚的属性。

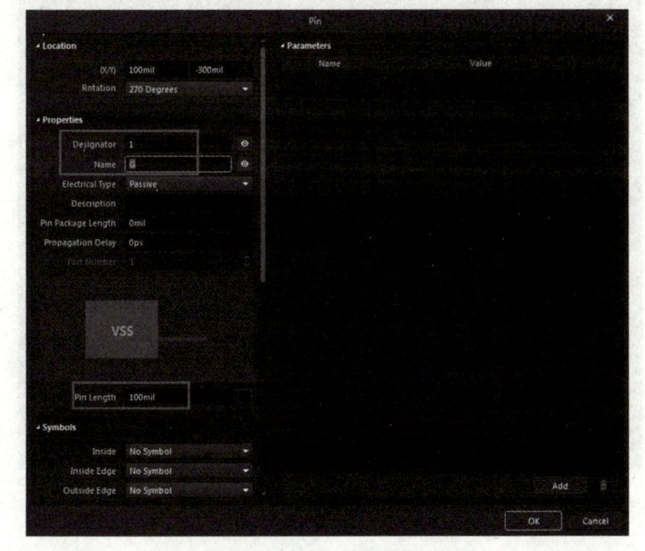

图 6-8　修改引脚的属性

学习笔记

注意

所有的引脚标识不能省略，此时的显示名称也没有省略。

2. STC89C52RC 元件

（1）首先画一个方框，将元件放在十字交叉的右下角，然后放置引脚，如图 6-9 所示。

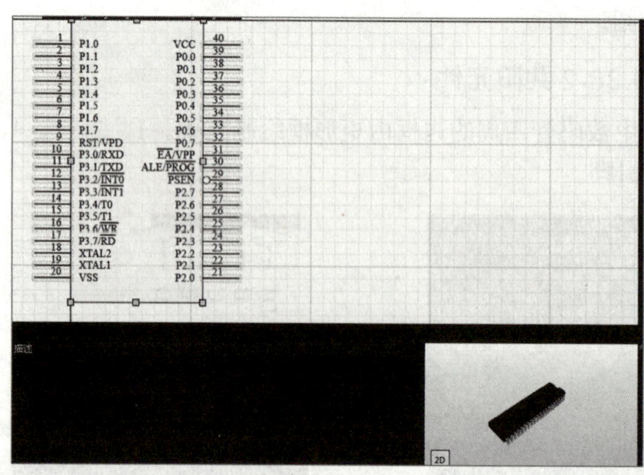

图 6-9　STC89C52RC 元件

注意

这个元件显示名称上面的横线的写法。如第 13 引脚的标识和显示，如图 6-10 所示。

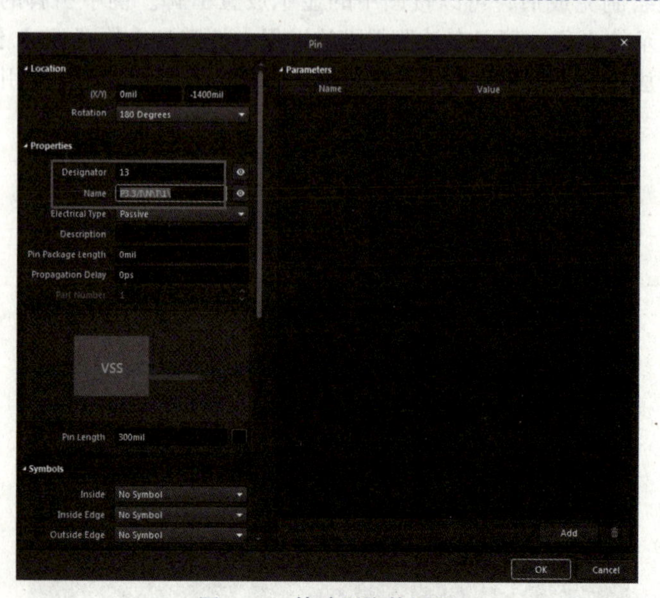

图 6-10　特殊引脚的设置

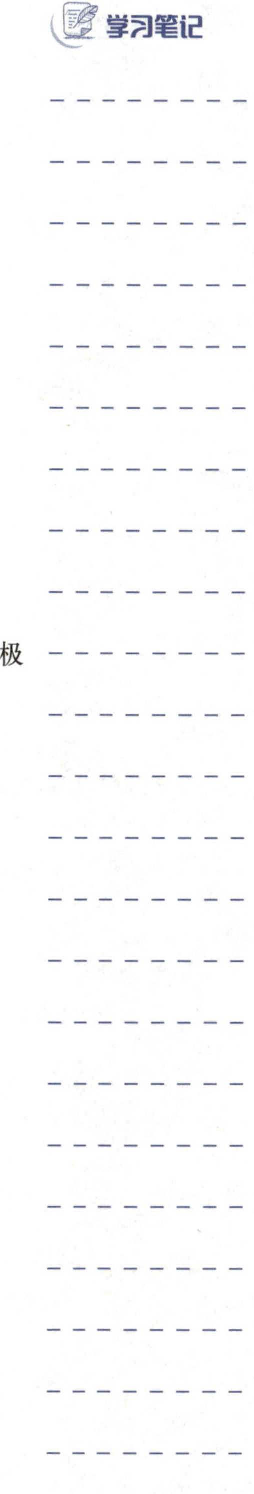

3．9012 元件

（1）9012 元件如图 6-11 所示。

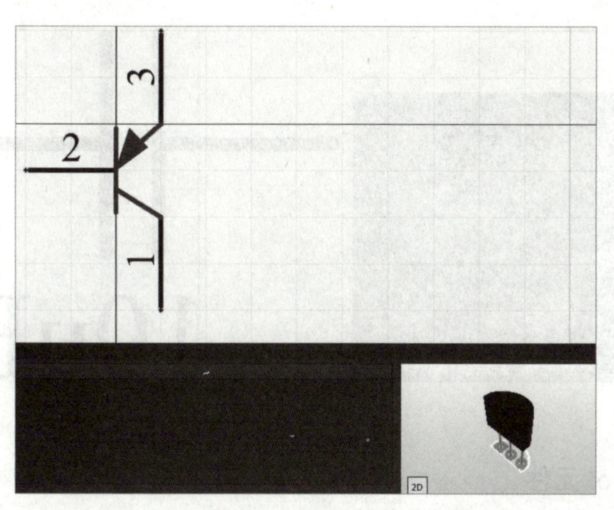

图 6-11　9012 元件

（2）设置引脚。比如：双击引脚 3，出现图 6-12 所示的对话框，不显示集电极 C 说明。

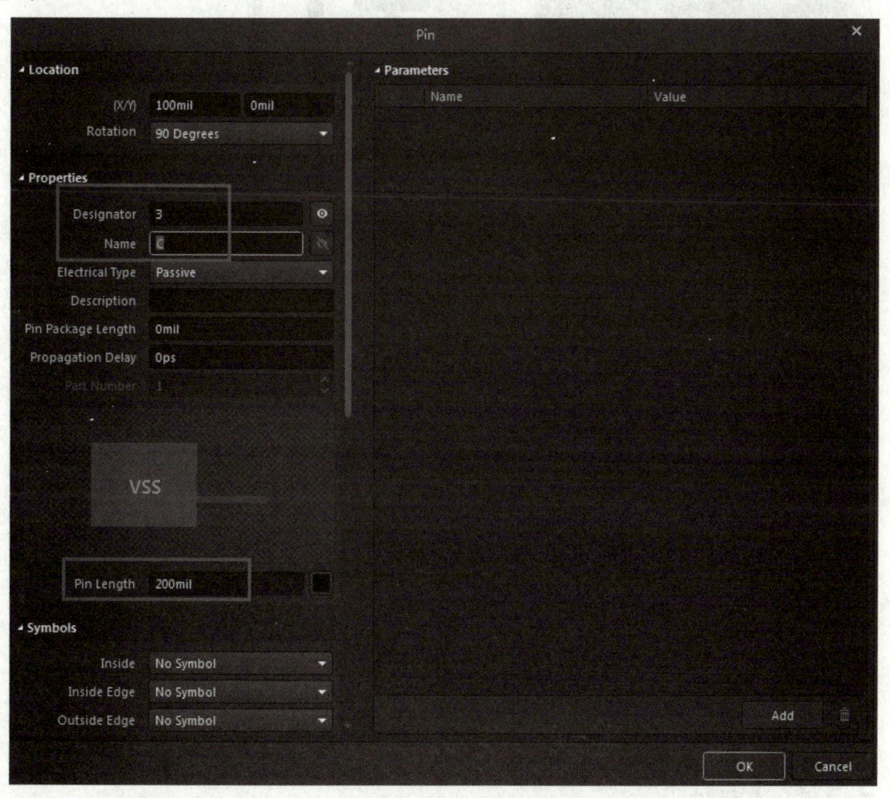

图 6-12　不显示引脚说明

学习笔记

4. Cap 元件

Cap 元件如图 6-13 所示。

图 6-13　Cap 元件

5. Cap Pol 元件

Cap Pol 元件由三个引脚和一个矩形边框构成，如图 6-14 所示。

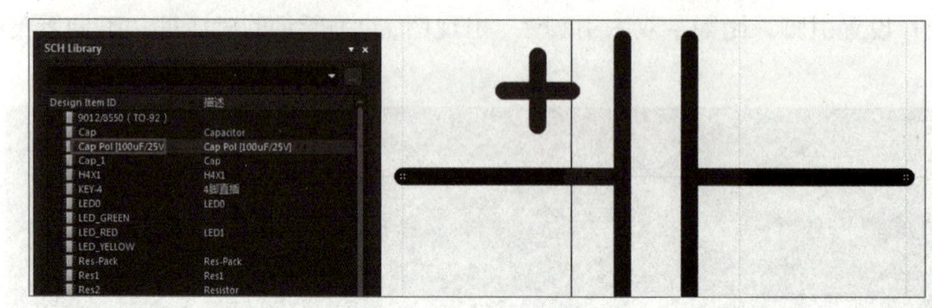

图 6-14　Cap Pol 元件

6. H4X1

插座元件如图 6-15 所示。

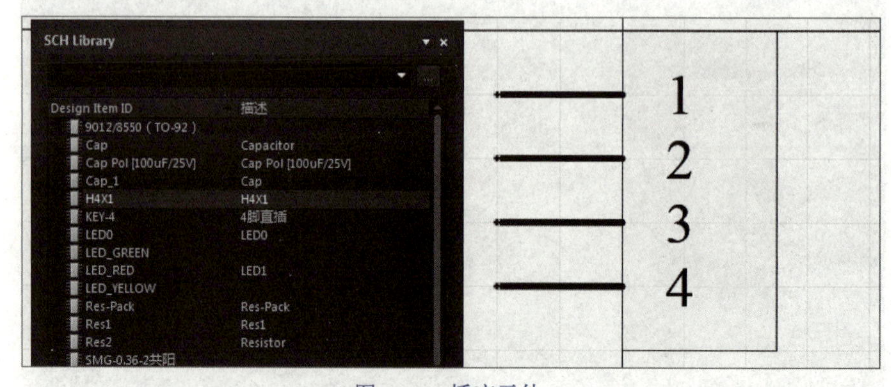

图 6-15　插座元件

7. KEY-4 元件

这个元件可以自己绘制，如图 6-16 所示。

学习笔记

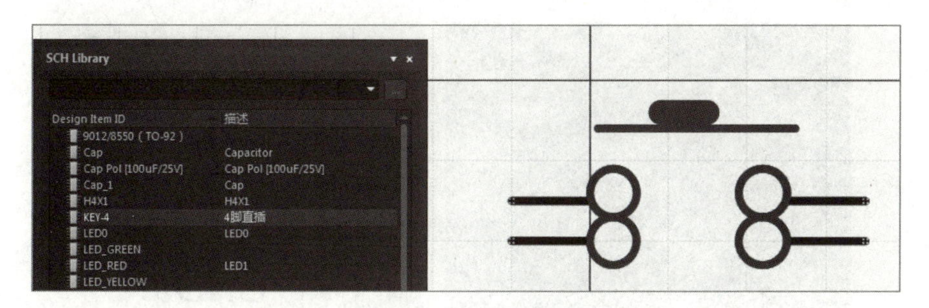

图 6-16 KEY-4 元件

8．LED 元件

这是一个发光二极管，如图 6-17 所示，该元件可以直接复制。

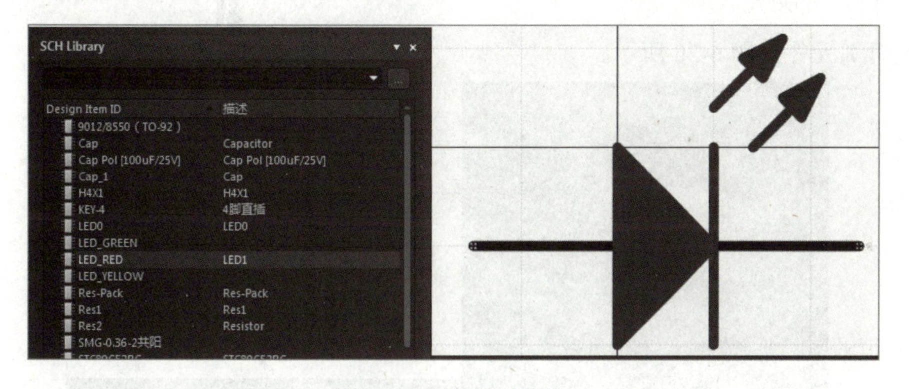

图 6-17 发光二极管

9．Res-Pack

这是一个排电阻，如图 6-18 所示。需要自己制作。

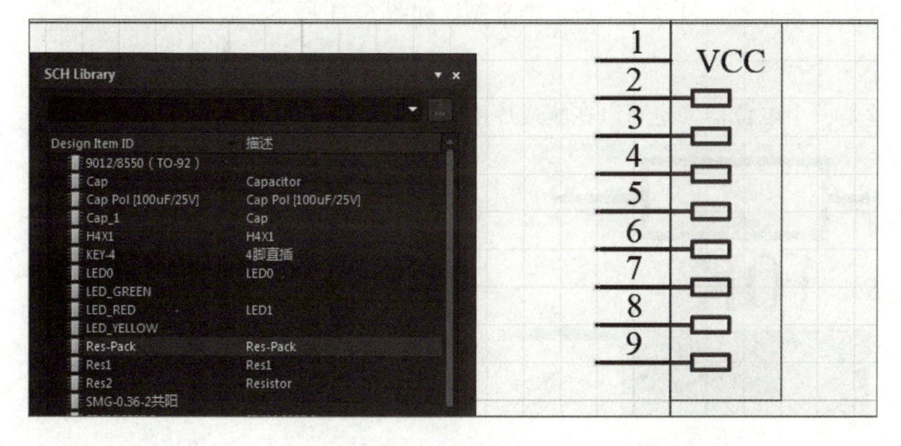

图 6-18 排电阻

10．USB 元件

这是一个 5 脚的元件，按图 6-19 所示添加引脚，注意引脚的电气类型。

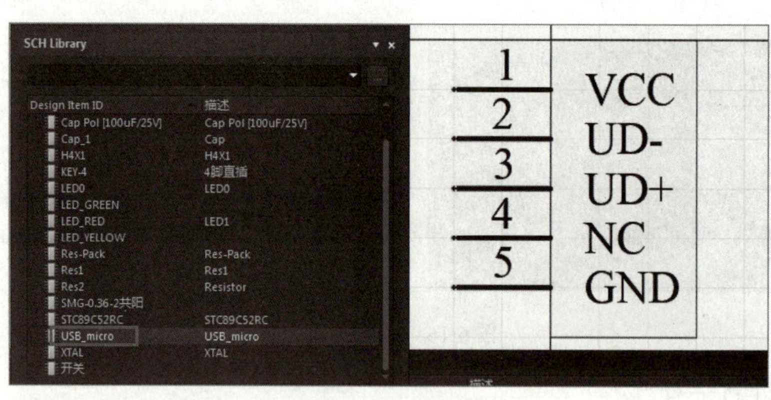

图 6-19　USB 元件

11．开关元件

开关元件如图 6-20 所示。

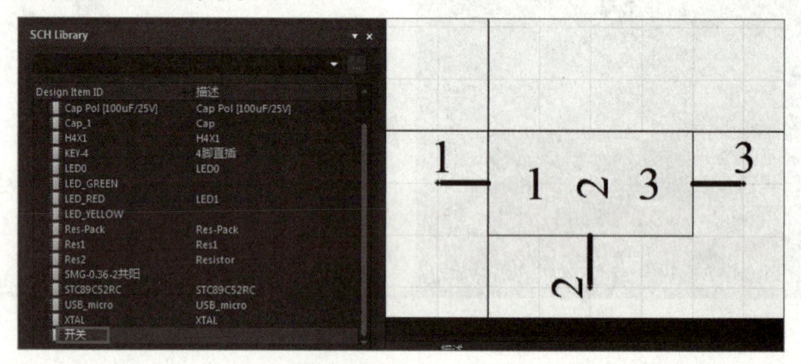

图 6-20　开关元件

12．Res2

这是普通电阻，可以在集成库中复制，如图 6-21 所示。

13．Res1

这是一个电位器，也可以在集成库中复制，如图 6-22 所示。

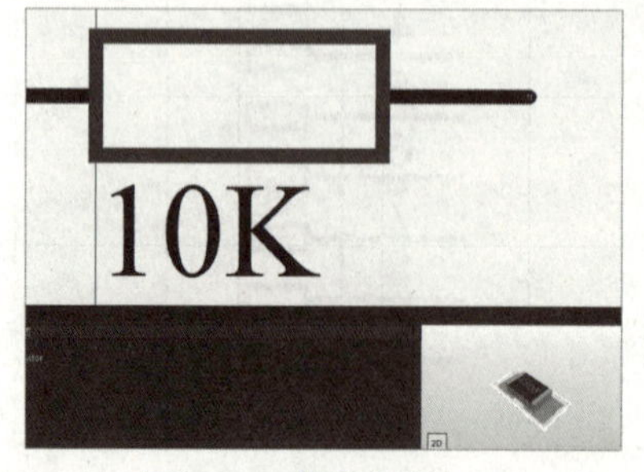

图 6-21　普通电阻

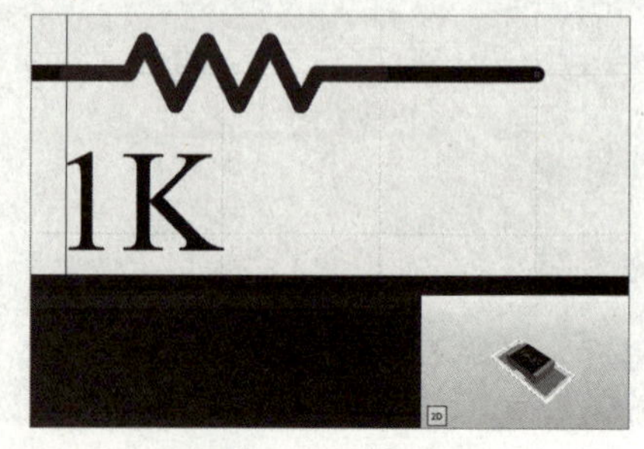

图 6-22　电位器

14．XTAL

这是晶振，可以在集成库中复制，如图 6-23 所示。

交通信号灯的原理图元件就介绍至此，有不清楚的可以参考我们录制的视频。

二、交通信号灯封装元件制作

交通信号灯封装元件制作

微课：扫描学一学交通信号灯封装元件制作。

首先了解交通信号灯原理图封装元件，如图 6-24 所示。

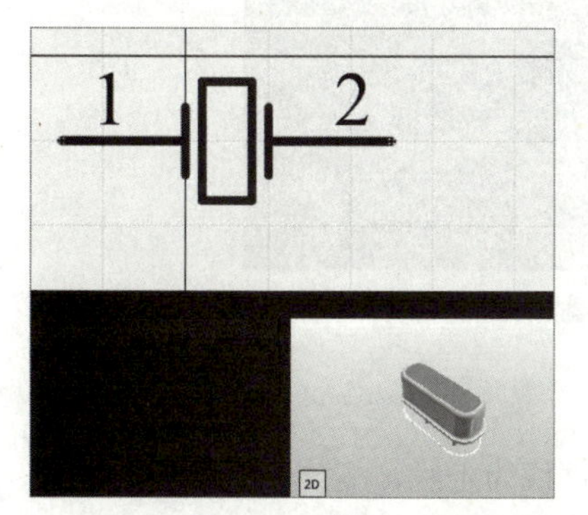

图 6-23　晶振

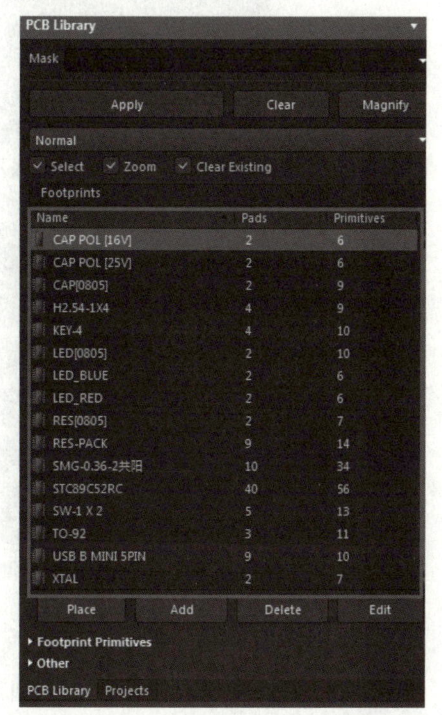

图 6-24　交通信号灯原理图中的封装元件

1. CAP POL[16V]

图 6-25 为一个有极性电容的绘制，它主要是由圆弧的走线和两个引脚（焊盘）构成，同时有 3D 模型。可以测试焊盘的距离如图 6-26 所示。

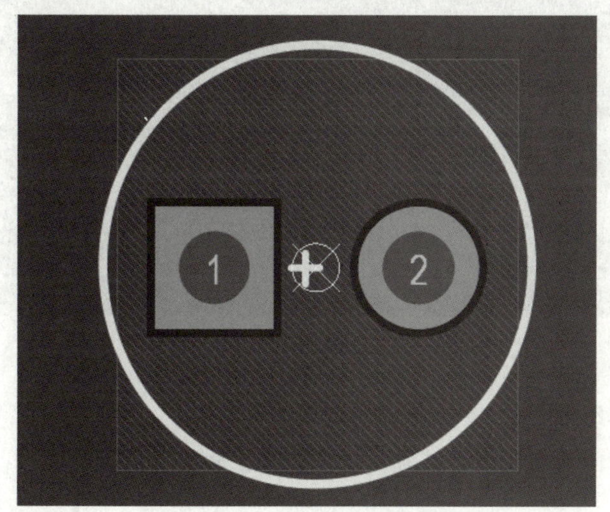

图 6-25　CAP POL[16V] 封装

学习笔记

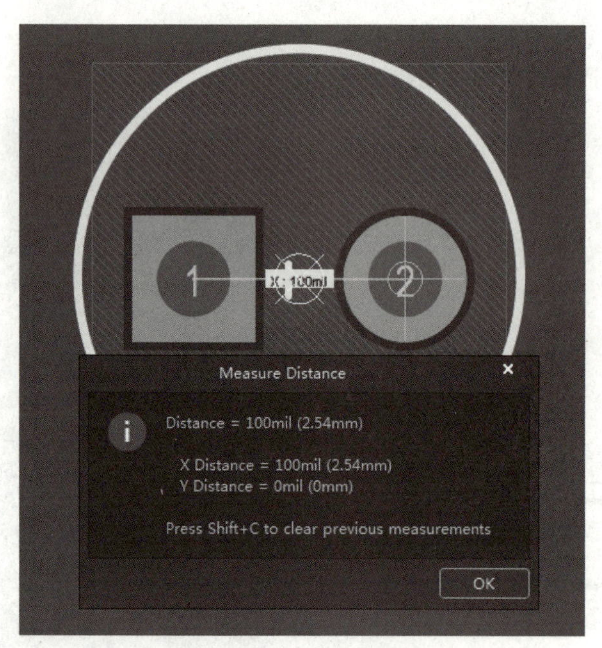

图 6-26　测试焊盘的距离

2．CAP POL[25V]

封装如图 6-27 所示。这个图中的圆形外框线为走线，测试一下焊盘的距离，如图 6-28 所示。

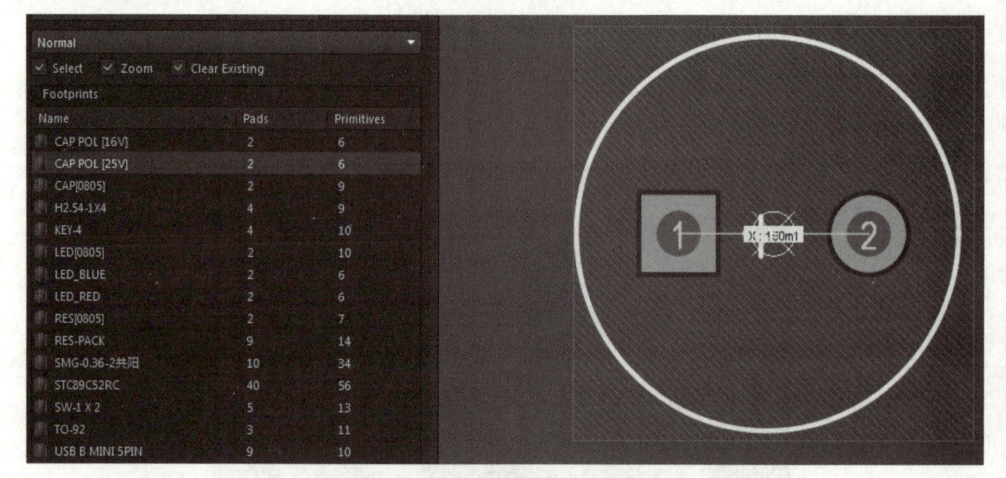

图 6-27　CAP POL［25V］封装

3．CAP[0805]

这个元件可以在集成库中复制，封装如图 6-29 所示。

学习笔记

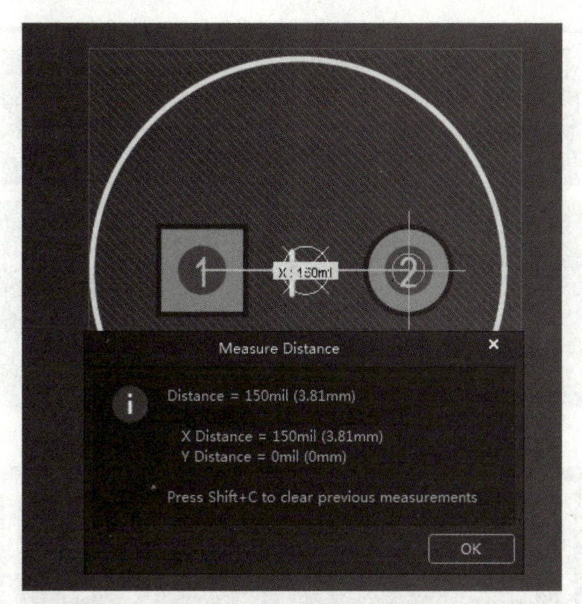

图 6-28　测试焊盘的距离

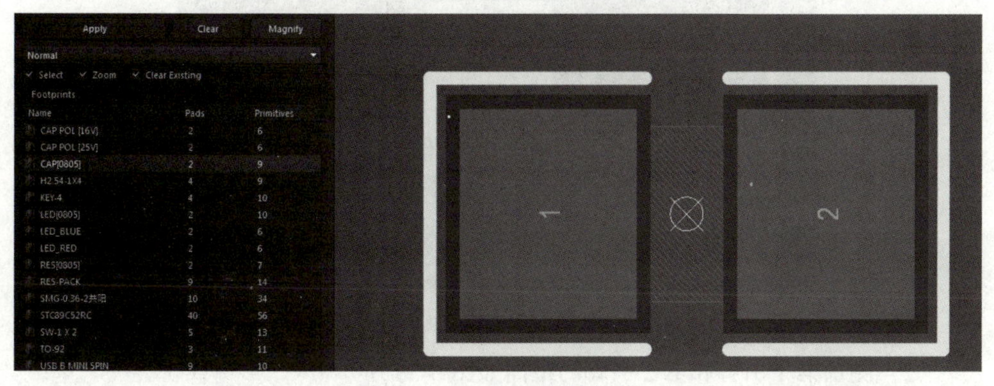

图 6-29　CAP[0805] 的封装

4．H2.54-1X4

（1）封装如图 6-30 所示。

图 6-30　H2.54-1X4 的封装

（2）测试焊盘距离为 100 mil，如图 6-31 所示。

5．KEY-4

（1）封装如图 6-32 所示。

图 6-31　焊盘距离为 100 mil

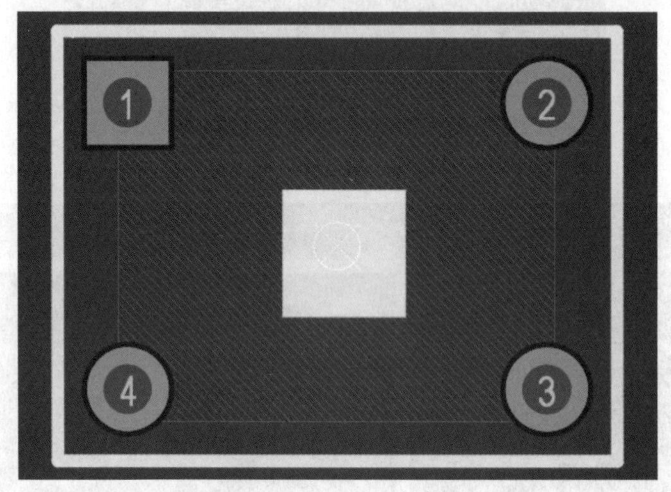

图 6-32　KEY-4 封装

（2）测量第 1 引脚和第 2 引脚的距离如图 6-33 所示。

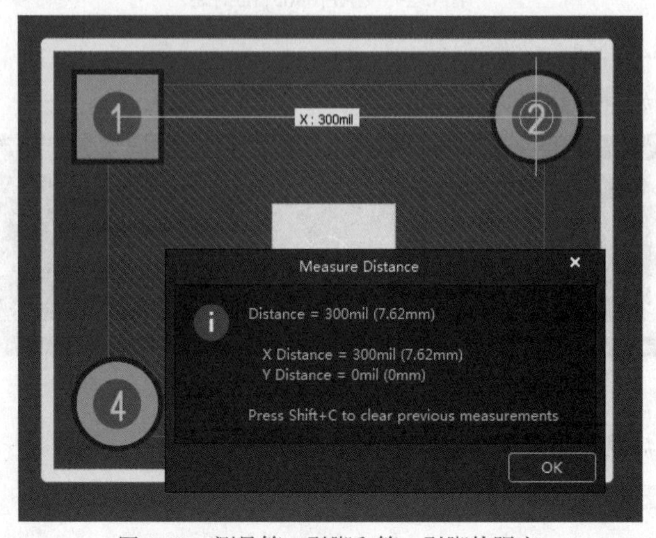

图 6-33　测量第 1 引脚和第 2 引脚的距离

（3）测量第 1 引脚和第 4 引脚的距离如图 6-34 所示。

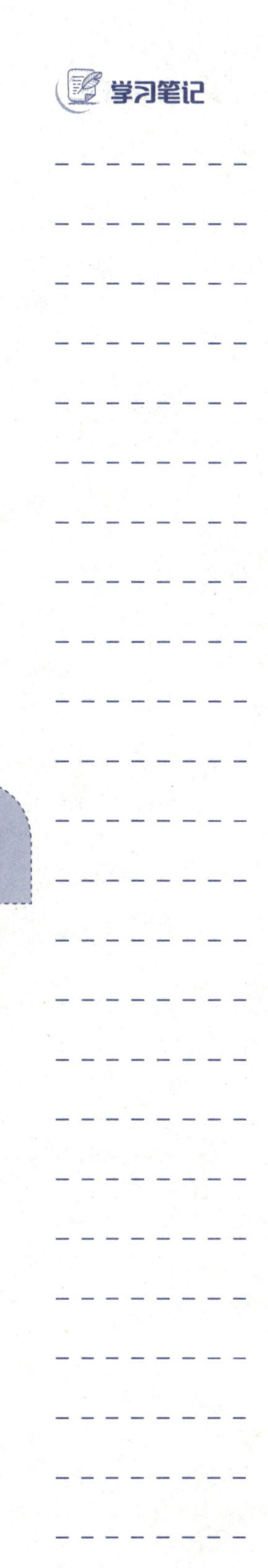

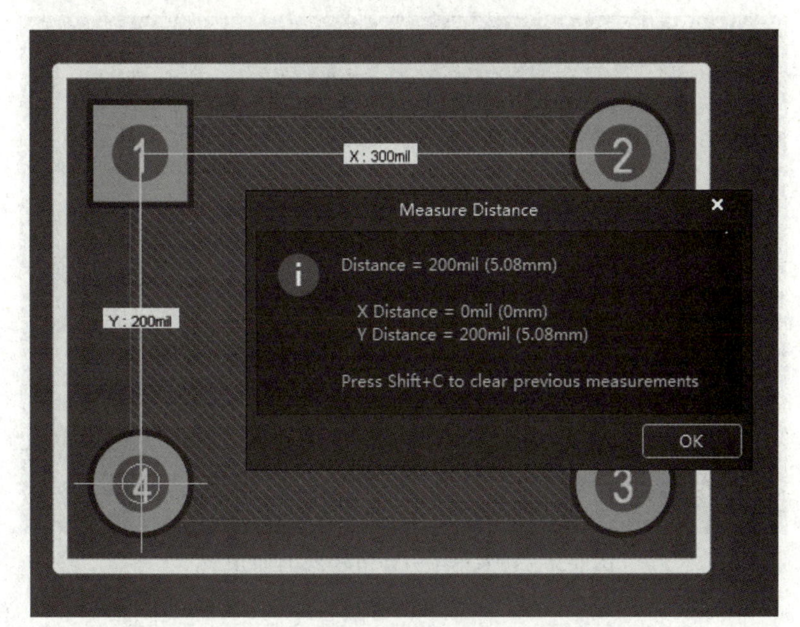

图 6-34　测量第 1 引脚和第 4 引脚的距离

注意

设置每个焊盘的位置，注意中心点的坐标为（0,0）。

6．LED[0805]

（1）封装如图 6-35 所示。

图 6-35　LED[0805] 的封装

（2）测量第 1 引脚和第 2 引脚的距离，如图 6-36 所示。

（3）焊盘的属性如图 6-37、图 6-38 所示。

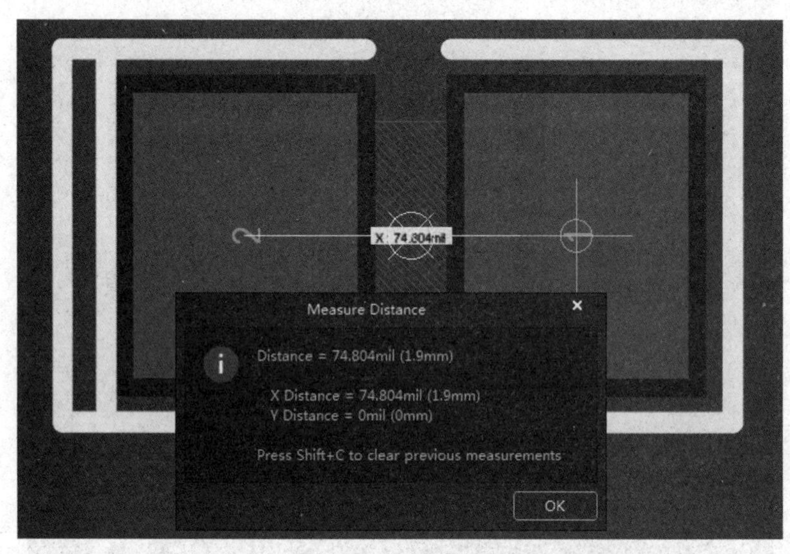

图 6-36　测量第 1 引脚和第 2 引脚的距离

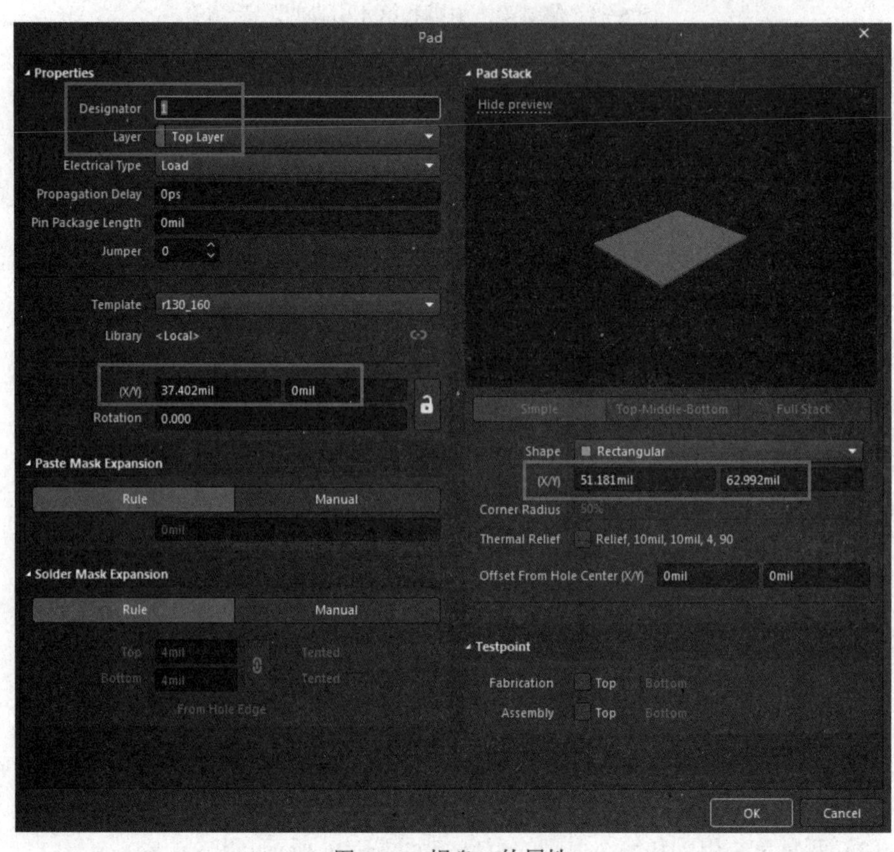

图 6-37　焊盘 1 的属性

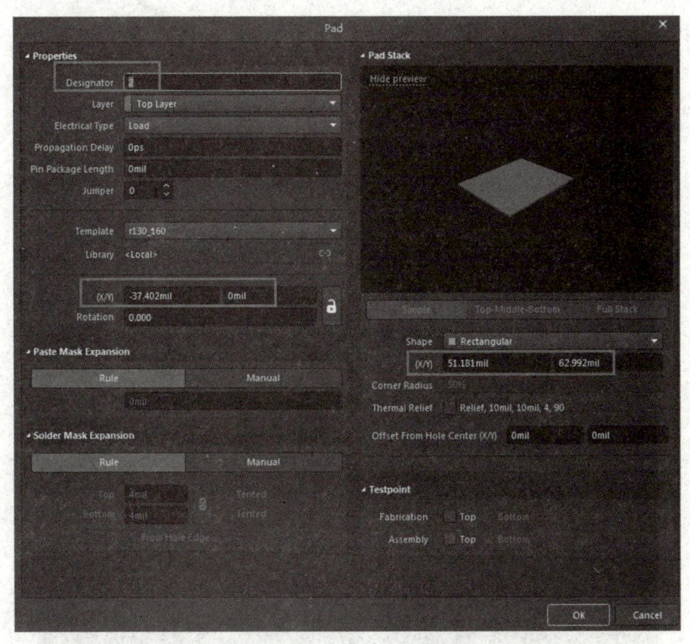

图 6-38　焊盘 2 的属性

学习笔记

7．LED_BLUE、LED_RED

（1）封装如图 6-39 所示。

（2）圆形走线的属性如图 6-40 所示。

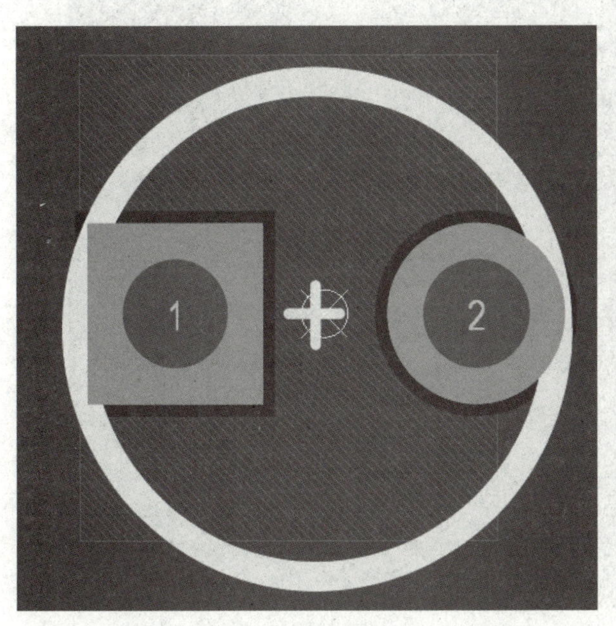

图 6-39　LED_BLUE、LED_RED 的封装

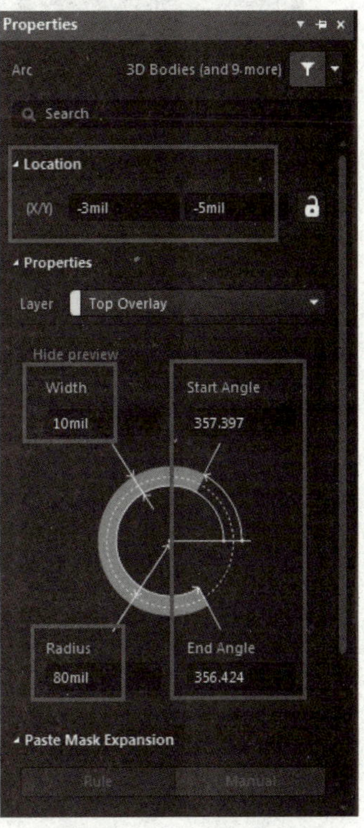

图 6-40　圆形走线的属性

学习笔记

（3）测量焊盘距离如图 6-41 所示。

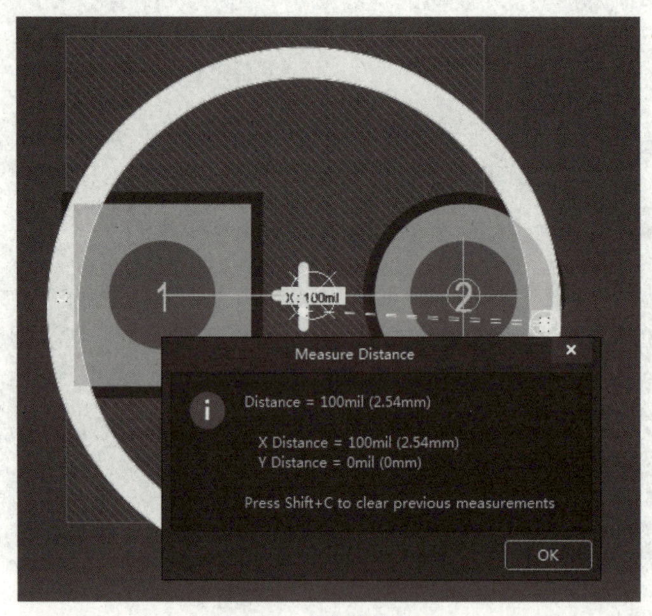

图 6-41　测量焊盘距离

（4）焊盘的属性如图 6-42、图 6-43 所示。

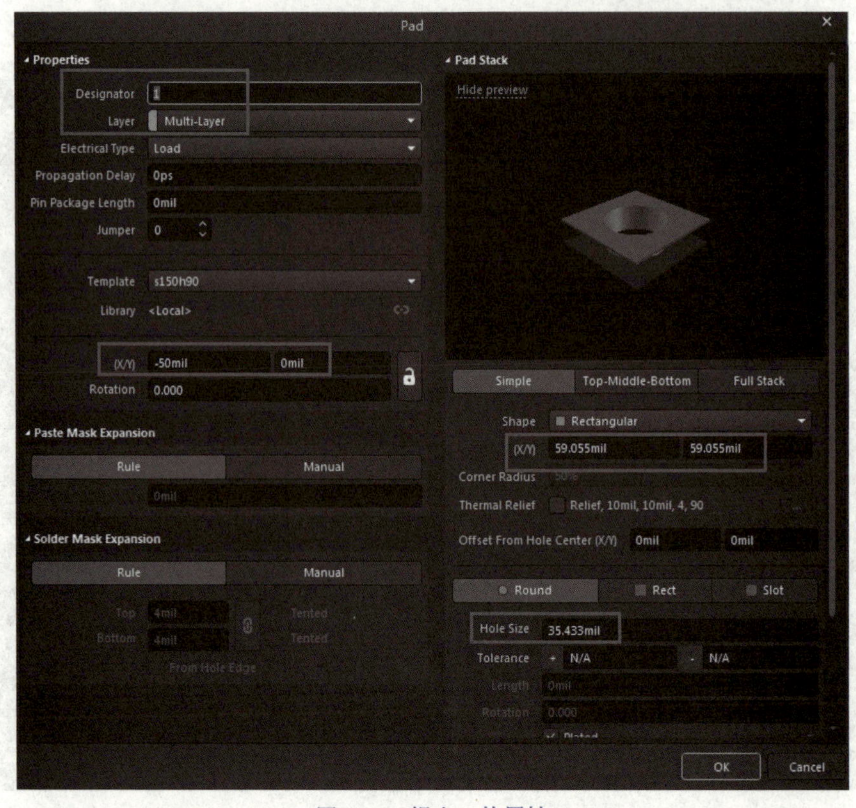

图 6-42　焊盘 1 的属性

学习笔记

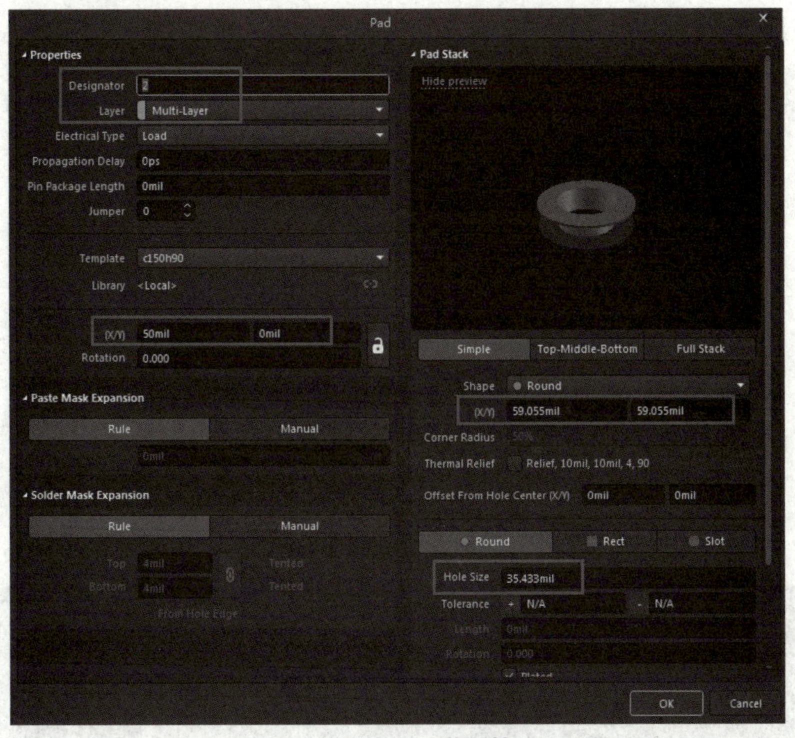

图 6-43　焊盘 2 的属性

8．RES[0805]

封装如图 6-44 所示。

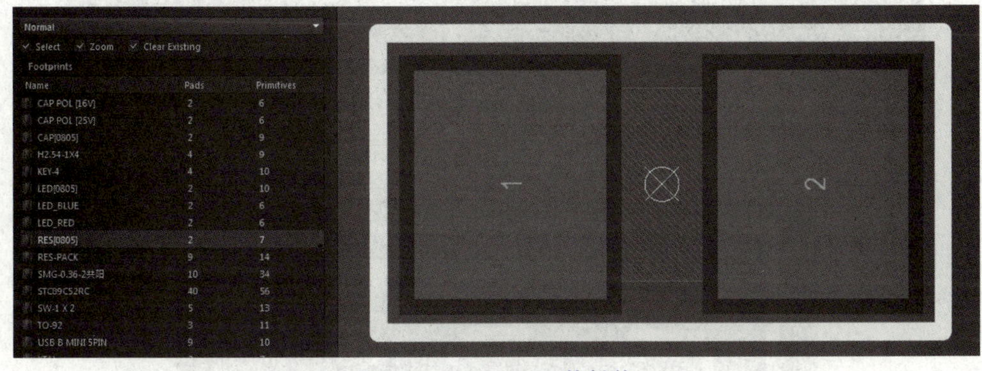

图 6-44　RES[0805] 的封装

9．RES-PACK

（1）封装如图 6-45 所示。

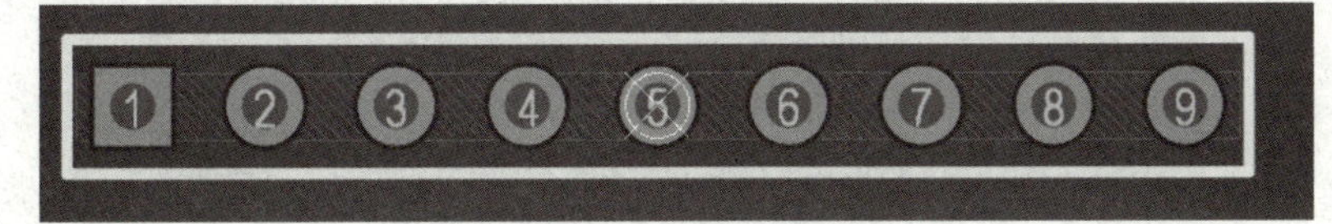

图 6-45　RES-PACK 的封装

（2）测量焊盘距离如图 6-46 所示。

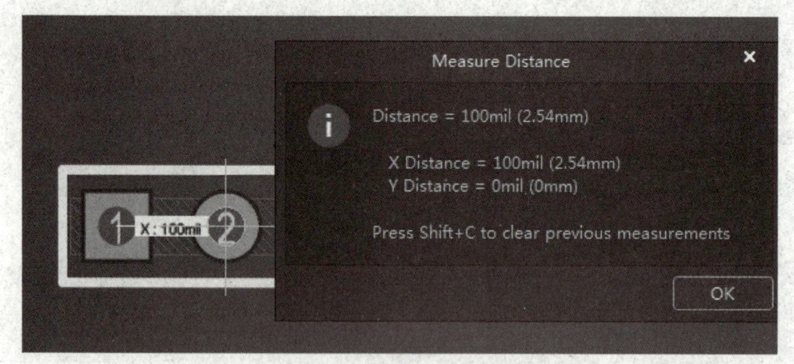

图 6-46　测量焊盘的距离

10．SMG-0.36-2 共阳

（1）封装如图 6-47 所示。

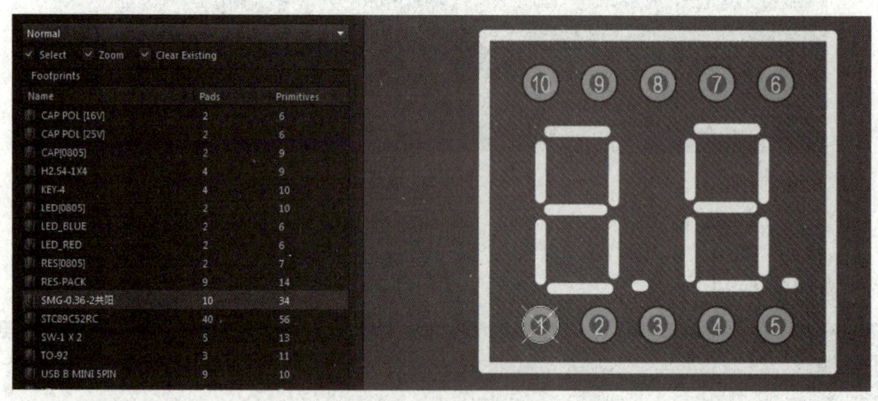

图 6-47　SMG-0.36-2 共阳的封装

（2）测量焊盘 1 与焊盘 2 的距离，如图 6-48 所示。

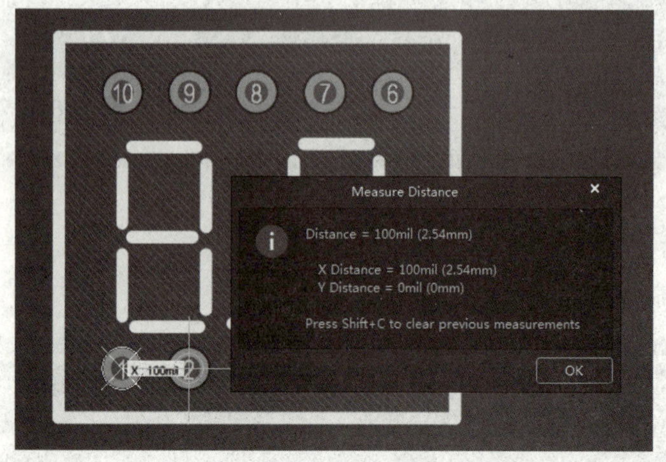

图 6-48　测量焊盘 1 与焊盘 2 距离

学习笔记

（3）测量焊盘 1 与焊盘 10 的距离，如图 6-49 所示。

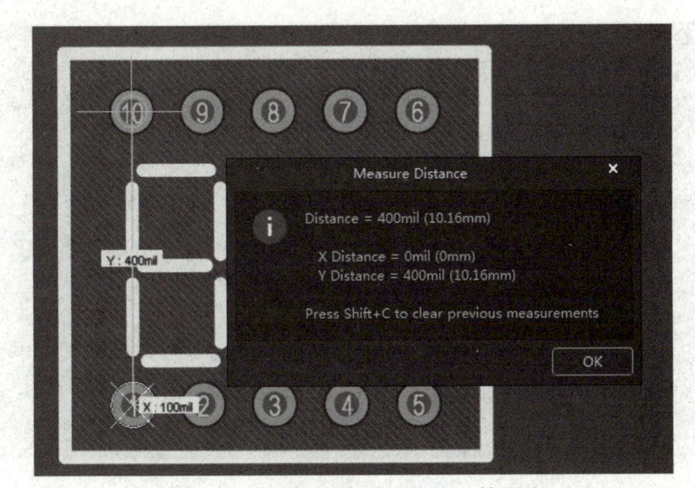

图 6-49　测量焊盘 1 与焊盘 10 的距离

11．STC89C52RC

（1）封装如图 6-50 所示。

（2）测量第 1 引脚和第 40 引脚的距离，如图 6-51 所示。

图 6-50　STC89C52RC 的封装

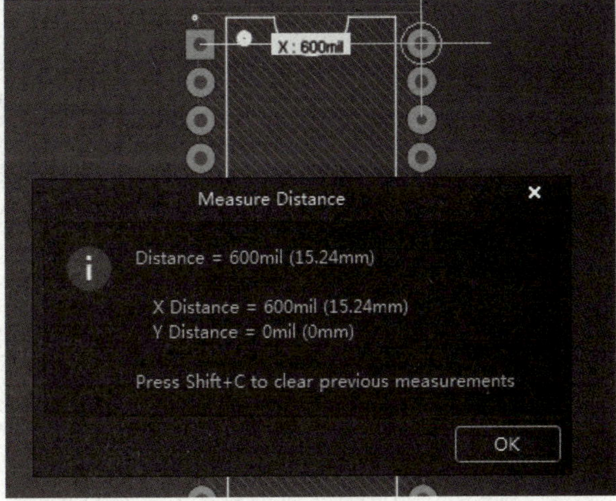

图 6-51　测量第 1 引脚和第 40 引脚的距离

（3）测量第 1 引脚和 第 2 引脚的距离，如图 6-52 所示。

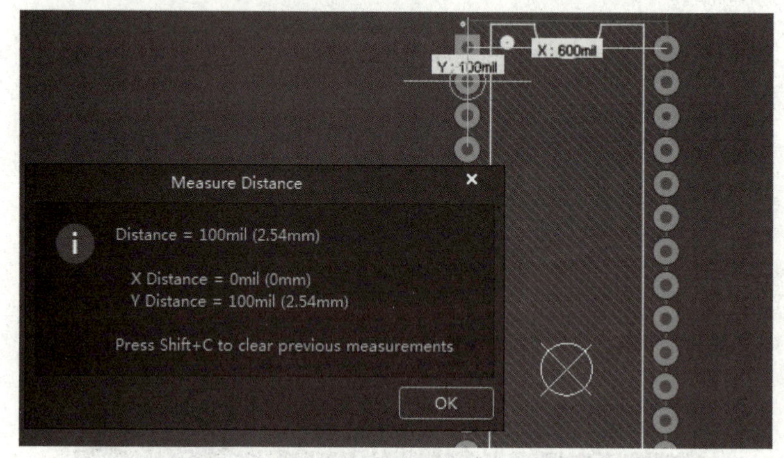

图 6-52 测量第 1 引脚和第 2 引脚的距离

12．SW-1X2

（1）封装如图 6-53 所示。

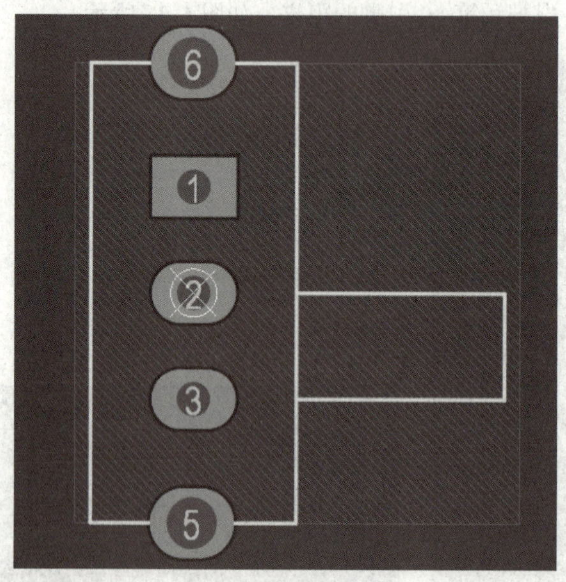

图 6-53 SW-1X2 的封装

（2）测量焊盘的距离，如图 6-54 所示。

13．TO-92

（1）封装如图 6-55 所示。

（2）测量焊盘的距离，如图 6-56 所示。

学习笔记

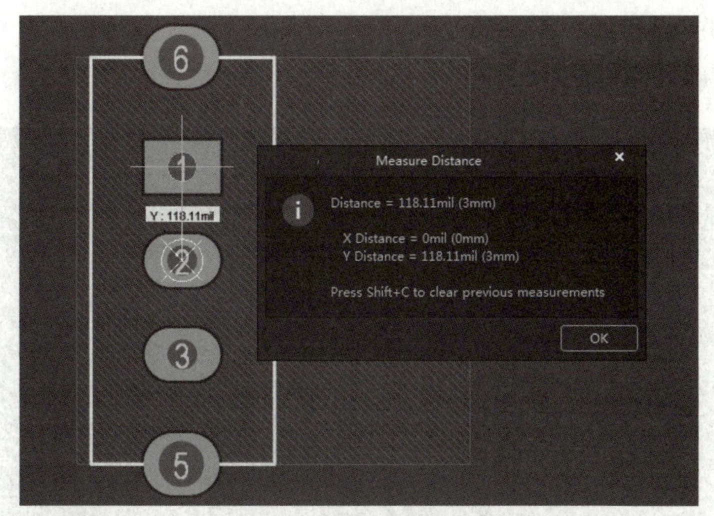

图 6-54 测量焊盘的距离

图 6-55 TO-92 的封装

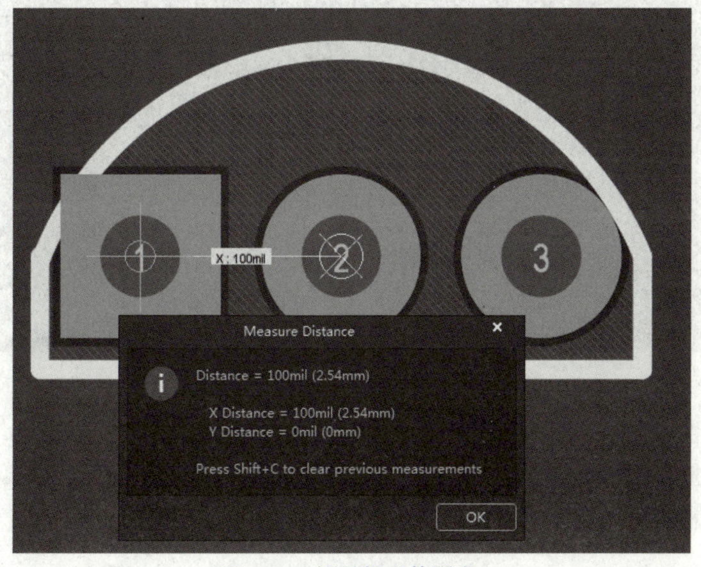

图 6-56 测量焊盘的距离

14．USB 接口

（1）外形如图 6-57 所示。

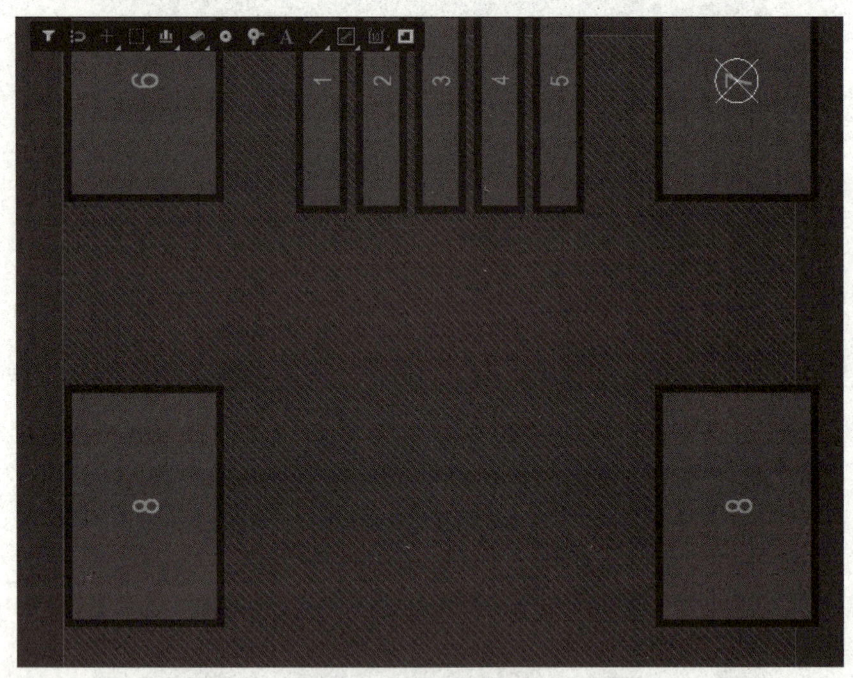

图 6-57　USB 外形

（2）测量焊盘 6 与焊盘 7 的距离，如图 6-58 所示。

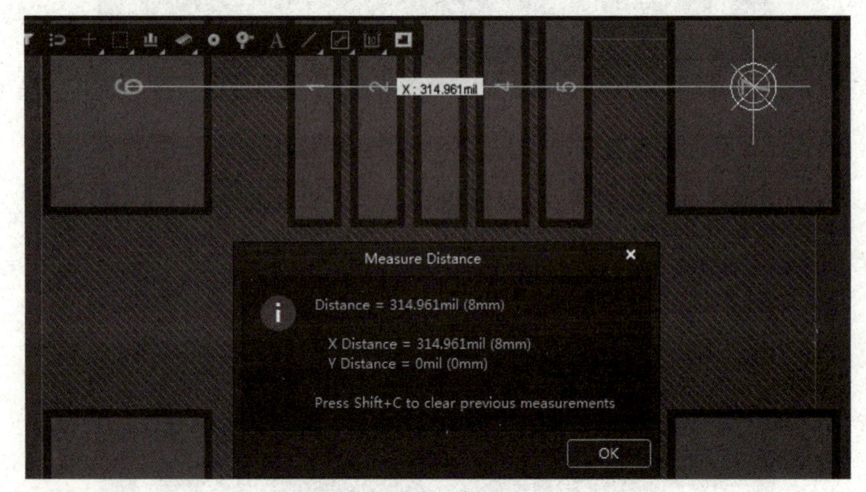

图 6-58　测量焊盘 6 与焊盘 7 的距离

（3）测量焊盘 6 与焊盘 8 的距离，如图 6-59 所示。

（3）测量焊盘 8 与焊盘 8 的距离，如图 6-60 所示。

（4）测量焊盘 1 与焊盘 2 的距离，如图 6-61 所示。

学习笔记

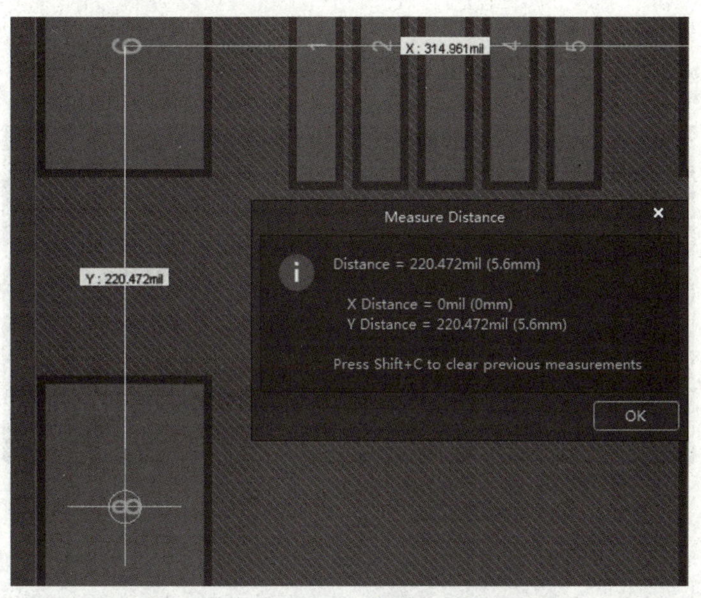

图 6-59　测量焊盘 6 与焊盘 8 的距离

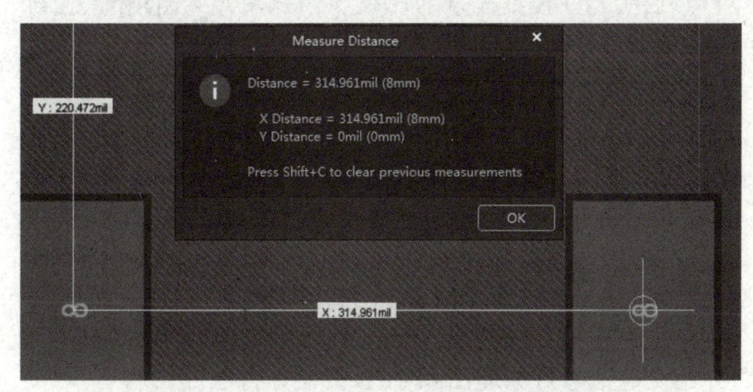

图 6-60　测量焊盘 8 与焊盘 8 的距离

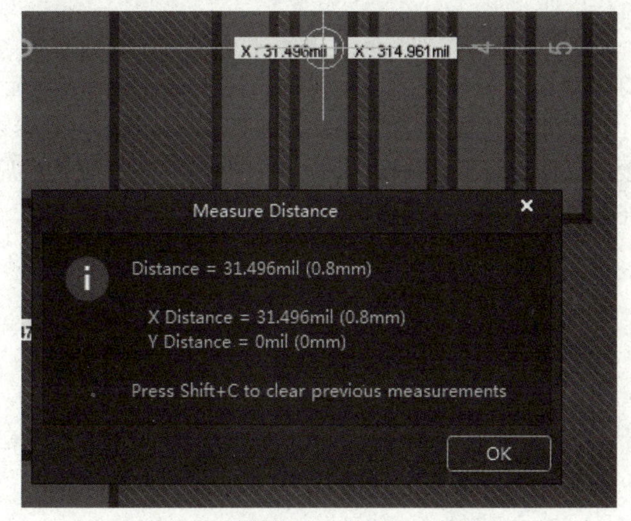

图 6-61　测量焊盘 1 与焊盘 2 的距离

学习笔记

15．XTAL

这个元件可以直接复制，封装如图 6-62 所示。

图 6-62　XTAL 的封装

注意

集成库中的元件，3D 模型显示的比较少，如果需要 3D 模式显示，需要自己增加 3D 模型。

任务 3　交通信号灯原理图和 PCB 的制作

任务分析

本任务将介绍交通信号灯原理图和 PCB 的制作方法。

相关知识

交通信号灯原理图绘制是按区域绘制的。元件库安装后，将元件拖动到原理图中进行布局，然后用导线或网络标号来连接即可。具体的过程参考下面的介绍。PCB 的制作主要是元件封装不要选错了，元件在 PCB 中的位置的布局按本项目任务 1 中原理图和 PCB 效果图文件进行布局和布线。

测验

测试一下自己学习的效果。

（1）如何加载原理图元件库？

（2）如何将教材中提供的交通灯原理图进行区域分割？

（3）如图 6-63 所示，R18~R25 这种电阻如何进行智能粘贴？

（4）如何放置原理图中的网络标号，如 GND,RX,TX，请举例说明。

（5）如何通过封装管理器检查原理图中的元件是否添加了封装？

（6）绘制 PCB 形状的具体步骤有哪些？请写出较详细的步骤。

（7）交通灯的原理图电路如何更新到 PCB？

（8）如果在 PCB 中发现某一个元件或电路没有飞线，是什么原因？如何让这个元件添加上飞线？

（9）如何给 PCB 加上泪滴和覆铜？

（10）请描述一个三极管的 3D 封装的制作步骤和方法，也可以描述一个 8 引脚集成电路（DIP）3D 封装的制作方法。

学习笔记

任务实施

一、交通信号灯原理图绘制

微课：扫描学一学交通信号灯原理图制作。

交通信号灯原理图制作

1．元件库的加载或安装

首先通过组件面板中的■按钮，选择 File-based Libraries Preferences... 命令，打开“库面板”。然后切换到安装库，进行库文件的安装。

2．原理图视图窗口调整

在原理图的窗口中，可以通过“查看”菜单下面的百分比来选择视图的大小，也可以按键盘上的【PageUp】或【PageDown】键来放大或缩小原理图的视图窗口。

打开已经完成的原理图，可以看到一些红色的区域分割线，单击画线工具，然后在绘制线条时，按住【Tab】键，出现线设置的对话框，在其中可以改变线条的颜色为红色，然后就可以绘制红色区域。

3．绘制完成的整个原理图（见图 6-1）

清晰的原理图可以参考视频或者提供的练习文件。

4．原理图的分区域显示

下面将原理图分区域进行切割，按从上到下，从左到右的顺序，切出的图片如图 6-63 ~图 6-66 所示。在绘制时，将已经制作完成的元件拖动到原理图的相关区域中，然后进行调整布局和连接导线即可，没有导线直接相连接的，则通过网络标号和电源端口来连接。

图 6-64 所示为 51 单片机最小系统，里面有单片机，排电阻、按键、晶振，里面的导线较少，注意网络标号的连接。

图 6-65 所示为电源电路，里面有 USB 电源供电电路，每个元件的标识在图中已经标出来了，注意这是元件标识，而不是说明文字，5 V 和 GND 是电源端口。

学习笔记

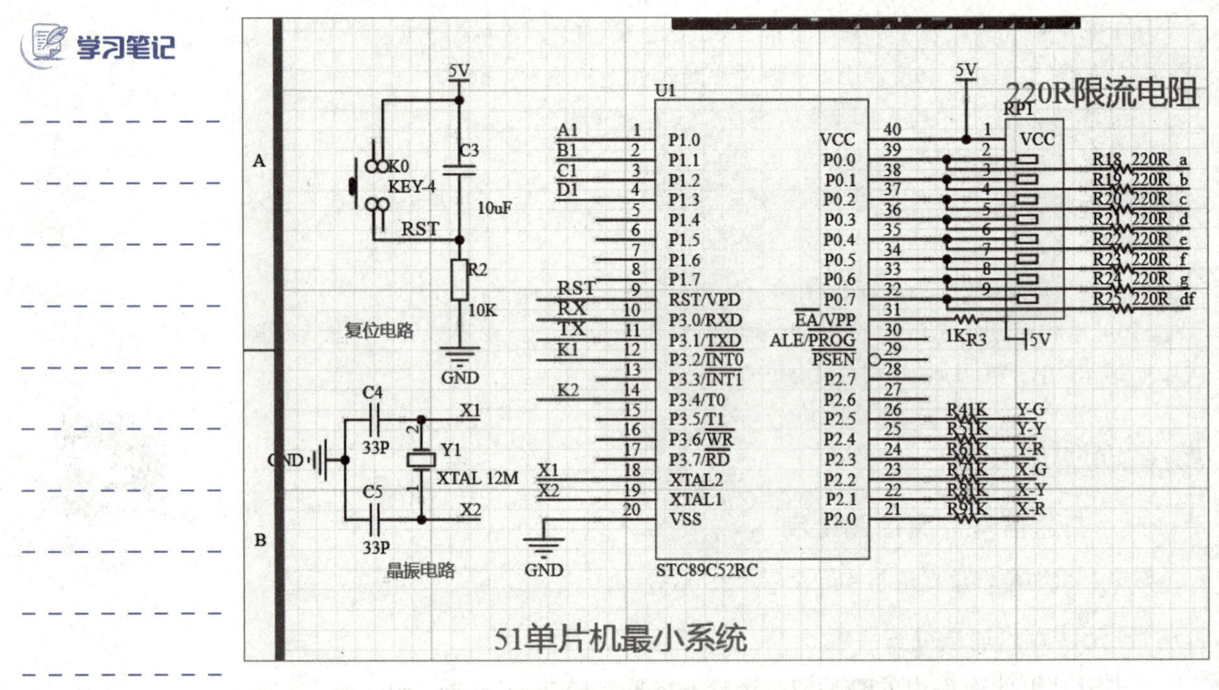

图 6-63 51 单片机的最小系统

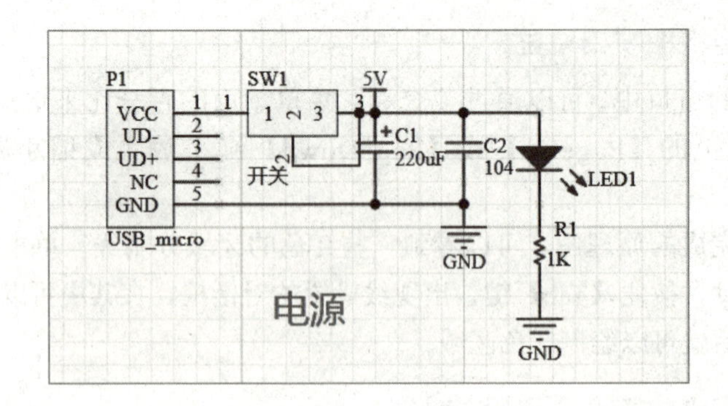

图 6-64 电源电路

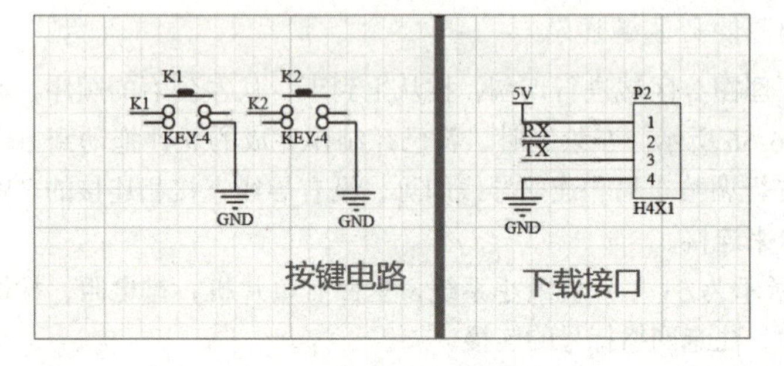

图 6-65 按键电路及下载接口电路

图 6-66 所示为按键电路和下载接口电路，每个元件的标识在图中已经标出来了，注意这是元件标识，而不是说明文字，K1，K2，RX，TX 是网络标签，5 V 和 GND 是电源端口。

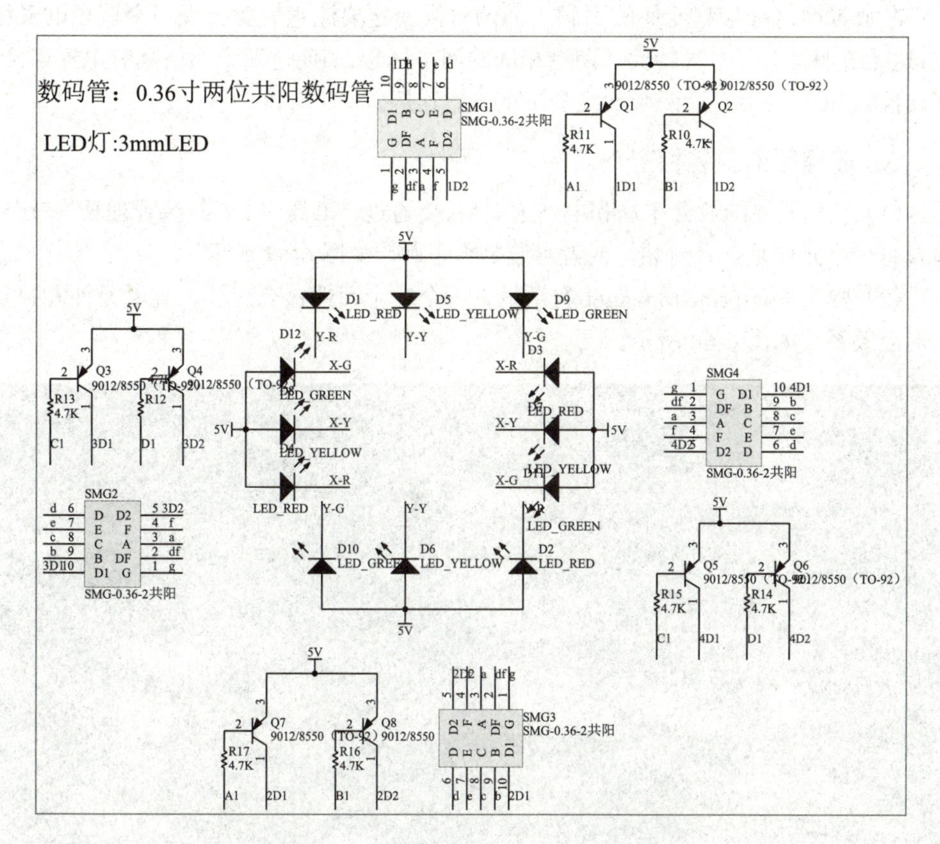

图 6-66　数码管和发光二极管驱动电路

图 6-67 所示为数码管和发光二极管驱动电路。在该部分电路中，只有少数的导线连接，其他是网络标号来进行连接的。要注意这部分电路分为四个方向，每个方向的原理图元件的名称不要混乱，元件的标识不要写错。

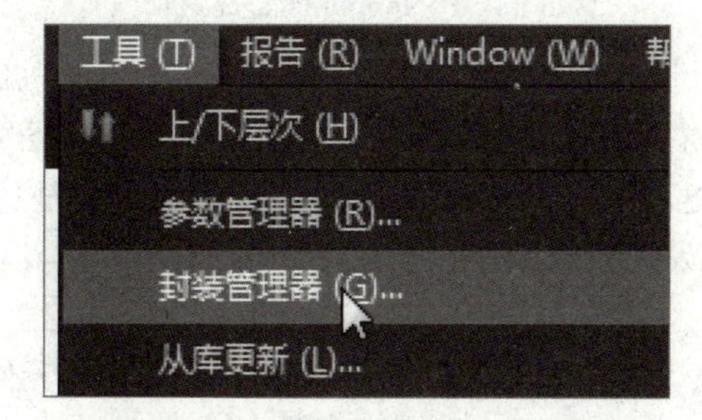

图 6-67　选择“封装管理器”命令

学习笔记

5．用网络标号来连接原理图元件

上面各部分中放置网络标号的方法是单击菜单工具栏中的 NET，按【Tab】键会出现“网络标签”对话框，在其中更改网络的名称即可。

在放置网络标号到元件的引脚上面的时候一定要注意：要出现一个蓝色的叉标记，这才表明具有了电气特性。两个相同的网络标号，表明这两个网络具有电气连接。在转换到 PCB 中后，这两个网络会出现飞线连接。

6．原理图的封装检查

（1）完成元件的放置布局和电气连接后，要通过“工具”｜“封装管理器”命令，检查每一个元件是否有封装，或者封装是否正确，如图 6-67 所示。

（2）弹出 Footprint Manager 对话框，一个一个元件检查封装，查看元件和封装的对应关系，如图 6-68 所示。

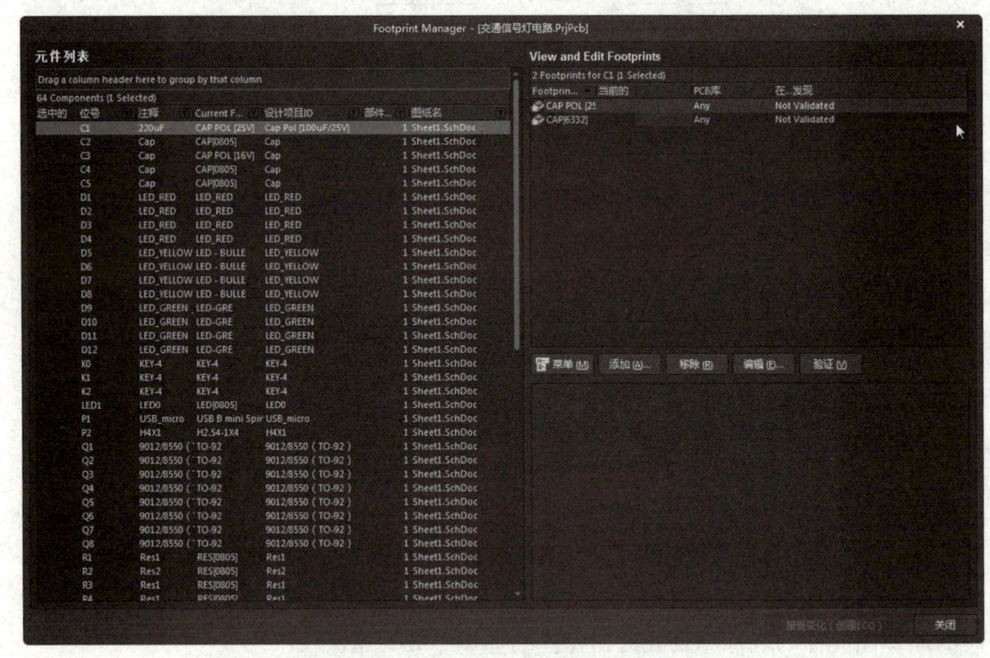

图 6-68　Footprint Manager 对话框

（3）图 6-69 所示元件列表栏中列出了元件的标识、元件的封装名，右侧上面的区域显示封装名称，右侧下面的区域显示封装预览。看这个图中的第一和第二个元件，没有添加标识，这种情况转到 PCB 后，这个元件的引脚是找不到飞线的。因此，通过这个对话框可以发现原理图中的错误。如果检查元件时发现没有封装，需要先安装封装库。

（4）安装封装后，再次打开 Footprint Manager 对话框。对元件一个一个检查封装，读者可以参考录制“单片机元件和封装的对应关系”的视频，一个一个检查并修改封装。

（5）此处只列出几个元件和封装的对应关系如图 6-69、图 6-70 所示。

学习笔记

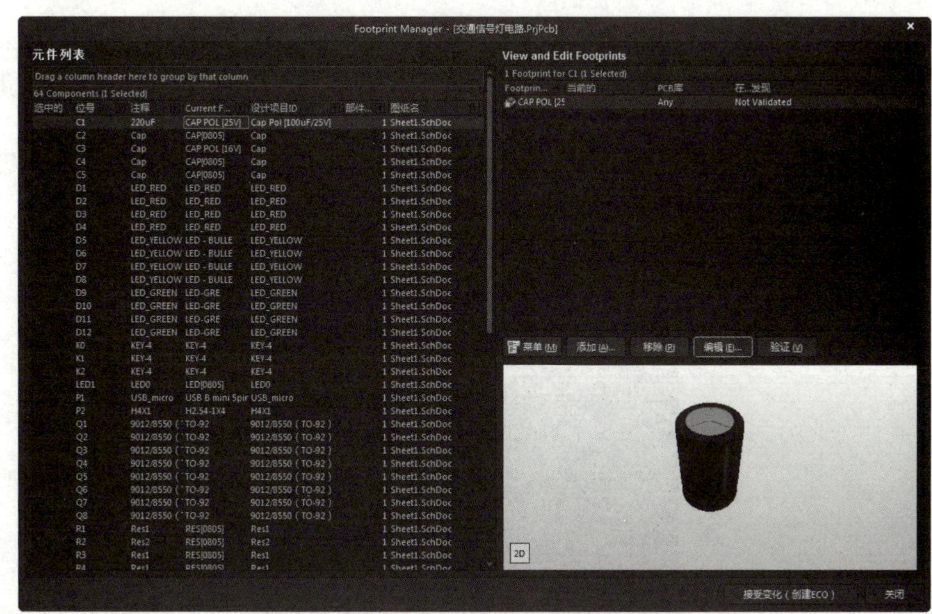

图 6-69　CAP POL[25V] 的封装

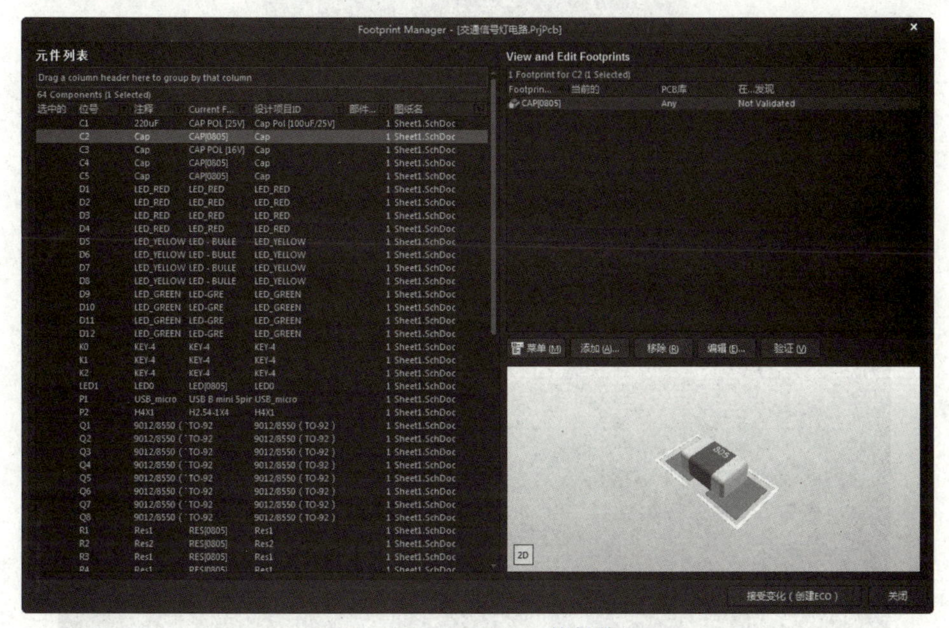

图 6-70　CAP[0805] 的封装

其他还有很多封装，不再一一介绍，读者自己参考视频和提供的练习文件进行查找。

二、交通信号灯 PCB 形状制作

微课：扫描学一学交通信号灯 PCB 形状制作。

交通信号灯
PCB形状制作

操作步骤如下：

学习笔记

1. 建立 PCB 文件

在项目文件上右击，选择“添加新的 ... 到工程”中的 PCB，即可增加一个新的 PCB 文件。单击“保存”按钮，保存文件。

2. 设置中心点

（1）选择“编辑”｜“原点设置”命令，如图 6-71 所示。

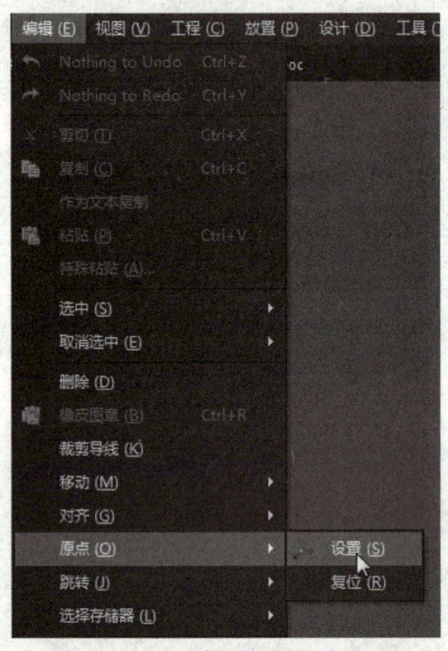

图 6-71　选择“设置”命令

（2）放置在左下角，如图 6-72 所示。

图 6-72　放置在左下角

3．在机械层绘制走线

（1）找到下方的 Mechanical 1，放置走线。

LS | Top Layer | Bottom Layer | Mechanical 1 | Top Overlay | Bottom Overlay | Top Paste | Bottom Paste

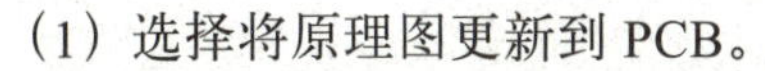

（2）找到放置中的“走线”，然后在机械层绘制走线，如图 6-73 所示。

图 6-73　绘制走线

三、交通信号灯原理图更新到 PCB 文件

微课：扫描学一学交通信号灯原理图更新到 PCB 文件。

交通信号灯原理图更新到 PCB文件

（1）选择将原理图更新到 PCB。

（2）会出现“工程变更指令”对话框，先单击“验证变更”按钮，如图 6-74 所示。

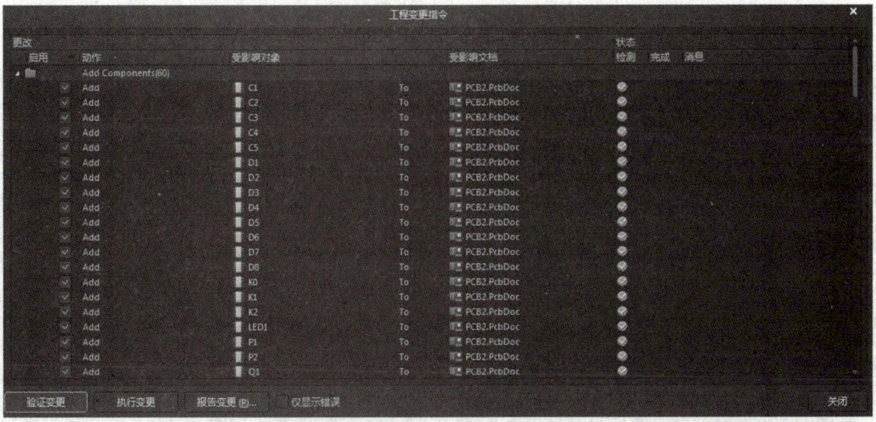

工程变更指令

启用	动作	受影响对象		受影响文档	检测	完成	消息
	Add Components(60)						
✓	Add	C1	To	PCB2.PcbDoc	✓		
✓	Add	C2	To	PCB2.PcbDoc	✓		
✓	Add	C3	To	PCB2.PcbDoc	✓		
✓	Add	C4	To	PCB2.PcbDoc	✓		
✓	Add	C5	To	PCB2.PcbDoc	✓		
✓	Add	D1	To	PCB2.PcbDoc	✓		
✓	Add	D2	To	PCB2.PcbDoc	✓		
✓	Add	D3	To	PCB2.PcbDoc	✓		
✓	Add	D4	To	PCB2.PcbDoc	✓		
✓	Add	D5	To	PCB2.PcbDoc	✓		
✓	Add	D6	To	PCB2.PcbDoc	✓		
✓	Add	D7	To	PCB2.PcbDoc	✓		
✓	Add	D8	To	PCB2.PcbDoc	✓		
✓	Add	K0	To	PCB2.PcbDoc	✓		
✓	Add	K1	To	PCB2.PcbDoc	✓		
✓	Add	K2	To	PCB2.PcbDoc	✓		
✓	Add	LED1	To	PCB2.PcbDoc	✓		
✓	Add	P1	To	PCB2.PcbDoc	✓		
✓	Add	P2	To	PCB2.PcbDoc	✓		
✓	Add	Q1	To	PCB2.PcbDoc	✓		

验证变更　执行变更　报告变更(R)...　仅显示错误　关闭

图 6-74　验证变更

（3）单击“执行变更”按钮，状态区域的检测与完成出现了绿色的勾，说明正确，如图 6-75 所示。

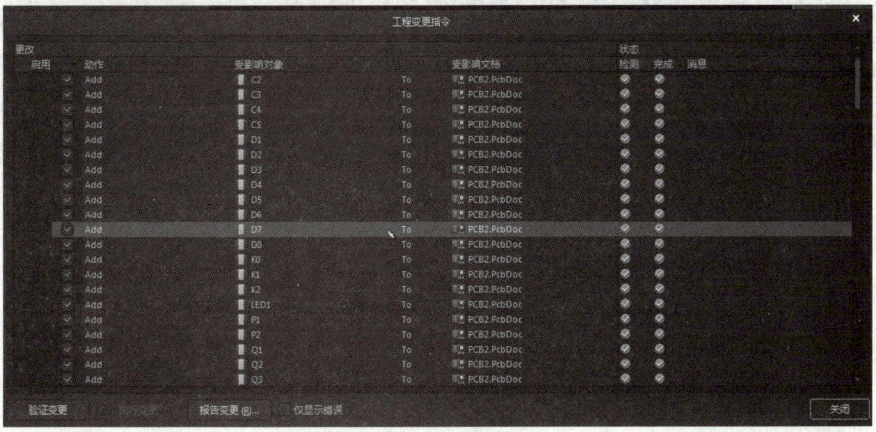

工程变更指令

启用	动作	受影响对象		受影响文档	检测	完成	消息
✓	Add	C2	To	PCB2.PcbDoc	✓	✓	
✓	Add	C3	To	PCB2.PcbDoc	✓	✓	
✓	Add	C4	To	PCB2.PcbDoc	✓	✓	
✓	Add	C5	To	PCB2.PcbDoc	✓	✓	
✓	Add	D1	To	PCB2.PcbDoc	✓	✓	
✓	Add	D2	To	PCB2.PcbDoc	✓	✓	
✓	Add	D3	To	PCB2.PcbDoc	✓	✓	
✓	Add	D4	To	PCB2.PcbDoc	✓	✓	
✓	Add	D5	To	PCB2.PcbDoc	✓	✓	
✓	Add	D6	To	PCB2.PcbDoc	✓	✓	
✓	Add	D7	To	PCB2.PcbDoc	✓	✓	
✓	Add	D8	To	PCB2.PcbDoc	✓	✓	
✓	Add	K0	To	PCB2.PcbDoc	✓	✓	
✓	Add	K1	To	PCB2.PcbDoc	✓	✓	
✓	Add	K2	To	PCB2.PcbDoc	✓	✓	
✓	Add	LED1	To	PCB2.PcbDoc	✓	✓	
✓	Add	P1	To	PCB2.PcbDoc	✓	✓	
✓	Add	P2	To	PCB2.PcbDoc	✓	✓	
✓	Add	Q1	To	PCB2.PcbDoc	✓	✓	
✓	Add	Q2	To	PCB2.PcbDoc	✓	✓	
✓	Add	Q3	To	PCB2.PcbDoc	✓	✓	

验证变更　执行变更　报告变更(R)...　仅显示错误　关闭

图 6-75　正确的元件

学习笔记

注意

如果检查有元件没有封装和引脚没有电气连接，则需要在原理图中继续查找错误，直到没有错误为止。如果没有封装，则在原理图中检查元件的封装，如果没有引脚，则需要在元件库中去查找元件的标识是否已经添加，元件的引脚序号是否和封装的引脚是一一对应的。

四、PCB布线规则设置和自动布线

微课：扫描学一学交通信号灯PCB的手动布局。

交通信号灯PCB的手动布局

1．元件的手动布局

将原理图更新到PCB后，可以将元件拖动到紫色布线方框中。

首先是元件要手动布局进行调整，手动布局要对照提供的源文件进行位置布局，如图6-76所示。

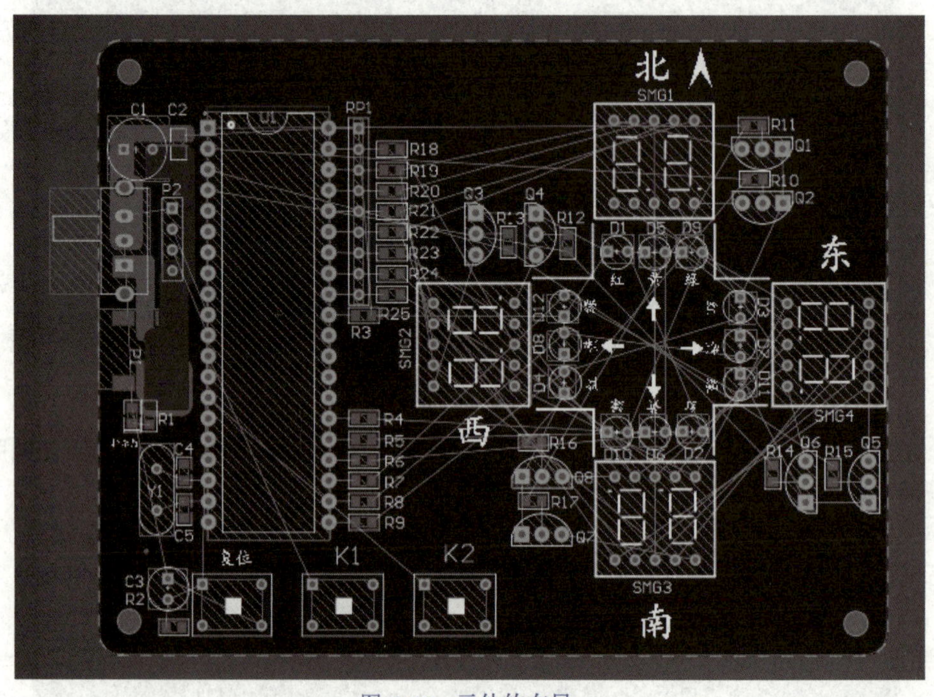

图6-76　元件的布局

2．PCB的布线规则

微课：扫描学一学交通信号灯PCB布线规则设置。

交通信号灯PCB布线规则设置

选择“设计”｜“规则”命令，设置布线规则。

（1）主要是设置Routing下面的Width，如图6-77～图6-78所示。

学习笔记

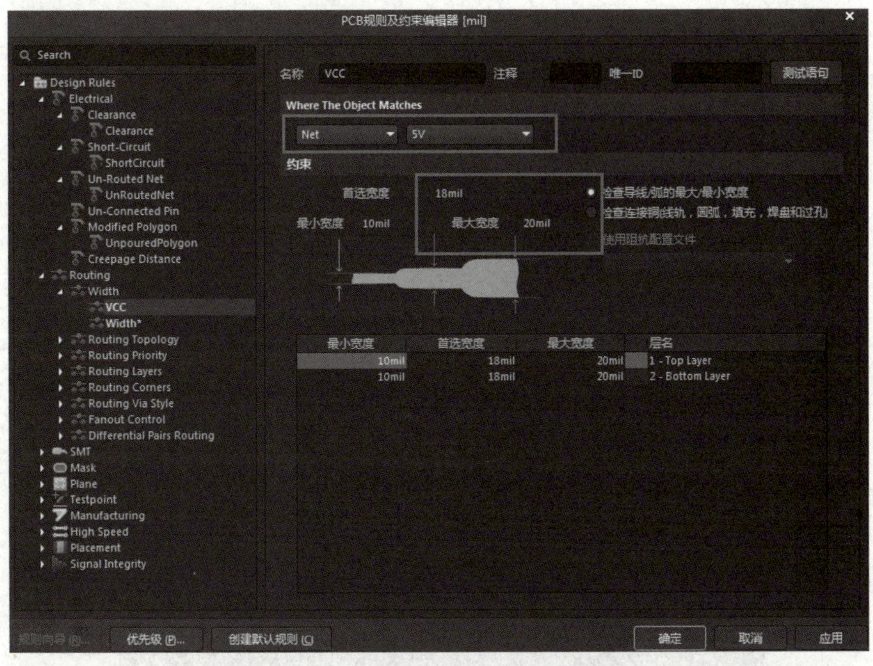

图 6-77　设置 5 V 网络的布线规则

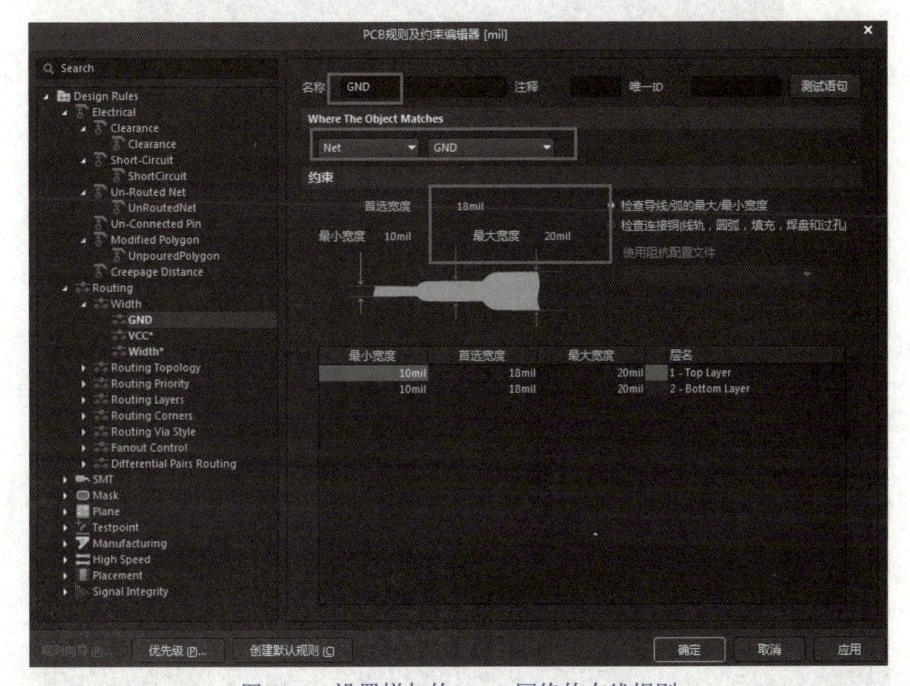

图 6-78　设置增加的 GND 网络的布线规则

（2）设置规则完成后，选择“布线”｜“自动布线”｜“全部”命令，弹出一个对话框，选中“锁定已有布线”和“布线后消除冲突”复选框，然后单击 Route All 按钮就可以直接进行布线，如图 6-79 所示。

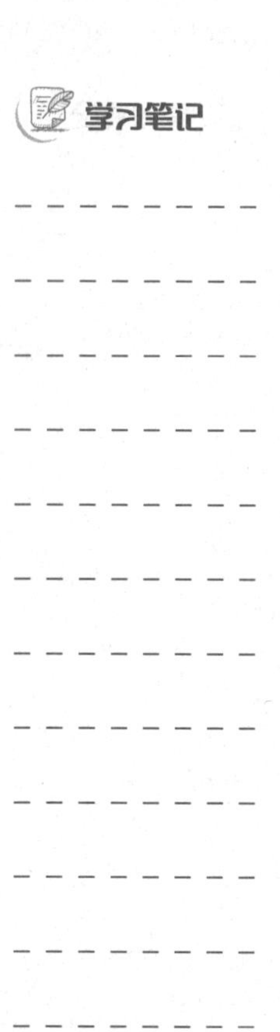

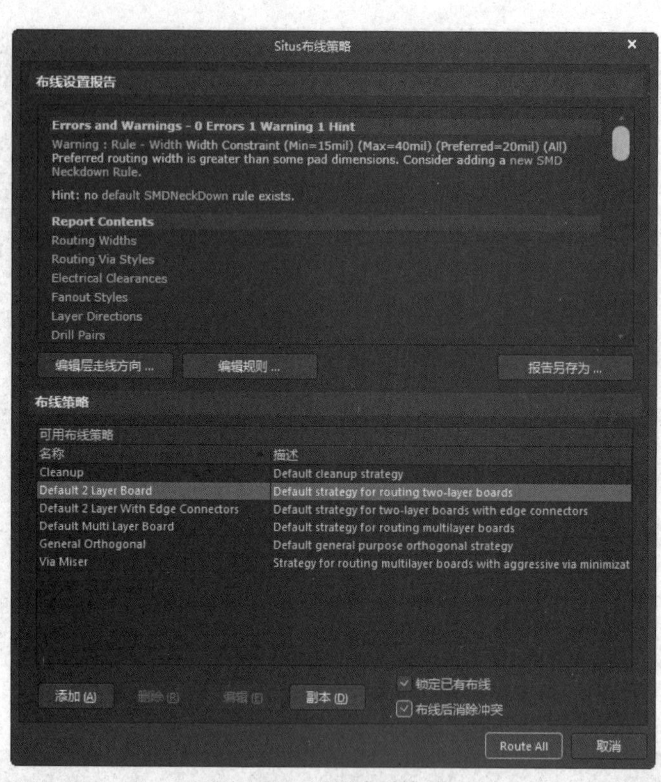

图 6-79　设置自动布线

(3) 执行自动布线，这样 PCB 中的元件将会自动布线，如图 6-80 所示。

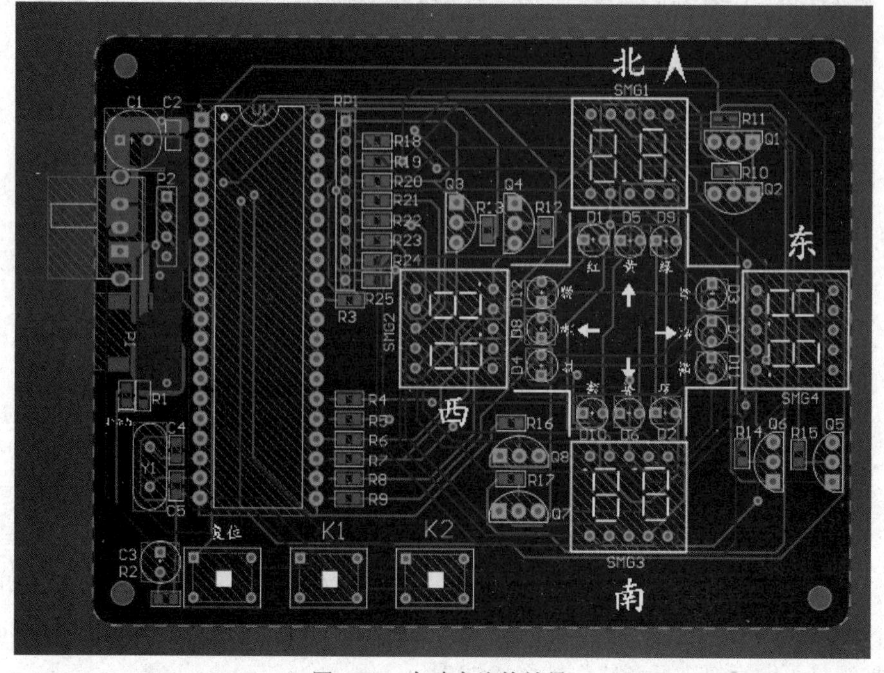

图 6-80　自动布线的效果

五、PCB 添加泪滴和覆铜

学习笔记

（1）选择“工具”|“滴泪”命令，给焊盘添加“滴泪”。

（2）选择“放置”|“覆铜”命令，在弹出的对话框中选择第一种模式，按第一种模式进行参数设置，如图 6-81 所示。

（3）从左上方开始拖至一个长方形就可以绘制成覆铜，完成后的效果如图 6-82、图 6-83 所示。

图 6-81　设置覆铜

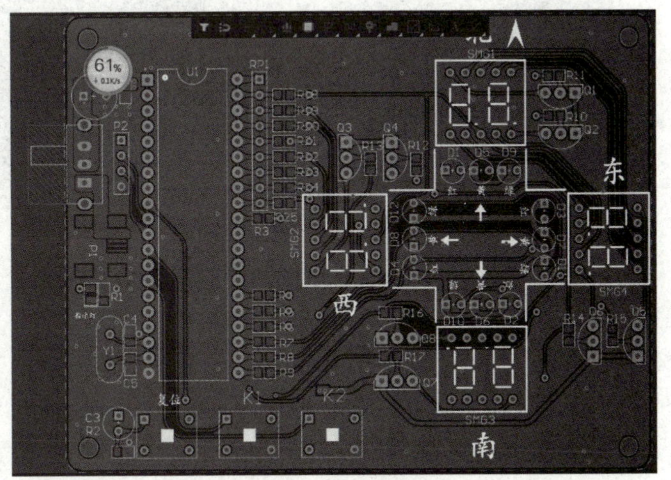

图 6-82　覆铜效果

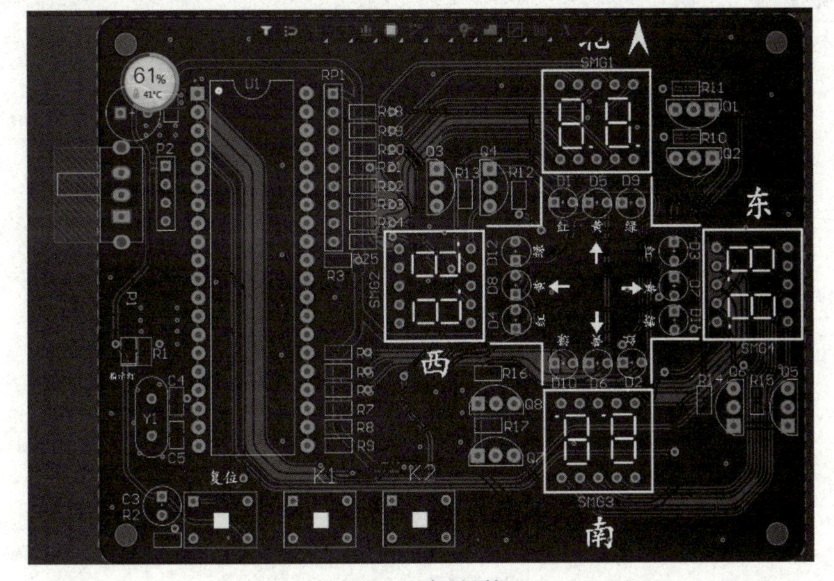

图 6-83　底层覆铜

大力弘扬交通精神 增强文化融合渗透性和覆盖面

项目6考核评价标准

三极管的3D模型绘制

元件交叉选择模式进行布局

课程考核综合评价标准

最后给出一张 PCB 3D 显示的效果图，如图 6-84 所示。

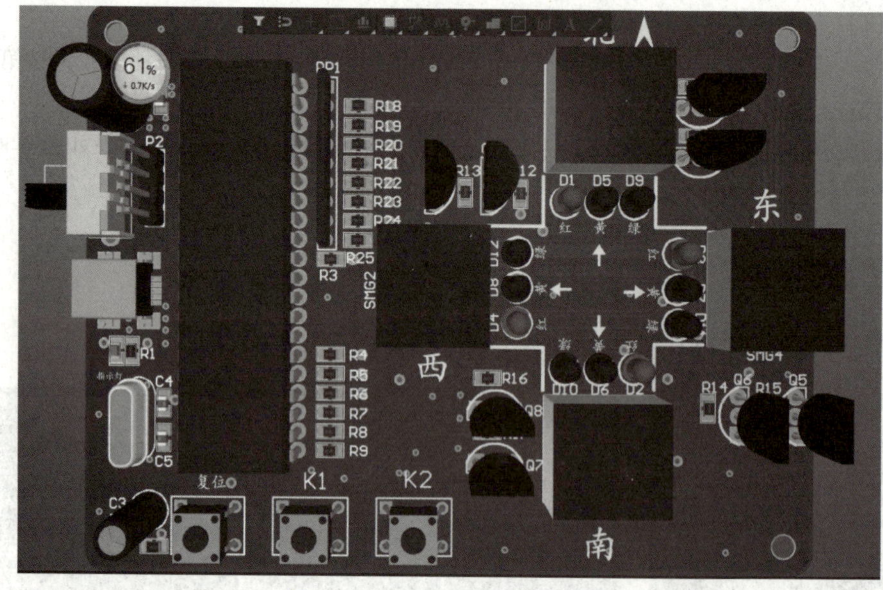

图 6-84　PCB 3D 显示的效果图

有兴趣的读者可以将 PCB 制作成 3D 显示的效果，这需要将元件的封装更改为 3D 元件。

微课：扫描学一学三极管的 3D 模型绘制。

微课：扫描学一学元件交叉选择模式进行布局。

本项目中所有操作可以参考录制的上机视频。

项目自测题

1. 交通信号灯元件制作的方法有哪些？
2. 交通信号灯封装制作的方法有哪些？需要制作哪几个元件？
3. 如何绘制 3D 元件？
4. 如何制作 3D 显示的 PCB？
5. 上机操作：将本项目中的所有任务进行上机操作练习。

附录A

图形符号对照表

图形符号对照表见表 A-1。

表 A-1　图形符号对照表

序号	名称	国家标准的画法	软件中的画法
1	发光二极管		
2	电阻		
3	接地		

学习笔记

任务评价

在项目 1 中任务 1 的任务实施完成后，读者可以填写表 B-1，评价一下自己对本任务的掌握情况。

表 B-1　任务评价

<table>
<tr><td>任务名称</td><td colspan="3"></td><td>学时</td><td>1</td></tr>
<tr><td>任务描述</td><td colspan="3"></td><td>任务分析</td><td></td></tr>
<tr><td rowspan="4">实施方案</td><td colspan="4"></td><td rowspan="4">教师认可：</td></tr>
<tr><td colspan="4"></td></tr>
<tr><td colspan="4"></td></tr>
<tr><td colspan="4"></td></tr>
<tr><td rowspan="3">问题记录</td><td colspan="2">1.</td><td rowspan="3" colspan="2">处理方法</td><td>1.</td></tr>
<tr><td colspan="2">2.</td><td>2.</td></tr>
<tr><td colspan="2">3.</td><td>3.</td></tr>
<tr><td rowspan="7">成果评价</td><td>评价项目</td><td>评价标准</td><td>学生自评（20%）</td><td>小组互评（30%）</td><td>教师评价（50%）</td></tr>
<tr><td>1.</td><td>1.　（×%）</td><td></td><td></td><td></td></tr>
<tr><td>2.</td><td>2.　（×%）</td><td></td><td></td><td></td></tr>
<tr><td>3.</td><td>3.　（×%）</td><td></td><td></td><td></td></tr>
<tr><td>4.</td><td>4.　（×%）</td><td></td><td></td><td></td></tr>
<tr><td>5.</td><td>5.　（×%）</td><td></td><td></td><td></td></tr>
<tr><td>6.</td><td>6.　（×%）</td><td></td><td></td><td></td></tr>
<tr><td>教师评语</td><td colspan="5">评　语：
成绩等级：　　　　教师签字：</td></tr>
<tr><td rowspan="2">小组信息</td><td>班　级</td><td></td><td>第　组</td><td>同组同学</td><td></td></tr>
<tr><td>组长签字</td><td colspan="2"></td><td>日　期</td><td></td></tr>
</table>

学习笔记

在项目 1 中任务 2 的任务实施完成后，读者可以填写表 B-2，评价一下自己对本任务的掌握情况。

表 B-2 任务评价

<table>
<tr><td>任务名称</td><td colspan="2"></td><td>学时</td><td colspan="2">1</td></tr>
<tr><td>任务描述</td><td colspan="2"></td><td>任务分析</td><td colspan="2"></td></tr>
<tr><td rowspan="4">实施方案</td><td colspan="3"></td><td colspan="2" rowspan="4">教师认可：</td></tr>
<tr><td colspan="3"></td></tr>
<tr><td colspan="3"></td></tr>
<tr><td colspan="3"></td></tr>
<tr><td rowspan="3">问题记录</td><td colspan="2">1.</td><td rowspan="3">处理方法</td><td colspan="2">1.</td></tr>
<tr><td colspan="2">2.</td><td colspan="2">2.</td></tr>
<tr><td colspan="2">3.</td><td colspan="2">3.</td></tr>
<tr><td rowspan="7">成果评价</td><td>评价项目</td><td>评价标准</td><td>学生自评（20%）</td><td>小组互评（30%）</td><td>教师评价（50%）</td></tr>
<tr><td>1.</td><td>1.（×%）</td><td></td><td></td><td></td></tr>
<tr><td>2.</td><td>2.（×%）</td><td></td><td></td><td></td></tr>
<tr><td>3.</td><td>3.（×%）</td><td></td><td></td><td></td></tr>
<tr><td>4.</td><td>4.（×%）</td><td></td><td></td><td></td></tr>
<tr><td>5.</td><td>5.（×%）</td><td></td><td></td><td></td></tr>
<tr><td>6.</td><td>6.（×%）</td><td></td><td></td><td></td></tr>
<tr><td>教师评语</td><td colspan="5">评　语：
成绩等级：　　　　教师签字：</td></tr>
<tr><td rowspan="2">小组信息</td><td>班　级</td><td></td><td>第　组</td><td>同组同学</td><td></td></tr>
<tr><td>组长签字</td><td colspan="2"></td><td>日　期</td><td></td></tr>
</table>

学习笔记

在项目 1 中任务 3 的任务实施完成后，可以填写表 B-3，评价一下自己对本任务的掌握情况。

表 B-3　任务评价

<table>
<tr><td>任务名称</td><td colspan="2"></td><td>学时</td><td colspan="2">2</td></tr>
<tr><td>任务描述</td><td colspan="2"></td><td>任务分析</td><td colspan="2"></td></tr>
<tr><td rowspan="4">实施方案</td><td colspan="3"></td><td colspan="2" rowspan="4">教师认可：</td></tr>
<tr><td colspan="3"></td></tr>
<tr><td colspan="3"></td></tr>
<tr><td colspan="3"></td></tr>
<tr><td rowspan="3">问题记录</td><td colspan="2">1.</td><td rowspan="3">处理方法</td><td colspan="2">1.</td></tr>
<tr><td colspan="2">2.</td><td colspan="2">2.</td></tr>
<tr><td colspan="2">3.</td><td colspan="2">3.</td></tr>
<tr><td rowspan="7">成果评价</td><td>评价项目</td><td>评价标准</td><td>学生自评（20%）</td><td>小组互评（30%）</td><td>教师评价（50%）</td></tr>
<tr><td>1.</td><td>1.　（×%）</td><td></td><td></td><td></td></tr>
<tr><td>2.</td><td>2.　（×%）</td><td></td><td></td><td></td></tr>
<tr><td>3.</td><td>3.　（×%）</td><td></td><td></td><td></td></tr>
<tr><td>4.</td><td>4.　（×%）</td><td></td><td></td><td></td></tr>
<tr><td>5.</td><td>5.　（×%）</td><td></td><td></td><td></td></tr>
<tr><td>6.</td><td>6.　（×%）</td><td></td><td></td><td></td></tr>
<tr><td>教师评语</td><td colspan="5">评　语：
成绩等级：　　　　教师签字：</td></tr>
<tr><td rowspan="2">小组信息</td><td>班　级</td><td></td><td>第　组</td><td>同组同学</td><td></td></tr>
<tr><td>组长签字</td><td colspan="2"></td><td>日　期</td><td></td></tr>
</table>

学习笔记

在项目 1 中任务 4 的任务实施完成后，读者可以填写表 B-4，评价一下自己对本任务的掌握情况。

表 B-4 任务评价

<table>
<tr><td>任务名称</td><td colspan="3"></td><td>学时</td><td>2</td></tr>
<tr><td>任务描述</td><td colspan="3"></td><td>任务分析</td><td></td></tr>
<tr><td rowspan="4">实施方案</td><td colspan="4"></td><td rowspan="4">教师认可：</td></tr>
<tr><td colspan="4"></td></tr>
<tr><td colspan="4"></td></tr>
<tr><td colspan="4"></td></tr>
<tr><td rowspan="3">问题记录</td><td colspan="2">1.</td><td rowspan="3">处理方法</td><td colspan="2">1.</td></tr>
<tr><td colspan="2">2.</td><td colspan="2">2.</td></tr>
<tr><td colspan="2">3.</td><td colspan="2">3.</td></tr>
<tr><td rowspan="7">成果评价</td><td>评价项目</td><td>评价标准</td><td>学生自评（20%）</td><td>小组互评（30%）</td><td>教师评价（50%）</td></tr>
<tr><td>1.</td><td>1. （×%）</td><td></td><td></td><td></td></tr>
<tr><td>2.</td><td>2. （×%）</td><td></td><td></td><td></td></tr>
<tr><td>3.</td><td>3. （×%）</td><td></td><td></td><td></td></tr>
<tr><td>4.</td><td>4. （×%）</td><td></td><td></td><td></td></tr>
<tr><td>5.</td><td>5. （×%）</td><td></td><td></td><td></td></tr>
<tr><td>6.</td><td>6. （×%）</td><td></td><td></td><td></td></tr>
<tr><td>教师评语</td><td colspan="5">评 语：
成绩等级： 教师签字：</td></tr>
<tr><td rowspan="2">小组信息</td><td>班 级</td><td></td><td>第 组</td><td>同组同学</td><td></td></tr>
<tr><td>组长签字</td><td colspan="2"></td><td>日 期</td><td></td></tr>
</table>

学习笔记

在项目 2 中任务 2 的任务实施完成后，读者可以填写表 B-5，评价一下自己对本任务的掌握情况。

表 B-5　任务评价

<table>
<tr><td>任务名称</td><td colspan="2"></td><td>学时</td><td colspan="2">2</td></tr>
<tr><td>任务描述</td><td colspan="2"></td><td>任务分析</td><td colspan="2"></td></tr>
<tr><td rowspan="4">实施方案</td><td colspan="3"></td><td colspan="2" rowspan="4">教师认可：</td></tr>
<tr><td colspan="3"></td></tr>
<tr><td colspan="3"></td></tr>
<tr><td colspan="3"></td></tr>
<tr><td rowspan="3">问题记录</td><td colspan="2">1.</td><td rowspan="3">处理方法</td><td colspan="2">1.</td></tr>
<tr><td colspan="2">2.</td><td colspan="2">2.</td></tr>
<tr><td colspan="2">3.</td><td colspan="2">3.</td></tr>
<tr><td rowspan="7">成果评价</td><td>评价项目</td><td>评价标准</td><td>学生自评（20%）</td><td>小组互评（30%）</td><td>教师评价（50%）</td></tr>
<tr><td>1.</td><td>1.　（×%）</td><td></td><td></td><td></td></tr>
<tr><td>2.</td><td>2.　（×%）</td><td></td><td></td><td></td></tr>
<tr><td>3.</td><td>3.　（×%）</td><td></td><td></td><td></td></tr>
<tr><td>4.</td><td>4.　（×%）</td><td></td><td></td><td></td></tr>
<tr><td>5.</td><td>5.　（×%）</td><td></td><td></td><td></td></tr>
<tr><td>6.</td><td>6.　（×%）</td><td></td><td></td><td></td></tr>
<tr><td>教师评语</td><td colspan="5">评　语：
成绩等级：　　　　教师签字：</td></tr>
<tr><td rowspan="2">小组信息</td><td>班　级</td><td></td><td>第　组</td><td>同组同学</td><td></td></tr>
<tr><td>组长签字</td><td colspan="2"></td><td>日　期</td><td></td></tr>
</table>

学习笔记

在项目 2 中任务 2 的任务实施完成后，读者可以填写表 B-6，评价一下自己对本任务的掌握情况。

表 B-6 任务评价

<table>
<tr><td>任务名称</td><td colspan="2"></td><td>学时</td><td colspan="2">2</td></tr>
<tr><td>任务描述</td><td colspan="2"></td><td>任务分析</td><td colspan="2"></td></tr>
<tr><td rowspan="4">实施方案</td><td colspan="3"></td><td colspan="2" rowspan="4">教师认可：</td></tr>
<tr><td colspan="3"></td></tr>
<tr><td colspan="3"></td></tr>
<tr><td colspan="3"></td></tr>
<tr><td rowspan="3">问题记录</td><td colspan="2">1.</td><td rowspan="3">处理方法</td><td colspan="2">1.</td></tr>
<tr><td colspan="2">2.</td><td colspan="2">2.</td></tr>
<tr><td colspan="2">3.</td><td colspan="2">3.</td></tr>
<tr><td rowspan="7">成果评价</td><td>评价项目</td><td>评价标准</td><td>学生自评（20%）</td><td>小组互评（30%）</td><td>教师评价（50%）</td></tr>
<tr><td>1.</td><td>1.（×%）</td><td></td><td></td><td></td></tr>
<tr><td>2.</td><td>2.（×%）</td><td></td><td></td><td></td></tr>
<tr><td>3.</td><td>3.（×%）</td><td></td><td></td><td></td></tr>
<tr><td>4.</td><td>4.（×%）</td><td></td><td></td><td></td></tr>
<tr><td>5.</td><td>5.（×%）</td><td></td><td></td><td></td></tr>
<tr><td>6.</td><td>6.（×%）</td><td></td><td></td><td></td></tr>
<tr><td>教师评语</td><td colspan="5">评　语：
成绩等级：　　　教师签字：</td></tr>
<tr><td rowspan="2">小组信息</td><td>班　级</td><td></td><td>第　组</td><td>同组同学</td><td></td></tr>
<tr><td>组长签字</td><td colspan="2"></td><td>日　期</td><td></td></tr>
</table>

学习笔记

在项目 3 中任务 1 的任务实施完成后，读者可以填写表 B-7，评价一下自己对本任务的掌握情况。

表 B-7 任务评价

<table>
<tr><td>任务名称</td><td colspan="2"></td><td>学时</td><td colspan="2">2</td></tr>
<tr><td>任务描述</td><td colspan="2"></td><td>任务分析</td><td colspan="2"></td></tr>
<tr><td rowspan="4">实施方案</td><td colspan="3"></td><td colspan="2" rowspan="4">教师认可：</td></tr>
<tr><td colspan="3"></td></tr>
<tr><td colspan="3"></td></tr>
<tr><td colspan="3"></td></tr>
<tr><td rowspan="3">问题记录</td><td colspan="2">1.</td><td rowspan="3">处理方法</td><td colspan="2">1.</td></tr>
<tr><td colspan="2">2.</td><td colspan="2">2.</td></tr>
<tr><td colspan="2">3.</td><td colspan="2">3.</td></tr>
<tr><td rowspan="7">成果评价</td><td>评价项目</td><td>评价标准</td><td>学生自评（20%）</td><td>小组互评（30%）</td><td>教师评价（50%）</td></tr>
<tr><td>1.</td><td>1. （×%）</td><td></td><td></td><td></td></tr>
<tr><td>2.</td><td>2. （×%）</td><td></td><td></td><td></td></tr>
<tr><td>3.</td><td>3. （×%）</td><td></td><td></td><td></td></tr>
<tr><td>4.</td><td>4. （×%）</td><td></td><td></td><td></td></tr>
<tr><td>5.</td><td>5. （×%）</td><td></td><td></td><td></td></tr>
<tr><td>6.</td><td>6. （×%）</td><td></td><td></td><td></td></tr>
<tr><td>教师评语</td><td colspan="5">评 语：
成绩等级： 教师签字：</td></tr>
<tr><td rowspan="2">小组信息</td><td>班 级</td><td></td><td>第 组</td><td>同组同学</td><td></td></tr>
<tr><td>组长签字</td><td colspan="2"></td><td>日 期</td><td></td></tr>
</table>

学习笔记

在项目 3 中任务 2 的任务实施完成后，读者可以填写表 B-8，评价一下自己对本任务的掌握情况。

表 B-8　任务评价

<table>
<tr><td>任务名称</td><td colspan="2"></td><td>学时</td><td colspan="2">2</td></tr>
<tr><td>任务描述</td><td colspan="2"></td><td>任务分析</td><td colspan="2"></td></tr>
<tr><td rowspan="4">实施方案</td><td colspan="3"></td><td colspan="2" rowspan="4">教师认可：</td></tr>
<tr><td colspan="3"></td></tr>
<tr><td colspan="3"></td></tr>
<tr><td colspan="3"></td></tr>
<tr><td rowspan="3">问题记录</td><td colspan="2">1.</td><td rowspan="3">处理方法</td><td colspan="2">1.</td></tr>
<tr><td colspan="2">2.</td><td colspan="2">2.</td></tr>
<tr><td colspan="2">3.</td><td colspan="2">3.</td></tr>
<tr><td rowspan="7">成果评价</td><td>评价项目</td><td>评价标准</td><td>学生自评（20%）</td><td>小组互评（30%）</td><td>教师评价（50%）</td></tr>
<tr><td>1.</td><td>1.　（×%）</td><td></td><td></td><td></td></tr>
<tr><td>2.</td><td>2.　（×%）</td><td></td><td></td><td></td></tr>
<tr><td>3.</td><td>3.　（×%）</td><td></td><td></td><td></td></tr>
<tr><td>4.</td><td>4.　（×%）</td><td></td><td></td><td></td></tr>
<tr><td>5.</td><td>5.　（×%）</td><td></td><td></td><td></td></tr>
<tr><td>6.</td><td>6.　（×%）</td><td></td><td></td><td></td></tr>
<tr><td>教师评语</td><td colspan="5">评　　语：
成绩等级：　　　　教师签字：</td></tr>
<tr><td rowspan="2">小组信息</td><td>班　　级</td><td></td><td>第　组</td><td>同组同学</td><td></td></tr>
<tr><td>组长签字</td><td colspan="2"></td><td>日　　期</td><td></td></tr>
</table>

学习笔记

在项目 3 中任务 3 的任务实施完成后，读者可以填写表 B-9，评价一下自己对本任务的掌握情况。

表 B-9　任务评价

<table>
<tr><td>任务名称</td><td colspan="2"></td><td>学时</td><td colspan="2">2</td></tr>
<tr><td>任务描述</td><td colspan="2"></td><td>任务分析</td><td colspan="2"></td></tr>
<tr><td rowspan="4">实施方案</td><td colspan="3"></td><td colspan="2" rowspan="4">教师认可：</td></tr>
<tr><td colspan="3"></td></tr>
<tr><td colspan="3"></td></tr>
<tr><td colspan="3"></td></tr>
<tr><td rowspan="3">问题记录</td><td colspan="2">1.</td><td rowspan="3">处理方法</td><td colspan="2">1.</td></tr>
<tr><td colspan="2">2.</td><td colspan="2">2.</td></tr>
<tr><td colspan="2">3.</td><td colspan="2">3.</td></tr>
<tr><td rowspan="7">成果评价</td><td>评价项目</td><td>评价标准</td><td>学生自评（20%）</td><td>小组互评（30%）</td><td>教师评价（50%）</td></tr>
<tr><td>1.</td><td>1.　（×%）</td><td></td><td></td><td></td></tr>
<tr><td>2.</td><td>2.　（×%）</td><td></td><td></td><td></td></tr>
<tr><td>3.</td><td>3.　（×%）</td><td></td><td></td><td></td></tr>
<tr><td>4.</td><td>4.　（×%）</td><td></td><td></td><td></td></tr>
<tr><td>5.</td><td>5.　（×%）</td><td></td><td></td><td></td></tr>
<tr><td>6.</td><td>6.　（×%）</td><td></td><td></td><td></td></tr>
<tr><td>教师评语</td><td colspan="5">评　语：
成绩等级：　教师签字：</td></tr>
<tr><td rowspan="2">小组信息</td><td>班　级</td><td></td><td>第　组</td><td>同组同学</td><td></td></tr>
<tr><td>组长签字</td><td colspan="2"></td><td>日　期</td><td></td></tr>
</table>

学习笔记

在项目 3 中任务 4 的任务实施完成后，读者可以填写表 B-10，评价一下自己对本任务的掌握情况。

表 B-10 任务评价

<table>
<tr><td>任务名称</td><td colspan="3"></td><td>学时</td><td colspan="2">2</td></tr>
<tr><td>任务描述</td><td colspan="3"></td><td>任务分析</td><td colspan="2"></td></tr>
<tr><td rowspan="4">实施方案</td><td colspan="4"></td><td colspan="2" rowspan="4">教师认可：</td></tr>
<tr><td colspan="4"></td></tr>
<tr><td colspan="4"></td></tr>
<tr><td colspan="4"></td></tr>
<tr><td rowspan="3">问题记录</td><td colspan="3">1.</td><td rowspan="3">处理方法</td><td colspan="2">1.</td></tr>
<tr><td colspan="3">2.</td><td colspan="2">2.</td></tr>
<tr><td colspan="3">3.</td><td colspan="2">3.</td></tr>
<tr><td rowspan="7">成果评价</td><td>评价项目</td><td>评价标准</td><td>学生自评（20%）</td><td>小组互评（30%）</td><td colspan="2">教师评价（50%）</td></tr>
<tr><td>1.</td><td>1. （×%）</td><td></td><td></td><td colspan="2"></td></tr>
<tr><td>2.</td><td>2. （×%）</td><td></td><td></td><td colspan="2"></td></tr>
<tr><td>3.</td><td>3. （×%）</td><td></td><td></td><td colspan="2"></td></tr>
<tr><td>4.</td><td>4. （×%）</td><td></td><td></td><td colspan="2"></td></tr>
<tr><td>5.</td><td>5. （×%）</td><td></td><td></td><td colspan="2"></td></tr>
<tr><td>6.</td><td>6. （×%）</td><td></td><td></td><td colspan="2"></td></tr>
<tr><td>教师评语</td><td colspan="6">评　语：

成绩等级：　　　　　　　　　　教师签字：</td></tr>
<tr><td rowspan="2">小组信息</td><td>班　级</td><td></td><td>第　组</td><td>同组同学</td><td colspan="2"></td></tr>
<tr><td>组长签字</td><td colspan="2"></td><td>日　期</td><td colspan="2"></td></tr>
</table>

学习笔记

在项目 3 中任务 5 的任务实施完成后，读者可以填写表 B-11，评价一下自己对本任务的掌握情况。

表 B-11　任务评价

任务名称			学时	2	
任务描述			任务分析		
实施方案				教师认可：	
问题记录	1.		处理方法	1.	
	2.			2.	
	3.			3.	
成果评价	评价项目	评价标准	学生自评（20%）	小组互评（30%）	教师评价（50%）
	1.	1.　（×%）			
	2.	2.　（×%）			
	3.	3.　（×%）			
	4.	4.　（×%）			
	5.	5.　（×%）			
	6.	6.　（×%）			
教师评语	评　语： 成绩等级：　　教师签字：				
小组信息	班　级		第　组	同组同学	
	组长签字		日　期		

学习笔记

在项目 3 中任务 6 的任务实施完成后，读者可以填写表 B-12，评价一下自己对本任务的掌握情况。

表 B-12　任务评价

<table>
<tr><td>任务名称</td><td colspan="2"></td><td>学时</td><td colspan="2">2</td></tr>
<tr><td>任务描述</td><td colspan="2"></td><td>任务分析</td><td colspan="2"></td></tr>
<tr><td rowspan="4">实施方案</td><td colspan="3"></td><td colspan="2" rowspan="4">教师认可：</td></tr>
<tr><td colspan="3"></td></tr>
<tr><td colspan="3"></td></tr>
<tr><td colspan="3"></td></tr>
<tr><td rowspan="3">问题记录</td><td colspan="2">1.</td><td rowspan="3">处理方法</td><td colspan="2">1.</td></tr>
<tr><td colspan="2">2.</td><td colspan="2">2.</td></tr>
<tr><td colspan="2">3.</td><td colspan="2">3.</td></tr>
<tr><td rowspan="7">成果评价</td><td>评价项目</td><td>评价标准</td><td>学生自评（20%）</td><td>小组互评（30%）</td><td>教师评价（50%）</td></tr>
<tr><td>1.</td><td>1.　（×%）</td><td></td><td></td><td></td></tr>
<tr><td>2.</td><td>2.　（×%）</td><td></td><td></td><td></td></tr>
<tr><td>3.</td><td>3.　（×%）</td><td></td><td></td><td></td></tr>
<tr><td>4.</td><td>4.　（×%）</td><td></td><td></td><td></td></tr>
<tr><td>5.</td><td>5.　（×%）</td><td></td><td></td><td></td></tr>
<tr><td>6.</td><td>6.　（×%）</td><td></td><td></td><td></td></tr>
<tr><td>教师评语</td><td colspan="5">评　语：
成绩等级：　　　　教师签字：</td></tr>
<tr><td rowspan="2">小组信息</td><td>班　级</td><td></td><td>第　组</td><td>同组同学</td><td></td></tr>
<tr><td>组长签字</td><td colspan="2"></td><td>日　期</td><td></td></tr>
</table>

学习笔记

在项目 3 中任务 7 的任务实施完成后，读者可以填写表 B-13，评价测一下自己对本任务的掌握情况。

表 B-13　任务评价

<table>
<tr><td>任务名称</td><td colspan="7"></td><td colspan="3">学时</td><td colspan="2">2</td></tr>
<tr><td>任务描述</td><td colspan="7"></td><td colspan="3">任务分析</td><td colspan="2"></td></tr>
<tr><td rowspan="4">实施方案</td><td colspan="10"></td><td rowspan="4" colspan="2">教师认可：</td></tr>
<tr><td colspan="10"></td></tr>
<tr><td colspan="10"></td></tr>
<tr><td colspan="10"></td></tr>
<tr><td rowspan="3">问题记录</td><td colspan="6">1.</td><td rowspan="3" colspan="4">处理方法</td><td colspan="2">1.</td></tr>
<tr><td colspan="6">2.</td><td colspan="2">2.</td></tr>
<tr><td colspan="6">3.</td><td colspan="2">3.</td></tr>
<tr><td rowspan="7">成果评价</td><td colspan="2">评价项目</td><td colspan="3">评价标准</td><td colspan="4">学生自评（20%）</td><td colspan="2">小组互评（30%）</td><td>教师评价（50%）</td></tr>
<tr><td colspan="2">1.</td><td colspan="3">1.　（×%）</td><td colspan="4"></td><td colspan="2"></td><td></td></tr>
<tr><td colspan="2">2.</td><td colspan="3">2.　（×%）</td><td colspan="4"></td><td colspan="2"></td><td></td></tr>
<tr><td colspan="2">3.</td><td colspan="3">3.　（×%）</td><td colspan="4"></td><td colspan="2"></td><td></td></tr>
<tr><td colspan="2">4.</td><td colspan="3">4.　（×%）</td><td colspan="4"></td><td colspan="2"></td><td></td></tr>
<tr><td colspan="2">5.</td><td colspan="3">5.　（×%）</td><td colspan="4"></td><td colspan="2"></td><td></td></tr>
<tr><td colspan="2">6.</td><td colspan="3">6.　（×%）</td><td colspan="4"></td><td colspan="2"></td><td></td></tr>
<tr><td>教师评语</td><td colspan="12">评　　语：

成绩等级：　　　　　　　　教师签字：</td></tr>
<tr><td rowspan="2">小组信息</td><td>班　　级</td><td colspan="2"></td><td>第　组</td><td colspan="4">同组同学</td><td colspan="4"></td></tr>
<tr><td>组长签字</td><td colspan="3"></td><td colspan="4">日　　期</td><td colspan="4"></td></tr>
</table>

学习笔记

在项目 4 中任务 1 的任务实施完成后，读者可以填写表 B-14，评价一下自己对本任务的掌握情况。

表 B-14 任务评价

<table>
<tr><td>任务名称</td><td colspan="3"></td><td>学时</td><td colspan="2">2</td></tr>
<tr><td>任务描述</td><td colspan="3"></td><td>任务分析</td><td colspan="2"></td></tr>
<tr><td rowspan="4">实施方案</td><td colspan="4"></td><td colspan="2" rowspan="4">教师认可：</td></tr>
<tr><td colspan="4"></td></tr>
<tr><td colspan="4"></td></tr>
<tr><td colspan="4"></td></tr>
<tr><td rowspan="3">问题记录</td><td colspan="3">1.</td><td rowspan="3">处理方法</td><td colspan="2">1.</td></tr>
<tr><td colspan="3">2.</td><td colspan="2">2.</td></tr>
<tr><td colspan="3">3.</td><td colspan="2">3.</td></tr>
<tr><td rowspan="7">成果评价</td><td>评价项目</td><td>评价标准</td><td>学生自评（20%）</td><td>小组互评（30%）</td><td colspan="2">教师评价（50%）</td></tr>
<tr><td>1.</td><td>1. （×%）</td><td></td><td></td><td colspan="2"></td></tr>
<tr><td>2.</td><td>2. （×%）</td><td></td><td></td><td colspan="2"></td></tr>
<tr><td>3.</td><td>3. （×%）</td><td></td><td></td><td colspan="2"></td></tr>
<tr><td>4.</td><td>4. （×%）</td><td></td><td></td><td colspan="2"></td></tr>
<tr><td>5.</td><td>5. （×%）</td><td></td><td></td><td colspan="2"></td></tr>
<tr><td>6.</td><td>6. （×%）</td><td></td><td></td><td colspan="2"></td></tr>
<tr><td>教师评语</td><td colspan="6">评　　语：
成绩等级：　　　　　　　　教师签字：</td></tr>
<tr><td rowspan="2">小组信息</td><td>班　　级</td><td></td><td>第　组</td><td>同组同学</td><td colspan="2"></td></tr>
<tr><td>组长签字</td><td colspan="2"></td><td>日　　期</td><td colspan="2"></td></tr>
</table>

学习笔记

在项目 4 中任务 2 的任务实施完成后，读者可以填写表 B-15，评价一下自己对本任务的掌握情况。

表 B-15　任务评价

<table>
<tr><td>任务名称</td><td colspan="2"></td><td>学时</td><td colspan="2">2</td></tr>
<tr><td>任务描述</td><td colspan="2"></td><td>任务分析</td><td colspan="2"></td></tr>
<tr><td rowspan="4">实施方案</td><td colspan="3"></td><td colspan="2" rowspan="4">教师认可：</td></tr>
<tr><td colspan="3"></td></tr>
<tr><td colspan="3"></td></tr>
<tr><td colspan="3"></td></tr>
<tr><td rowspan="3">问题记录</td><td colspan="2">1.</td><td rowspan="3">处理方法</td><td colspan="2">1.</td></tr>
<tr><td colspan="2">2.</td><td colspan="2">2.</td></tr>
<tr><td colspan="2">3.</td><td colspan="2">3.</td></tr>
<tr><td rowspan="7">成果评价</td><td>评价项目</td><td>评价标准</td><td>学生自评（20%）</td><td>小组互评（30%）</td><td>教师评价（50%）</td></tr>
<tr><td>1.</td><td>1.　（×%）</td><td></td><td></td><td></td></tr>
<tr><td>2.</td><td>2.　（×%）</td><td></td><td></td><td></td></tr>
<tr><td>3.</td><td>3.　（×%）</td><td></td><td></td><td></td></tr>
<tr><td>4.</td><td>4.　（×%）</td><td></td><td></td><td></td></tr>
<tr><td>5.</td><td>5.　（×%）</td><td></td><td></td><td></td></tr>
<tr><td>6.</td><td>6.　（×%）</td><td></td><td></td><td></td></tr>
<tr><td>教师评语</td><td colspan="5">评　语：
成绩等级：　　教师签字：</td></tr>
<tr><td rowspan="2">小组信息</td><td>班　级</td><td></td><td>第　组</td><td>同组同学</td><td></td></tr>
<tr><td>组长签字</td><td colspan="2"></td><td>日　期</td><td></td></tr>
</table>

学习笔记

在项目 4 中任务 3 的任务实施完成后，读者可以填写表 B-16，评价一下自己对本任务的掌握情况。

表 B-16　任务评价

<table>
<tr><td>任务名称</td><td colspan="3"></td><td>学时</td><td>2</td></tr>
<tr><td>任务描述</td><td colspan="3"></td><td>任务分析</td><td></td></tr>
<tr><td rowspan="4">实施方案</td><td colspan="4"></td><td rowspan="4">教师认可：</td></tr>
<tr><td colspan="4"></td></tr>
<tr><td colspan="4"></td></tr>
<tr><td colspan="4"></td></tr>
<tr><td rowspan="3">问题记录</td><td colspan="2">1.</td><td rowspan="3" colspan="2">处理方法</td><td>1.</td></tr>
<tr><td colspan="2">2.</td><td>2.</td></tr>
<tr><td colspan="2">3.</td><td>3.</td></tr>
<tr><td rowspan="7">成果评价</td><td>评价项目</td><td>评价标准</td><td>学生自评（20%）</td><td>小组互评（30%）</td><td>教师评价（50%）</td></tr>
<tr><td>1.</td><td>1.　（×%）</td><td></td><td></td><td></td></tr>
<tr><td>2.</td><td>2.　（×%）</td><td></td><td></td><td></td></tr>
<tr><td>3.</td><td>3.　（×%）</td><td></td><td></td><td></td></tr>
<tr><td>4.</td><td>4.　（×%）</td><td></td><td></td><td></td></tr>
<tr><td>5.</td><td>5.　（×%）</td><td></td><td></td><td></td></tr>
<tr><td>6.</td><td>6.　（×%）</td><td></td><td></td><td></td></tr>
<tr><td>教师评语</td><td colspan="5">评　语：
成绩等级：　　教师签字：</td></tr>
<tr><td rowspan="2">小组信息</td><td>班　级</td><td></td><td>第　组</td><td>同组同学</td><td></td></tr>
<tr><td>组长签字</td><td colspan="2"></td><td>日　期</td><td></td></tr>
</table>

学习笔记

在项目 5 中任务 1 的任务实施完成后，读者可以填写表 B-17，评价一下自己对本任务的掌握情况。

表 B-17　任务评价

<table>
<tr><td>任务名称</td><td colspan="3"></td><td>学时</td><td>2</td></tr>
<tr><td>任务描述</td><td colspan="3"></td><td>任务分析</td><td></td></tr>
<tr><td rowspan="4">实施方案</td><td colspan="4"></td><td rowspan="4">教师认可：</td></tr>
<tr><td colspan="4"></td></tr>
<tr><td colspan="4"></td></tr>
<tr><td colspan="4"></td></tr>
<tr><td rowspan="3">问题记录</td><td colspan="3">1.</td><td rowspan="3">处理方法</td><td>1.</td></tr>
<tr><td colspan="3">2.</td><td>2.</td></tr>
<tr><td colspan="3">3.</td><td>3.</td></tr>
<tr><td rowspan="7">成果评价</td><td>评价项目</td><td>评价标准</td><td>学生自评（20%）</td><td>小组互评（30%）</td><td>教师评价（50%）</td></tr>
<tr><td>1.</td><td>1.　（×%）</td><td></td><td></td><td></td></tr>
<tr><td>2.</td><td>2.　（×%）</td><td></td><td></td><td></td></tr>
<tr><td>3.</td><td>3.　（×%）</td><td></td><td></td><td></td></tr>
<tr><td>4.</td><td>4.　（×%）</td><td></td><td></td><td></td></tr>
<tr><td>5.</td><td>5.　（×%）</td><td></td><td></td><td></td></tr>
<tr><td>6.</td><td>6.　（×%）</td><td></td><td></td><td></td></tr>
<tr><td>教师评语</td><td colspan="5">评　语：
成绩等级：　教师签字：</td></tr>
<tr><td rowspan="2">小组信息</td><td>班　级</td><td></td><td>第　组</td><td>同组同学</td><td></td></tr>
<tr><td>组长签字</td><td colspan="2"></td><td>日　期</td><td></td></tr>
</table>

学习笔记

在项目5中任务2的任务实施完成后，读者可以填写表B-18，评价一下自己对本任务的掌握情况。

表B-18　任务评价

<table>
<tr><td>任务名称</td><td colspan="2"></td><td>学时</td><td colspan="2">2</td></tr>
<tr><td>任务描述</td><td colspan="2"></td><td>任务分析</td><td colspan="2"></td></tr>
<tr><td rowspan="4">实施方案</td><td colspan="3"></td><td colspan="2" rowspan="4">教师认可：</td></tr>
<tr><td colspan="3"></td></tr>
<tr><td colspan="3"></td></tr>
<tr><td colspan="3"></td></tr>
<tr><td rowspan="3">问题记录</td><td colspan="2">1.</td><td rowspan="3">处理方法</td><td colspan="2">1.</td></tr>
<tr><td colspan="2">2.</td><td colspan="2">2.</td></tr>
<tr><td colspan="2">3.</td><td colspan="2">3.</td></tr>
<tr><td rowspan="7">成果评价</td><td>评价项目</td><td>评价标准</td><td>学生自评（20%）</td><td>小组互评（30%）</td><td>教师评价（50%）</td></tr>
<tr><td>1.</td><td>1.（×%）</td><td></td><td></td><td></td></tr>
<tr><td>2.</td><td>2.（×%）</td><td></td><td></td><td></td></tr>
<tr><td>3.</td><td>3.（×%）</td><td></td><td></td><td></td></tr>
<tr><td>4.</td><td>4.（×%）</td><td></td><td></td><td></td></tr>
<tr><td>5.</td><td>5.（×%）</td><td></td><td></td><td></td></tr>
<tr><td>6.</td><td>6.（×%）</td><td></td><td></td><td></td></tr>
<tr><td>教师评语</td><td colspan="5">评　语：
成绩等级：　　　　教师签字：</td></tr>
<tr><td rowspan="2">小组信息</td><td>班　级</td><td></td><td>第　组</td><td>同组同学</td><td></td></tr>
<tr><td>组长签字</td><td colspan="2"></td><td>日　期</td><td></td></tr>
</table>

学习笔记

在项目 6 中任务 1 的任务实施完成后，读者可以填写表 B-19，评价一下自己对本任务的掌握情况。

表 B-19　任务评价

<table>
<tr><td>任务名称</td><td colspan="3"></td><td>学时</td><td>2</td></tr>
<tr><td>任务描述</td><td colspan="3"></td><td>任务分析</td><td></td></tr>
<tr><td rowspan="4">实施方案</td><td colspan="3"></td><td colspan="2" rowspan="4">教师认可：</td></tr>
<tr><td colspan="3"></td></tr>
<tr><td colspan="3"></td></tr>
<tr><td colspan="3"></td></tr>
<tr><td rowspan="3">问题记录</td><td colspan="2">1.</td><td rowspan="3">处理方法</td><td colspan="2">1.</td></tr>
<tr><td colspan="2">2.</td><td colspan="2">2.</td></tr>
<tr><td colspan="2">3.</td><td colspan="2">3.</td></tr>
<tr><td rowspan="7">成果评价</td><td>评价项目</td><td>评价标准</td><td>学生自评（20%）</td><td>小组互评（30%）</td><td>教师评价（50%）</td></tr>
<tr><td>1.</td><td>1.　（×%）</td><td></td><td></td><td></td></tr>
<tr><td>2.</td><td>2.　（×%）</td><td></td><td></td><td></td></tr>
<tr><td>3.</td><td>3.　（×%）</td><td></td><td></td><td></td></tr>
<tr><td>4.</td><td>4.　（×%）</td><td></td><td></td><td></td></tr>
<tr><td>5.</td><td>5.　（×%）</td><td></td><td></td><td></td></tr>
<tr><td>6.</td><td>6.　（×%）</td><td></td><td></td><td></td></tr>
<tr><td>教师评语</td><td colspan="5">评　　语：
成绩等级：　　　　教师签字：</td></tr>
<tr><td rowspan="2">小组信息</td><td>班　　级</td><td></td><td>第　组</td><td>同组同学</td><td></td></tr>
<tr><td>组长签字</td><td colspan="2"></td><td>日　　期</td><td></td></tr>
</table>

学习笔记

在项目 6 中任务 2 的任务实施完成后，读者可以填写表 B-20，评价一下自己对本任务的掌握情况。

表 B-20　任务评价

<table>
<tr><td>任务名称</td><td colspan="2"></td><td>学时</td><td colspan="2">2</td></tr>
<tr><td>任务描述</td><td colspan="2"></td><td>任务分析</td><td colspan="2"></td></tr>
<tr><td rowspan="4">实施方案</td><td colspan="3"></td><td colspan="2" rowspan="4">教师认可：</td></tr>
<tr><td colspan="3"></td></tr>
<tr><td colspan="3"></td></tr>
<tr><td colspan="3"></td></tr>
<tr><td rowspan="3">问题记录</td><td colspan="2">1.</td><td rowspan="3">处理方法</td><td colspan="2">1.</td></tr>
<tr><td colspan="2">2.</td><td colspan="2">2.</td></tr>
<tr><td colspan="2">3.</td><td colspan="2">3.</td></tr>
<tr><td rowspan="7">成果评价</td><td>评价项目</td><td>评价标准</td><td>学生自评（20%）</td><td>小组互评（30%）</td><td>教师评价（50%）</td></tr>
<tr><td>1.</td><td>1.　（×%）</td><td></td><td></td><td></td></tr>
<tr><td>2.</td><td>2.　（×%）</td><td></td><td></td><td></td></tr>
<tr><td>3.</td><td>3.　（×%）</td><td></td><td></td><td></td></tr>
<tr><td>4.</td><td>4.　（×%）</td><td></td><td></td><td></td></tr>
<tr><td>5.</td><td>5.　（×%）</td><td></td><td></td><td></td></tr>
<tr><td>6.</td><td>6.　（×%）</td><td></td><td></td><td></td></tr>
<tr><td>教师评语</td><td colspan="5">评　语：
成绩等级：　　　　教师签字：</td></tr>
<tr><td rowspan="2">小组信息</td><td>班　级</td><td></td><td>第　组</td><td>同组同学</td><td></td></tr>
<tr><td>组长签字</td><td colspan="2"></td><td>日　期</td><td></td></tr>
</table>

学习笔记

在项目6中任务3的任务实施完成后，读者可以填写表B-21，评价一下自己对本任务的掌握情况。

表B-21　任务评价

<table>
<tr><td>任务名称</td><td colspan="3"></td><td>学时</td><td colspan="2">2</td></tr>
<tr><td>任务描述</td><td colspan="3"></td><td>任务分析</td><td colspan="2"></td></tr>
<tr><td rowspan="4">实施方案</td><td colspan="4"></td><td rowspan="4" colspan="2">教师认可：</td></tr>
<tr><td colspan="4"></td></tr>
<tr><td colspan="4"></td></tr>
<tr><td colspan="4"></td></tr>
<tr><td rowspan="3">问题记录</td><td colspan="3">1.</td><td rowspan="3">处理方法</td><td colspan="2">1.</td></tr>
<tr><td colspan="3">2.</td><td colspan="2">2.</td></tr>
<tr><td colspan="3">3.</td><td colspan="2">3.</td></tr>
<tr><td rowspan="7">成果评价</td><td>评价项目</td><td>评价标准</td><td>学生自评（20%）</td><td colspan="2">小组互评（30%）</td><td>教师评价（50%）</td></tr>
<tr><td>1.</td><td>1.　（×%）</td><td></td><td colspan="2"></td><td></td></tr>
<tr><td>2.</td><td>2.　（×%）</td><td></td><td colspan="2"></td><td></td></tr>
<tr><td>3.</td><td>3.　（×%）</td><td></td><td colspan="2"></td><td></td></tr>
<tr><td>4.</td><td>4.　（×%）</td><td></td><td colspan="2"></td><td></td></tr>
<tr><td>5.</td><td>5.　（×%）</td><td></td><td colspan="2"></td><td></td></tr>
<tr><td>6.</td><td>6.　（×%）</td><td></td><td colspan="2"></td><td></td></tr>
<tr><td>教师评语</td><td colspan="6">评　　语：
成绩等级：　　　　教师签字：</td></tr>
<tr><td rowspan="2">小组信息</td><td>班　　级</td><td></td><td>第　组</td><td>同组同学</td><td colspan="2"></td></tr>
<tr><td>组长签字</td><td colspan="2"></td><td>日　　期</td><td colspan="2"></td></tr>
</table>

学习笔记